KB183812

에일리언 어스

Alien Earths: The New Science of Planet Hunting in the Cosmos

에일리언 어스

'또 다른 지구'와 미지의 생명체를 찾아서

리사 칼테네거 지음
김주희 옮김
이정은 감수

이 책에 쏟아진 찬사

리사 칼테네거는 칼 세이건의 경이로움을 끌어내는 재주가 있다. 이 책은 마치 우주를 생생하게 여행하는 듯한 경험을 선사하며, 우주를 바라보는 인간의 시야를 끝없이 넓혀준다.

〈**타임스** The Times〉

칼테네거는 2021년 제임스 웹 우주 망원경 발사에 중요한 역할을 한 천문학자다. 그녀는 기술의 발달로 우리가 밤하늘을 바라보는 방식이 빠르게 변화하고 있다고 말한다. 이 책에는 전문 과학 지식과 선구적인 연구자로서 저자의 경험이 함께 녹아 있다. 칼테네거는 우리 우주가 얼마나 풍부하고 친절한지 열정적으로 설명한다.

〈**텔레그래프** The Telegraph〉

최근 우주생물학은 지구와 먼 항성 주변에서 잠재적으로 생명체가 거주 가능한 세계를 발견했다. 칼테네거는 이 책을 통해 그 새로운 발견을 흥미롭게 묘사한다. 외계인은 이미 우리 몰래 지구를 돌아다니고 있을까? 이러한 초자연적 호기심에 칼테네거는 철저히 증명된 과학으로 답하는 한편, 과학과 거리가 먼 독자도 겁먹지 않게 친절한 태도로 주제에 접근한다. 이 이야기는 모두를 사로잡기에 충분하다!

〈**워싱턴포스트** The Washington Post〉

이 책은 별들이 수놓아진 지도를 제작하는 난해한 과정을 즐겁고 유쾌하게 풀어놓은 여행기다. 칼테네거는 몇 가지 간단한 원칙을 제시하고, 그 위에 복잡한 단계를 점진적으로 능숙히 더해간다. 그녀는 지구 밖 우주 어딘가에 지적 생명체가 존재한다고 믿고자 하고, 인류는 아직 은하계 표면밖에 긁어보지 못했다. 칼테네거가 들려주는 멀고도 가까운 우주 탐사 이야기는 흥미롭고, 유익하며, 무엇보다 재미있다.

〈**커커스리뷰** Kirkus Reviews〉

칼테네거는 외계 생명체 탐사의 선구자로서 자신을 비롯한 천문학자들이 먼 외계 행성에서 어떻게 생물학적 활동 징후를 감지하는지 보여준다. 미지의 생명체를 추적하는 과학자들의 여정이 이 책에 선명하게 펼쳐져 있다.

〈파이낸셜타임스 Financial Times**〉**

칼테네거는 이 책을 통해 천문학자가 외계 생명체를 어떻게 탐색하는지 그 훌륭하고 놀라운 과정을 소개한다. 산뜻한 문체는 복잡한 과학을 이해하기 쉽게 전달한다. 그리고 특히 천문학에 관심 있는 독자들은 "온도가 너무 뜨거운 나머지 암석이 녹아 증발한 뒤 비가 되어 다시 내리는" 행성을 비롯해 놀라운 외계 행성 이야기에 매료될 것이다.

〈퍼블리셔스위클리 Publishers Weekly**〉**

다음 '코페르니쿠스 혁명'에 대비하고 싶다면 이 책을 읽어보기를 권한다!

미셸 마요르 Michel Mayor**, 노벨물리학상 수상자, 제네바대학교 천문학부 명예교수**

칼테네거는 우리를 성간 거리에서 생명체를 찾는 최신 전략으로 안내한다. 그녀는 열정과 탁월한 소통 능력을 갖춘 귀중한 과학자다. 이 책을 읽고 밤하늘을 올려다보면 별들이 훨씬 더 밝게 빛나는 것을 발견할 수 있을 것이다.

앤 드루얀 Ann Druyan**, 《코스모스》 저자**

이 책에서 칼테네거는 숙련된 교육자로서 우주에서 생명체가 거주할 수 있는 행성을 찾는 전문 지식을 소개한다. 그녀의 경쾌한 서술은 발견의 최전선에 있는 과학자가 되는 도전과 기쁨을 우리가 함께 경험할 수 있도록 초대한다.

닐 디그래스 타이슨 Neil deGrasse Tyson**, 《웰컴 투 더 유니버스》 저자**

일러두기

- 인명과 지명 등 외국어 고유명사의 독음은 외래어표기법을 따르되 관용적 표기를 따른 경우도 있다.
- 국내 번역 출간된 도서명은 한국어판 제목을 따랐고, 미출간 도서명은 한국어로 옮기고 원어를 병기했다.

하루하루를 아름다운 모험으로 채워나가는 라라 스카이Lara Sky에게,

창백한 푸른 점을 너무도 멋진 행성으로 만들어주는

지구 곳곳의 가족과 친구들에게,

하늘을 올려다보며 온 우주에 우리뿐인지

궁금해하는 모든 사람에게

차례

우리가 모르는 이웃은 지구의 빛을 보고 있을까

수평선 위로 모습을 드러낸 몇몇 섬에 보라색 이끼가 드문드문 분포하고, 붉은 뭉게구름이 주황색 하늘을 가득 채운다. 파도는 좁은 해안에 부딪혀 부서지면서 하늘 높이 떠오른 태양의 붉은빛을 받아 반짝인다. 여러분은 일몰과 어두운 밤을 기다리지만, 그런 시간은 오지 않는다. 일몰을 경험하려면 이 행성의 반대편에 자리한 끝없는 황혼의 영역을 향해 며칠간 이동해야 한다. 이 영역보다 더 멀리 이동하면 희미한 빛은 사라지고 풍경은 영원한 밤에 휩싸인다.

행성의 어두운 면에서 맞이하는 밤은 그 환경이 놀랄 만큼 다르다. 손전등에서 나오는 빛줄기는 칠흑처럼 새카만 어둠을 그저 통과할 뿐이다. 손전등 불빛으로는 이제까지 한 번도 만나본 적 없는 생명체가 거주하는 낯선 세계를 희미하게만 볼 수 있다. 어둠 속에서 여러분이 관찰할 수 있는 것은 생체 형광으로 생성된 아주 미세하지만 밝은 빛의 점들이 열은 녹색으로 외계 풍경을 물들이는 모습이다.

그런데 이곳의 생명체는 밤이 계속되는 환경에 완벽히 적응했다. 늘 완전한 어둠 속에서 살아온 까닭에 에너지를 얻거나 주위 환경을 살필 때 태양의 빛이 필요하지 않다. 인간이 시각을 활용하듯, 이들은 열과 소리를 감지해 세계를 명확하게 인식한다. 이곳의 생명체는 지구의 가장 깊고 어두운 바다에서 사는 생명체와 비교하면 묘하게도 유사하며 동시에 확연히 다르다.

온 우주에 우리뿐인가? 이 질문에는 '예' 또는 '아니오'라는 분명한 답이 있어야 한다. 그런데 일단 지구가 아닌 다른 곳에서 생명체를 찾으려 하면, 이 문제가 그리 간단하지 않다는 것을 깨닫는다. 항상 (믿기지 않을 만큼 간단한) 질문에서 출발하는 과학의 세계에 온 것을 환영한다.

우리는 놀라운 탐험의 시대에 산다. 우리는 과거 탐험가들처럼 단순히 새로운 대륙을 발견하는 것이 아니라, 다른 항성 주위를 도는 완전히 새로운 행성을 발견하고 있다. 1995년 최초의 외계 행성이 발견된 이후, 천문학자들은 우리 우주 근처에서 다른 행성 5,000여 개를 발견했다. 이것은 정말 놀라운 성과다. 인류가 외계 행성을 감지할 만큼 정밀한 장비를 개발한 뒤부터 이틀에 한 번 꼴로 새로운 행성을 발견했음을 의미하는 수치이기 때문이다. 하지만 우리는 발견하기 쉬운 빙산의 일각을 찾았을 뿐이다.

행성은 무척 흔해 대부분의 항성 주위를 돈다. 그리고 은하수The Milky Way라고도 불리는 우리 은하에는 항성이 약 2,000억 개 있다. 이 놀라운 숫자는 우리 은하에만 새로운 행성이 수없이 많이 존재함을 의미한다. 내가 앞에서 묘사한 가상의 행성이 그중 하나일 수 있다. 이 행성에서 한쪽 면은 햇빛이 계속 비치고 반대쪽 면은 끝없는 어둠에 잠겨 있다.

외계 행성은 지구에서 수조 킬로미터 떨어져 있는 탓에 우주를 항해하도록 설계된 우주선조차도 새로운 행성을 발견하지 못하고 있다. 지구와 외계 행성 사이의 장대한 거리는 행성 탐사를 한층 어렵게 만든다. 하지만 빛과 물질의 상호작용을 활용하면, 인류는 아직 도달할 수 없는 우주 해안의 새로운 행성을 탐사할 수 있다. 여권에 찍힌 출입국 도장이 여행자의 방문 국가를 알려주듯, 빛에는 이동하는 동안 상호작용한 대상을 알려주는 정보가 담긴다. 행성이 방출하는 빛에는 생명체 흔적이 기록되어 있다. 문제는 빛에서 그러한 정보를 읽을 수 있는지다.

오늘 밤하늘에 보이는 별의 개수를 헤아려보자. 수천 년 동안 인류는 하늘을 올려다보며 우주에 우리만 홀로 있는지 궁금해했지만, 답을 찾는 수단은 제한적이었다. 오늘날 달라진 점은 대다수 항성이 우리 눈에 잘 띄지 않는 희미한 동반자 행성을 지닌다는 사실을 안다는 것이다. 이들 행성에도 현재의 이 순간 지구를 관측하며 우주에 자신만 존재하는지 궁금해하는 다른 누군가가 있을까? 인류는 역사상 최초로 이러한 궁금증을 해결할 기술을 확보했다.

외계 생명체를 찾으려면 어떤 대상을 탐색해야 할까? 한 천문학자는 다른 행성에서 분홍색 플라밍고 같은 대형 동물 무리가 발견될 수는 있겠지만, 그러려면 그 동물들이 오랫동안 가만히 서 있어야 우리 눈에 포착될 것이라고 반농담조로 말했다. 색은 생명체를 찾는 과정에 활용되는 주요 도구이지만, 다른 행성에서 화려한 색을 띤 플라밍고를 찾는 것만이 유일한 탐색 방법은 아니다. 지구를 조금 더 자세히 들여다보면 메마른 사막부터 얼어붙은 빙원 그리고 옐로스톤공원의 뜨거운 유황 온천까지, 지구의 대기와 색을 변화시키는 다채로운 생명체가 살고 있음을 깨닫는다.

지구 생명체와 외계 생명체는 생김새가 다를 가능성이 높지만, 지구 생명체로부터 외계 생명체 탐색에 필요한 단서를 얻을 수 있다. 이들이 서로 전혀 닮지 않았더라도, 외계 생명체는 우리에게 익숙한 물리 법칙과 진화 법칙을 바탕으로 탄생해 그들이 사는 행성에 완벽히 적응했을 것이기 때문이다.

오늘날 새로운 행성의 퍼즐을 풀기 위해서는 생물학 실험실에서 각양각색 생물군을 배양하고, 지질학 실험실에서 작은 용암 행성을 녹여 빛을 분석하고, 컴퓨터 프로그램을 코딩하고, 우주에서 어떤 대상을 탐색해야 하는지 단서를 찾기 위해 지구 진화의 오랜 역사를 거슬러 올라가는 등 광범위한 도구를 활용해야 한다. 우리는 지구를 실험실로 삼아 새로운 아이디어를 검증하고, 데이터와 호기심과 상상력을 무기로 삼아 도전 과제에 대응해야 한다. 컴퓨터 프로그램으로 빛을 내는 광자, 소용돌이치는 기체와 구름, 역동적인 행성 표면 사이에 상호작용을 일으키면 행성에 조성될 수 있는 다양한 환경이 도출된다. 일부 행성은 온갖 생명체로 활기가 넘치고, 다른 일부 행성은 황량하고 척박하다.

나는 열정과 창의력이 넘치는 연구팀과 함께 수면 부족을 다량의 커피 섭취로 해소하며, 외계 행성에서 생명체를 발견하는 방법을 알아낸다는 목표로 우주 탐사에 특화된 도구를 개발하고 있다. 내가 인류 역사상 가장 흥미진진한 모험인 우주 생명체 탐사에 참여하게 될 거라고는 꿈에도 생각하지 못했다. 나는 우주에서 인간이 가지는 위치에 호기심을 품고 오스트리아에서 스페인, 네덜란드, 미국, 독일로 자리를 옮겼다가, 다시 미국에 복귀해 나와 같은 목표를 공유하는 탁월한 연구팀을 이끌고 있다.

나는 이 책에서 우주 생명체를 찾아 떠나는 경이롭고 신나는 여정을 여러분과 함께할 것이다. 그리고 과학자들이 지구 역사와 생물권에서 무엇을 배우는지, 인류가 발견한 가장 독특한 외계 행성 10여 개는 어떤 모습인지, 이러한 발견이 '우리는 혼자인가?'라는 오랜 수수께끼를 어떻게 밝히는지 설명할 예정이다.

발견된 새로운 행성 가운데 일부는 우리의 예상을 완전히 뒤집었다. 일부 행성은 마그마 바다에 뒤덮여 있고, 다른 일부 행성은 뜨겁고 팽창된 기체 덩어리로 자신이 속한 항성에 가까이 붙어 빠르게 돈다. 매혹적인 새로운 행성들은 인류의 세계관을 뒤흔들었다. 그리고 이들 중 몇몇은 지구와 약간 닮아 보이기까지 했다.

외계 생명체가 존재한다는 주장이 수없이 등장했음에도, 인류는 지금까지 다른 행성에 생명체가 있다는 결정적인 증거를 발견하지 못했다. 앞으로 우리는 끊임없이 탐사 도구를 개선하고, 행성과 위성을 일일이 수색하는 까다로운 방법을 동원해 외계 생명체의 흔적을 찾을 것이다.

역사상 가장 흥미진진한 시대가 곧 시작될 것이다.

1장

창백한 푸른 점에서 보내는 메시지

우리 은하: 은하수

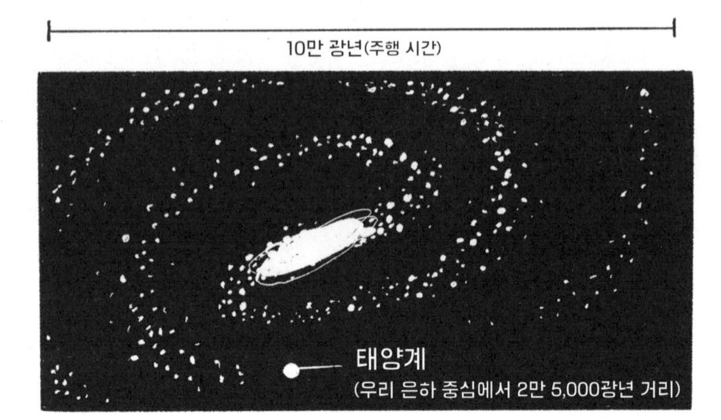

태양에서 출발한 빛의 주행 시간

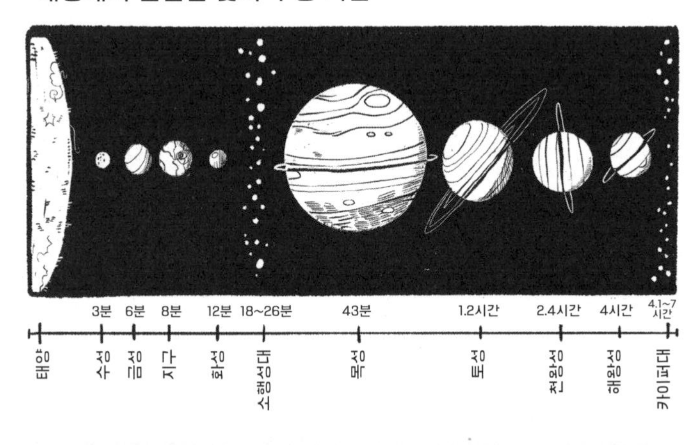

빛의 속력 : 1년간 약 9조 킬로미터

1초: 지구-달(38만 킬로미터)	10~600일: 태양-오르트 구름 (3,000억~14조 킬로미터)
8분: 지구-태양(1억 5,000만 킬로미터)	4광년: 태양-프록시마켄타우리 (40조 킬로미터)

우주에는 이와 같은 천체가
지구상 모든 해변에 깔린 모래 알갱이만큼 수없이 많다.
각 천체는 지구와 마찬가지로 고유한 현실을 지니며,
천체에서 제각기 발생한 일련의 사건들이
천체 고유의 미래에 영향을 준다.
무한한 천체, 무수한 순간, 광대한 시간과 공간.
— 칼 세이건, 《코스모스》

새로운 우주선이 보낸 첫 번째 이미지

포르투갈식 에스프레소 거품의 씁쓸한 맛조차 느껴지지 않았다. 나는 지난 1시간 내내 컴퓨터 화면 속 이미지를 응시했다. 미국 항공우주국National Aeronautics and Space Administration(이하 NASA)이 최근 발사한 제임스 웹 우주 망원경James Webb Space Telescope(이하 JWST)에서 실시간으로 전송하는 이미지였다. 이제 화면은 어두워지고, 나의 상념은 어둠 속에서, 앞으로 드러날 우주의 수수께끼 속에서 방황한다.

2021년 12월 말 모든 대륙의 과학자들은 JWST가 순조롭게 발사되는 장면을 지켜보며 각 발사 단계에 집중했다. JWST는 발사되고 관측을 시작하기 전까지 잠재적으로 고장을 일으킬 수 있는 지점을 334번 거쳤는데, 이러한 지점에 개별적으로 문제가 생겨도 JWST 시스템 전체가 중단될 수 있었다. 따라서 과학자들은 다음 단계로 무사히 넘어갈 때마다 안도하면서도 여전히 수백 가지 문제가 발생할 수 있음을 인지했다.

나는 NASA TV(그리고 전 세계 다른 시간대에 사는 동료들이 개별 발사 단계의 성공 여부를 댓글로 남기는 우리 연구팀의 슬랙Slack 채널)에 몰입하는 동안 의식적으로 심호흡을 이어갔다. 이륙한 로켓은 지구에서 약 160만 킬로미터 떨어진 우주 종착지인 제2 라그랑주점L2으로 향하고 있었으므로, 우리가 할 수 있는 일은 없었다. 〈뉴욕타임스〉 기자 데니스 오버바이Dennis Overbye와 조이 룰렛Joey Roulette은 JWST가 우주로 발사되는 모습을 "반사경, 모터, 전선, 케이블, 걸쇠 그리고 얇은 플라스틱판으로 치밀하게 포장한 꾸러미가 치솟으며 아래로 불기둥과 연기를 내뿜다"라고 훌륭히 묘사했다. JWST는 나를 비롯한 수많은 과학자의 꿈을 실어 날랐다. 지금까지 인류의 시야와 손길이 닿지 않은 우주를 어렴풋이 엿보고 싶다는 꿈 말이다.

JWST는 지름 6.5미터 반사경으로 빛을 모아 다른 암석형 천체의 대기 화학 성분을 조사하는 최초의 망원경이다. 빛을 모으는 기능에서 핵심은 크기다. 양동이를 상상해보자.

양동이가 클수록 폭우가 내릴 때 빗물을 더 많이 모을 수 있다. 우주 망원경의 반사경도 마찬가지다. 반사경이 클수록 빛을 더 많이 모을 수 있다.

로켓에서 망원경을 분리하는 데 성공한 관제실 승무원들이 환호성을 내지르는 통에 나는 상념을 더 이상 이어가지 못했다. 로켓 발사 방송에 잡힌 마지막 장면은 우주의 어둠으로 떠내려가는 망원경을 근접 촬영한 것으로, 화면 위쪽 구석에 푸른 지구의 매혹적인 모습이 담겨 있었다.

반사경과 케이블 그리고 태양전지판으로 구성된 아름다운 꾸러미가 펼쳐지고 JWST가 나머지 단계를 성공적으로 통과하기까지는 수개월이 소요되었다. 이후 JWST는 서서히 냉각되어 작동 가능한 영하의 온도에 도달했다.

과학자들은 JWST가 보낸 첫 번째 신호를 살펴보고 비로소 희박한 확률을 극복했음을 알았다. 이 놀라운 망원경이 고장 가능성이 있는 지점을 전부 통과하고 완벽하게 작동한 덕분에, 인류는 우주를 관측하는 새로운 방법을 처음으로 어렴풋이 경험할 수 있었다. 이는 지금까지 없었던 획기적인 발견의 맛보기였다.

JWST가 포착한 가장 놀라운 이미지의 주인공은 지구에서 약 7,000광년 떨어진 용골자리 성운Carina Nebula이다. 용골자리 성운은 새로운 항성과 행성이 탄생하는 '별의 요람'

으로, 우주라는 붓이 그린 천상의 작품처럼 보인다. 그런데 JWST가 베일을 벗기는 대상은 새로운 천체의 탄생만이 아니다. 2022년 7월 NASA가 첫 공식 데이터를 공개하기 하루 전, 조 바이든Joe Biden 대통령이 대중에 발표한 이미지에는 우주의 초기 단계에 해당하는 시기가 담겼다. JWST가 촬영한 심우주Deep Field(눈에는 보이지 않지만 망원경으로 오랫동안 빛을 모으면 나타나는 우주의 모습-옮긴이) 이미지를 통해, 우리는 지구에서 모래알만 한 은하 수천 개가 우주라는 검은색 캔버스 위에 흩뿌려져 반짝이는 모습을 본다.

이들 은하가 뿜는 빛은 지구가 탄생하기 훨씬 전의 메시지를 싣고 130억 년이 넘는 시간을 이동해 우리에게 닿았다. 그중에서 일부 빛은 JWST에 도달하는 사이 거대한 은하단을 지나며 휘어졌다. 이처럼 고대에 탄생한 빛은 물질과 상호작용을 일으키며 촬영 이미지에 아름다운 호弧를 남겼고, 이를 통해 시간과 공간을 왜곡시키는 힘을 설명한 상대성이론을 증명했다.

고대 은하를 관측할 때면 내 마음은 경이로움과 희망으로 차오른다. 고대 은하 이미지에는 항성 수십억 개와 항성 주위에 생성된 천체들이 오래전 일으킨 메아리가 담겼다. 우리 우주의 극히 일부 영역에서도 행성은 무수히 태동했지만, 광막한 공간을 두고 떨어져 있는 탓에 그 행성들의 현재와 지구의 현재는 교차하지 않는다. 컴퓨터 화면 속 심우주 이미지에 드러난 항성이 그렇듯, 몇몇 항성은 시간 속에서 사라졌다. 하지만 무수히 많은 항성은 우리 가까이에 여전히 남아 있으며, 이들 항성 주위로 흥미로운 천체가 공전한다. 그리고 인류는 이제 가장 가까운 항성을 탐사할 수 있다.

새로운 관측 방법, 이를테면 JWST에 장착된 거대한 반사경으로 희미하게 반짝이는 천체의 빛을 포착하는 방법이 고안된 덕분에 과학자들은 과거에 상상만 하던 대상을 직접 탐색할 수 있다. 새로운 통찰은 인류의 지식을 변화시킨다. JWST가 촬영한 이미지는 인류의 협동 정신을 시사하는 감동적인 증거다. 상상을 현실로 구현하기 위해 전 세계 곳곳에서 수천 명이 힘을 모아야 했기 때문이다.

공개된 첫 번째 이미지에는 표면 온도가 무척 높고 거대하게 부풀어 있으며 구름과 연무, 증기층에 둘러싸인 행성 WASP-96 b에서 나오는 빛이 섬세하게 담겼다. WASP-96 b는 항성을 중심으로 일주일 동안 두 번 공전한다. JWST 이미지에 따르면 WASP-96 b에는 생명체가 없었다. 하지만 이 이미지는 JWST가 관측 시간을 충분히 확보하면 지구만큼 작은 다른 행성의 대기를 조사할 수 있음을 입증했다. 어쩌면 JWST는 생명체가 번성할 수 있는 행성을 발견할지 모른다. 나는 JWST 프로젝트에 참여하는 연구원으로서 창의력 넘치는 연구팀과 함께 우주의 지평선에서 새로운 천체를 탐사한다. 다른 행성에서 생명체를 발견하는 일은 인류의 세계관 전반에 영원한 혁명을 일으킬 것이다.

그럼, 모두 어디 있지?

우주가 생명체로 가득 차 있다고 잠시 가정해보자. 그러면 다음 질문이 자연스럽게 떠오른다. '모두 어디 있지?' 나는 천문학개론 수업 '블랙홀부터 미지의 천체까지'를 진행하며, 학생들에게 지금까지 외계에서 온 방문자가 남긴 신뢰할 만한 기록이 없는 이유를 그럴듯하게 설명해보라고 한다. 그런데 이 책에서는 미확인비행물체Unidentified Flying Object(이하 UFO)에 관한 논의를 전부 생략하겠다. UFO 목격담은 대부분 근거가 빈약한 까닭에, 내가 좋아하는 책으로 손꼽는 칼 세이건Carl Sagan의 저서 《악령이 출몰하는 세상》(1996)처럼 책 한 권 분량으로 답해야 하기 때문이다.

칼 세이건은 통찰력 넘치는 여러 질문을 던지며, 인류를 능가하는 과학기술을 보유해 항성을 오갈 수 있는 외계 종족이 왜 굳이 인간을 납치하고 연구해야 하는지 묻는다. 우리 인류처럼 발전 수준이 비교적 낮은 종족도 머리카락이나 타액에서 데옥시리보핵산Deoxyribo Nucleic Acid(이하 DNA) 시료를 채취하는 기술을 개발했다. 우주선에 인간을 1명씩 태워 보내는 방법보다는 이상한 낌새를 눈치채지 못한 인간에게서 시료를 채취하는 방법이 훨씬 효율적이지 않을까? 참고로 수업에서 학생들이 제시하는 이론은 대개 두 가지다. 첫째는 종말 시나리오로 외계 문명이 다른 문명을 발견하기 전 자멸했다는 내용이고, 둘째는 무한한 공허 시나리오로 인류가 우주에서 유일한 생명체인 까닭에 다른 생명체가 발견된 적 없다는 내용이다.

외계인의 부재에 얽힌 수수께끼는 새롭지 않다. 이탈리아계 미국인 물리학자이자 노벨상 수상자인 엔리코 페르미Enrico Fermi는 1950년 외계 생명체의 존재 가능성을 논하는 대담에서 '모두 어디 있지?'라는 질문을 던진 것으로 유명하다. 우주에 과학기술 문명이 흔하다면, 몇몇 문명은 지금쯤 지구를 방문하거나 적어도 우리에게 연락은 가능할 만큼 발전하지 않았을까? 이 수수께끼는 '페르미 역설'로 알려졌다. 페르미 역설은 고도로 발달한 외계 생명체가 존재할 가능성이 높다는 점, 하지만 그런 생명체가 존재한다는 증거가 없다는 점 사이의 모순을 드러낸다. 당시 과학자들이 지구 문명을 멸망시킬 수 있는 핵무기를 개발하는 중이었다는 사실은 외계 문명을 둘러싼 논의에 어두운 그림자를 드리웠다.

지적 문명은 광활한 우주에 얼마나 많이 존재할까? 이와 관련된 한 가지 아이디어는 외계 지적 생명체 탐사Search for Extraterrestrial Intelligence(이하 SETI)를 창설한 미국 천문학자 프랭크 드레이크Frank Drake가 제안했다. 1960년대에 드레이크는 SETI의 성공 가능성을 평가하는 체계적인 절차를 고안했다. 그는 자신이 "우리 귀에 또렷이 들리지 않는 속삭임"이라고 부르는 대상을 찾기 위해 몇몇 요소를 엮어 '드레이크 방정식Drake Equation'으로 만들었다.

$$N = R^* \times fp \times ne \times fl \times fi \times fc \times L$$

방정식에 도입된 요소는 총 일곱 가지이고 곱셈으로 서로 연결되며 각각의 항은 다음을 의미한다. 우선 좌변의 N이 우리가 알아내고자 하는, 우리 은하 내에서 교신이 가능한 지적 외계 생명체 문명의 수다. 그리고 우변의 첫째 항은 우리 은하 내에서 1년 동안 탄생하는 항성의 수, 둘째 항은 탄생한 항성들이 행성을 가지고 있을 확률, 셋째 항은 그중 생명체가 살 수 있는 조건을 갖춘 행성의 수, 넷째 항은 그 행성에서 생명체가 발생할 확률, 다섯째 항은 발생한 생명체가 지적인 존재로 발달할 확률, 여섯째 항은 지적 생명체가 다른 행성과 교신할 기술을 확보할 가능성이다. 드레이크 방정식을 구성하는 마지막 일곱째 요소는 기술 문명이 살아남을 수 있는 기간으로, 이는 인류가 외계 문명과 연결될 가능성을 논의할 때 무한한 열정을 일으키며 냉담한 비관론 또한 불러온다.

광막한 우주에는 항성이 점점이 흩어져 있고, 항성들 사이에는 어마어마한 거리가 있다. 이처럼 드넓은 우주를 일상적 물건의 규모로 축소하면 상상하기 훨씬 수월하다. 태양부터 가장 외곽에 있는 행성인 해왕성에 이르기까지, 우리 태양계를 지름 5센티미터 쿠키 크기로 축소해보자. 태양과 가장 가까운 이웃 항성 간의 거리는 얼마나 멀까? 쿠키 2개만큼 떨어져 있을까? 5개? 100개? 그보다 훨씬 멀리 떨어져 있다. 쿠키 약 9,000개에 달한다. 쿠키 약 9,000개를 일렬로 나열한 거리는 같은 척도에서 축구장 약 4개를 연결한 길이와 맞먹는다. 항성 간의 거리를 도표로 나타내기 위해서는 쿠키 또는 킬로미터보다 더욱 큰 단위가 필요하다. 이때 거리 척도로 광년을 활용하면, 상상도 못 할 만큼 광활한 우주를 쉽게 이해할 수 있다.

빛은 1초 동안 약 30만 킬로미터, 1년 동안 약 9조 킬로미터라는 놀라운 속력으로 이동한다. 빛이 지구에서 약 38만 킬로미터 떨어진 달까지 도달하는 데는 대략 1초가 걸리고, 지구에서 태양까지 도달하는 데는 대략 8분이 소요된다. 이 8분 동안 빛은 약 1억 5,000만 킬로미터라는 비교적 짧은 우주 거리를 이동한다. 태양에서 가장 가까운 이웃 항성은 프록시마켄타우리Proxima Centauri로 40조 킬로미터 떨어진 머나먼 우주에 있다. 빛조차도 그 아득한 거리를 이동하는 데 약 4년이 소요된다. 이처럼 광년 단위는 거리를 나타낼 뿐만 아니라 빛이 이동하는 데 걸리는 시간을 가르쳐준다. 우리 인류는 태양계로 모험을 떠나기 시작했지만, 우리가 이동하는 거리는 항성들이 서로 떨어진 거리에 비하면 무척 가깝다.

우리 은하는 지름이 약 10만 광년이다. 만약 어느 문명이 빛 속력의 10퍼센트에 해당하는 속력으로 이동 가능한 수단을 지녔다면, 우리 은하를 횡단하는 데 이론적으로 약 100만 년이 소요된다. 이동 시간 대부분은 텅 빈 공간을 건너는 데 쓰일 것이다. 심지어 태양에서 출발해 가장 가까운 이웃 항성에 도달하기까지도 수십 년이 걸린다. 항성 간의 거리가 너무 먼 탓에 여행은 대체로 한없이 지루할 것이다. 게다가 이처럼 빠른 속력으로 움직이는 일은 매우 위험하다. 그런 속력에서 성간물질과 충돌하면, 그것이 아주 작은 알갱이일지라도 우주선과 탑승객 모두에게 재앙을 초래할 수 있기 때문이다.

100만 년은 인간 수명, 더 나아가 인류 진화와 비교해도 긴 시간이지만 일부 항성과 행성은 그보다 훨씬 오래전에 등장했다. 오래된 문명이 존재한다면, 우리 은하에는 해당 문명의 유물이나 전초지 또는 첨단 기술을 드러내는 신호가 이미 포함되었을 것이다. 하지만 우리는 오래된 문명을 여태 접한 적이 없다. (지구에서 아주 먼 우주를 여행한 적도 없다.) 그렇다면 학생들이 이따금 제안하듯 생명체가 거주 가능한 천체 간의 거리가 너무 멀어 지구에는 외계 방문자가 없는 걸까?

현실에서 한발 물러나 과학 소설에 제시된 답에서 영감을 얻어보자. 나는 과학 드라마 '스타트렉'에 등장하는 가상의 우주선 엔터프라이즈호처럼 빛보다 빠른 속력으로 이동한다는 아이디어를 좋아한다. 하지만 우리 우주는 물리 법칙에 지배받으므로 미래에도 워프warp(시공간을 왜곡해 거리를 단축시켜 빛보다 빠르게 이동하는 방법-옮긴이) 속력을 달성하기는 불가능할 가능성이 높다. 인류가 아는 모든 지식을 고려하면, 빛보다 빠른 이동은 우리가 넘을 수 없는 장벽이다. 한편 뤽 베송Luc Besson 감독이 연출한 영화 '발레리안'(2017)에 묘사된 경이로운 미래에는 복잡하지만 실현 가능한 놀라운 과학기술을 바탕으로 거대 우주정거장이 우주를 항해하는 동안 승객들이 우주의 신비를 경험한다. 이 가상의 우주정거장에는 각양각색 외계 종족이 사는 방대한 도시가 자리한다.

현재 우리 은하를 횡단하는 것은 인간 능력 밖의 일이다. 그런데 외계인은 우리에게 접근할 수 있는 다른 방법을 지녔는지도 모른다. 빛은 놀라운 속력으로 이동하므로, 전파 신호로 부호화된 메시지 또한 빠르게 전송될 수 있다. '빛'이라는 단어는 우리 눈이 진화한 끝에 볼 수 있게 된 좁은 영역의 전자기복사를 설명할 때 흔히 쓰인다. 유리로 된 쐐기 형태의 물체인 프리즘 안쪽으로 하얀색 햇빛을 통과시킨다고 상상해보자. 진한 빨간색부터 선명한 보라색에 이르는 화려한 색의 폭포, 즉 가시광선 스펙트럼이 나타난다. 그런데 우리 눈에 보이는 빛은 폭넓은 전자기복사 스펙트럼 가운데 극히 일부에 불과하며, 적외선과 자외선 그리고 전파와 감마선 등 인간 시야를 벗어나는 전자기복사도 존재한다.

첨단 통신 기술을 보유한 문명을 발견하는 한 가지 방법은 자연 발생하지 않는 전파 신호를 수집하는 것이다. 은하와 같은 천체도 전파 신호를 생성하지만 과학자들은 특이한 신호를 찾는다. 이 신호는 아마도 우주로 보내는 일종의 인사말일 것이다. 하지만 항성 간 인사말은 광활한 우주 속에서 흩어져 사라진다. 전파 거리가 2배 늘어날 때마다 신호 강도는 4분의 1씩 감소하므로, 특정 전파 거리에 이르면 아무리 강한 함성일지라도 신호에 귀 기울인 누군가조차 감지 불가능한 속삭임이 된다. 천문학자들은 이러한 전파 신호를 찾고 있으나 아직 발견하지 못했다. 이는 우주에 다른 생명체가 진정 존재하지 않는다는 의미일까?

거대한 침묵

우주여행에 활용되는 대규모 우주정거장은 아직 존재하지 않고, 알려진 물리 법칙은 깨지지 않는 까닭에 우주의 거대한 침묵은 위압적으로 다가온다. 그래서 과학자들(그리고 나의 학생들)은 과거 다른 어딘가에 생명체가 존재했더라도 대격변과 같은 장애물이 등장해 생명체를 파멸시켜 외계 문명이 우리 은하로 진출하지 못하도록 막았을 가능성을 제안했다. 이러한 장애물은 다른 말로 '대여과기Great Filter'라고도 불리며, 지금까지 외계 지적 생명체가 우주 곳곳으로 퍼지지 않도록 막았다.

대여과기는 인류의 과거에 존재했을 수 있다. 예컨대 행성에서 생명체가 태동하는 과정은 아마도 놀랄 만큼 복잡할 것이다. 또는 생명체의 생성은 수월하지만 가장 초기 미생물 단계를 통과하기가 거의 불가능할 수도 있다. 이후 외계 생명체가 인공위성을 고안하고 행성계를 여행하는 우주선을 쏘아 올릴 정도로 지성과 과학기술이 발달한다면, 그 기술은 너무도 강력해 생명체가 사는 행성을 구석구석 파괴할 수도 있다. 그렇지 않다면, 대여과기는 인류의 미래에 놓였을 수도 있다.

문명이 과학기술을 스스로 발전시켜 살아남는다는 것은

얼마나 어려운 일일까? 어쩌면 외계 생명체는 다른 항성으로 여행을 떠나기 전 스스로 절멸했을지 모른다. 이는 무척 비관적인 관점이다. 그런데 낙관적인 관점에서 이 시나리오를 살피면, 그런 외계 생명체는 인류보다 그들 자신에게 훨씬 위협적이다. 문명의 파멸에는 핵폭탄과 기후변화 외에 수많은 원인이 존재한다.

그런데 왜 우리는 다른 문명이 지구를 방문하거나 인류와 소통하고 싶어 한다고 무의식적으로 가정할까? 잠재적 외계 방문객들이 생존하려면 어떠한 환경과 대기가 조성되어야 하는지에 관한 문제는 잠시 접어두고, 지구는 목적지로서 얼마나 흥미롭게 보일까?

다음 두 행성 중에서 한 행성을 찾아간다고 상상해보자. 지구와 비교하면 첫 번째 행성은 5,000년 더 어리고, 두 번째 행성은 5,000년 더 늙었다. 두 행성 모두 생명체가 남긴 흔적을 지니며 지구로부터 비슷한 거리에 있다. 여러분은 어느 행성을 선택하고 싶은가? 내가 이 질문을 던질 때면 사람들 대부분은 더욱 오래되고 발전한 행성을 고른다. 가상의 외계 문명에게 동일한 선택지가 주어졌다고 가정하자. 같은 논리를 적용하면, 우리가 사는 멋진 행성은 비교적 매력이 떨어진다.

오해하지 말도록. 지구는 내가 가장 좋아하는 행성이지만 과학기술 측면에서는 이제 막 걸음마를 뗐다. 실제로 우주인 12명이 달 표면을 다녀오기는 했지만, 인류는 여태 가장 가까운 이웃 항성은 말할 것도 없고 가장 가까운 행성조차 도달하지 못했다. 외계 문명은 선택지가 주어지면 진정 지구를 택할까? 인간에게 우호적인 문명이 우주를 가득 채운 낙관적 상황에서도, 지구는 충분히 발달한 문명으로 여겨지지 않을 것이다. 우리에게 신호를 보낼 수 있는 문명이 있다면 곧장 그렇게 할 것이라는 가정에는 오류가 있어 보이며, 이는 거대한 침묵이 불러오는 공포를 누그러뜨린다.

해파리와 대화하기

인류가 외계 문명을 발견한다면, 그 외계 문명과 우주선보다 훨씬 빠른 전파 신호 또는 가시광선으로 소통할 수 있다면, 어떤 대화를 나눌지 궁금하다. 우리는 외계 생명체에게 무슨 질문을 던질까? 그리고 어떤 방식으로 질문할까? 그들이 영어, 중국어, 스페인어 또는 우리의 아름다운 행성에서 쓰는 언어 수천 가지 중에서 어느 하나를 이해할 가능성은 없어 보인다. 이는 궁극적으로 인간이 해파리와 대화를 시도하는 일과 같을 것이다.

실제로 나는 해파리와의 대화에 도전한 적 있지만, 그 결과는 기대에 못 미쳤다. 당시 해파리는 내 눈앞에 있었다. 나는 해파리를 보고 만질 수 있었으며(하지만 자제했다), 해파리의 언어를 배우기 위해 해파리가 내는 모든 소리에 귀를 기울였다(하지만 성공하지 못했다). 유념해야 하는 사실은, 나는 종간種間 의사소통 전문가가 아니라는 점이다. 그런데 전 세계에는 돌고래, 고래, 침팬지, 개 등 동물 간의 의사소통을 연구하는 과학자들이 있다. 어쩌면 이들은 해파리 언어 배우기에 좀 더 능숙할지 모른다.

다른 생물종의 언어를 이해하고 해석하기 위해서는 행동을 비롯한 시각 신호를 관찰하고, 그 신호를 소리 해석과 결합하는 것이 중요하다. 이는 어려운 과제다. 인간 눈에 보이지도 않는 문명이라면 의사소통이 얼마나 더 어려울지 상상해보자. 고도로 발달한 선진 문명이 후진 문명과 대화를 시도하는 일은 곧 인간이 역동적이고 목적이 있으며 아름답지만 궁극적으로 의도를 파악할 수 없는 물고기 무리의 움직임을 해석하려는 일과 비슷하다.

인류가 다른 생물종과 의사소통하려는 시도는 아직 걸음마 단계이지만, 우주를 여행하는 문명은 인류 문명과 공통점을 지녔을 것이다. 다른 문명을 발견하고 먼 우주 거리에서 소통하기 위해서는 우주의 작동 원리를 이해해야 한다. 이를 위해 인류는 찻잎으로 점을 치거나 무작위에 기반해 추측하는 등 다양한 방법을 동원했지만, 행성의 움직임과 우주선 및 전파 신호의 작동 방식을 정확하게 파악하는 방법은 단 하나다. 바로 과학적 방법이다. 과학적 방법은 발견하려는 대상을 신경 쓰지 않는다는 점에서 냉엄하지만, 이는 과학이 지닌 큰 강점이기도 하다. 새로운 사실이 밝혀지는 동시에 참신한 아이디어가 등장하면 기존 개념은 대체된다는 측면에서다. 과학을 기반으로 인류는 신뢰할 수 있는 정보를 얻는다. 과학 정보는 인류를 비롯한 모든 종족이 새로운 행성을 발견하고 메시지를 주고받거나, 발견한 행성으로 향하는 안전한 우주여행 수단을 발명하는 과정에 꼭 필요하다.

바나나와 외계인 그리고 용

나는 천문학개론 수업 시간에 학생들에게 바나나를 보여주고 '이 바나나는 외계인일까요?'라고 물으며 강의를 시작한 적이 있다. 분명히 밝히겠다. 나는 바나나가 외계인이라고 생각하지 않으며, 적어도 그럴 가능성은 지극히 낮다고 본다. 하지만 나의 배낭에서 색다른 물건은 바나나뿐이었고, 나는 핵심을 강조하고 싶었다. 특정 대상이 외계인인지 아닌

지는 어떻게 알 수 있을까?

우주에서 생명체를 찾으려면, 인류는 사고를 확장하고 최첨단 과학기술을 탐구해야 한다. 지식의 최전선에서 연구할 뿐만 아니라 적절한 질문을 던지며 편견을 넘어서야 한다. 인간 두뇌는 패턴을 발견하도록 진화했다. 이는 한때 포식자의 먹잇감이었던 인간이 획득한 주요 진화적 특성이다. 인류 조상은 자신에게 살금살금 다가오기 전 키가 큰 풀숲에 숨어 있는 굶주린 사자를 발견하면 살아남을 수 있었다. 잘못된 정보를 인식하고 불필요하게 도망치며 에너지를 약간 낭비하는 일은 있었지만, 이는 먹잇감을 찾아 어슬렁거리는 사자에게 습격당하는 일만큼 불운하지 않았다. 그래서 우리 조상은 풀잎이 휘어지거나, 불현듯 으스스한 침묵이 흐르거나, 덤불이 살짝 흔들리는 등 환경의 미세한 변화로 포식자의 존재를 발견하는 방식을 익혔다. 인간은 수많은 미세 신호를 종합해 위험을 알아차린다. 이처럼 패턴을 식별하는 능력은 인간에게 여전히 유용하지만, 실제로 존재하지 않는 대상을 본다는 착각을 일으키기도 한다.

오래전 NASA가 촬영한 화성 시도니아Cydonia 지역의 이미지에서 많은 사람이 찾아낸 사람 얼굴 형태의 암석을 예로 들겠다. 이 암석이 알려지자, 외계인이 화성 풍경에 메시지를 새겨놓은 것이 아니냐는 의문이 줄곧 제기되었다. 그런데 암석의 형태가 개나 판다가 아닌 사람의 얼굴이라는 점이 흥미롭지 않은가? 어쩌면 이 사건은 외계인이 인간과 닮았기를 바라는 마음을 무의식적으로 드러내는 것인지도 모른다. 이후 더욱 선명한 이미지가 공개되면서, 시도니아 암석은 햇빛을 정면으로 받을 때 저해상도로 관측해야만 사람 얼굴과 같은 형태로 오인될 수 있음이 밝혀졌다. 시도니아 암석 이야기는 우리가 새로운 정보를 받아들일 때 패턴을 인식하는 인간의 능력이 오해를 불러일으킬 수 있음을 일깨우는 유용한 사례다. 과학적 방법에는 장점, 또는 정의하는 사람에 따라 단점으로 여겨지는 측면이 있다. 19세기 영국 생물학자 토마스 헉슬리Thomas Huxley가 말했듯 "과학의 엄청난 비극, 즉 추악한 사실이 우아한 가설을 파괴한다는 점"을 받아들여야 한다는 것이다.

적절한 질문을 던지는 행위는 실제 패턴과 무작위로 발생한 현상을 구별하는 데 도움이 된다. 다시 바나나로 돌아가 질문을 시작해보자. 바나나는 무엇으로 이뤄졌나? 어디서 유래했나? 우리에게 익숙한 다른 물체와 닮았는가? 인간이 지구에서 인식하는 다른 대상과 화학적 또는 유전학적 특성을 공유하는가? 독창적인 특성을 보이는가? 결과적으로 인류는 수백 년간 농작물을 재배한 경험을 토대로 바나나가 어느 지역에서 자라는지 알고, 바나나가 오래전부터 지구에서 살았음을 인지하며, 바나나가 어떤 과정을 거쳐 진화했는지도 이해한다. 따라서 우리는 바나나가 외계인이 아니라고 확신할 수 있고, 같은 사고 과정을 바탕으로 여러분과 나 그리고 커피잔 모두 외계인이 아니라고 판단할 수 있다. 그런데 일부 주장은 그리 쉽게 무너지지 않는다.

좀 더 흥미진진한 사고실험을 해보자. 나는 다른 강의에서 학생들에게 용을 구입할 기회를 준다. 그리고 좋은 투자가 될 것이라 제안한다. 용을 소유하고 싶지 않은 사람이 있을까? 처음에는 많은 잠재적 구매자가 관심을 보인다. 이후 내가 구매자에게 5만 달러를 내라고 요구하면 질문이 시작된다. 먼저 학생들은 용을 볼 수 있을까? 답은 '아니오'다. 나의 용은 눈에 보이지 않는다. 용을 만질 수 있을까? 이번에도 답은 '아니오'다. 학생들은 용이 포효하거나 불을 뿜는 소리를 들을 수 있을까? 그럴 수 없다. 이 특별한 용은 소리를 내거나 불을 뿜지 못한다. 내가 다시 한번 5만 달러를 내라고 요구하면 잠재적 구매자들은 처음과 다르게 열렬한 반응을 보이지 않는다.

아쉽게도 나는 판매할 용을 가지고 있지 않지만, 이러한 예시를 들어 학생들이 과학적 방법을 활용해 사기당하지 않도록 이끌 수 있다. 용이 존재한다는 가설이 주어지면, 그 가설을 증명하는 실험을 고안한다. 여러분이 고안한 실험이 모두 실패한다면, 적어도 여러분이 아는 한 용은 존재하지 않는다. 보지도 듣지도 만지지도 못하는 용을 사기 위해 5만 달러를 낼 사람은 없을 것이다. 과학적 방법은 잠재적 구매자의 사고 과정을 은밀하게 장악했다.

사람들은 용을 살지 말지 결정하는 문제에는 과학적 방법을 무의식적으로 적용하지만, 흥미롭게도 다른 놀라운 주장에는 과학적 방법을 곧잘 적용하지 않는다. 누군가가 여러분에게 5만 달러를 내면 외계 생명체의 증거를 보여주리라 제안한다고 가정해보자. 만약 그 증거가 사실로 밝혀지면 5만 달러는 공짜나 다름없다. 어떤 외계 생명체의 증거가 제시되었을 때 돈이 아깝지 않을지 학생들에게 질문하면 열띤 토론이 이어진다. 만약 여러분이 그 증거를 보지도 듣지도 만지지도 못한다면 어떨까? 혹시 그 증거가 어쩌다 사진에 담긴 얼룩이라면 어떨까? 그 얼룩은 오로지 외계 생명체로만 설명되는 걸까?

외계 생명체가 남긴 첫 번째 흔적을 발견하는 일은 몹시 유혹적이다. 하지만 과학적 방법을 통해 사기꾼이 밝혀지기도 하므로, 단 한 사람이 외계 생명체의 흔적을 발견했다고 주장하는 경우는 조심해야 한다. 관측 결과와 결론은 여러 과학자가 독립적으로 검증할 수 있어야 한다. 그런데 불운하게도 지금까지 외계인을 최초로 목격하거나 발견했다고 주장한 사례들은 추가 조사에서 주장을 뒷받침할 만한 증거가 나오지 않았다. 칼 세이건은 "비범한 주장에는 비범한 증거가 필요하다"라고 말했다. 외계 생명체에 대한 증거는 무엇보다도 비범한 까닭에 철저한 조사를 거쳐야 한다.

내가 학생들에게 강조하는 또 다른 핵심은 문제를 설명할 수 있어야 그 문제를 해결할 수 있다는 점이다. 그러려면 설명에 적합한 언어를 찾아야 한다. 우주의 신비를 드러내는 언어는 수학이다. 수학이라는 언어의 장점은 어디를 가든 똑같다는 것이다. 수학 언어를 배우면 전 세계 과학자들과 대화하며 폭넓은 지적 연결망을 구축할 수 있다. 나는 수학 언어를 기반으로 디지털 코드를 써서 상상의 세계를 컴퓨터 화면에 '그린다'. 나의 캔버스는 노트북 컴퓨터다. 복잡한 컴퓨터 프로그램으로 열, 습기, 중력 등 다양한 요소를 고려해 시뮬레이션하면 디지털 코드로부터 다른 항성을 공전하는 행성이 새롭게 탄생한다. 나의 최종 목표는 이 새로운 행성이 생명체를 지탱할 수 있는지, 그런 생명체를 어떻게 찾을 수 있는지 밝히는 것이다.

이 같은 도구를 활용하면 우주 생명체를 탐색할 성간 우주선이 없다는 한계를 극복할 수 있다. 행성에 넓게 펼쳐진 생물권은 지구에서 그랬듯이 그 행성을 변화시킬 가능성이 높다. 이를테면 약 20억 년 전 지구의 초기 생명체는 다량의 산소를 노폐물로 배출해 대기를 변화시켰다. 이러한 현상을 근거로 삼으면 우리는 우주에 생명체가 존재하는지 확인할 수 있으며, 이 방식은 생명체가 우리와의 소통을 원하든 원하지 않든 상관없이 적용 가능하다. 그런데 생명체가 행성 생물권에 영향을 주지 않는다면 우리의 탐사 활동은 헛수고가 될 것이고, 결국 인류는 외계 생명체가 성간 메시지를 보내주기를 바라며 기다리는 수밖에 없다.

우주선이 성간 메시지에 의존하지 않고 다른 천체에서 생명체의 흔적을 발견하는 한 가지 방법은 우주에서 '창백한 푸른 점Pale Blue Dot'을 분석하는 것이다. 우주선 갈릴레오호Galileo는 1995년 목성 궤도에 진입해 거대한 목성의 대기 속으로 탐사선을 발사하는 임무를 최초로 수행했다. 그런데 이 우주선은 1989년 발사되고 1년 뒤 지구를 접근 통과하면서 비행 속력을 높였고, 그 기간에 지구를 면밀히 조사했다. 칼 세이건은 당시 얻은 정보를 바탕으로 우주에서 관측한 지구에서는 생명체의 흔적이 어떻게 보이는지 분석했다. 이는 다른 항성에 속한 천체에서 나오는 빛을 망원경으로 포착하게 될 미래를 대비하는 첫 번째 시험이었다.

우주에서 바라본 지구는 과학자가 생명체의 존재로만 설명할 수 있는 기체 조성을 나타낸다. 기체를 감지하는 일은 항성에 적힌 '안녕, 지구인'이라는 인사말이나 해파리 언어로 쓰인 메시지를 발견하는 일만큼 파급력이 강하지는 않지만, 외계 생명체가 인류와의 소통을 원하든 원하지 않든 우리가 그러한 생명체를 발견할 독자적 기회를 제공한다.

우주 바다에 띄우는 유리병 편지

1977년 보이저 1호와 보이저 2호가 태양계 외행성 탐사를 목적으로 발사되었을 때, NASA는 인류의 메시지가 수록된 골든 레코드Golden Record를 두 탐사선에 제각기 실었다. '모든 세계와 모든 시대의 음악가에게'라는 문구가 새겨진 골든 레코드는 지구 생명체가 담긴 타임캡슐이다. 칼 세이건은 인류가 과학과 예술 분야에서 성취한 업적을 총괄해 골든 레코드를 제작하는 팀을 이끌었다. 이 팀에서 창작 감독을 맡은 앤 드루얀Ann Druyan은 작가이자 다큐멘터리 제작자이자 연출가로 훗날 피보디상과 에미상을 수상했으며, 칼 세이건의 동료이자 아내였다.

골든 레코드는 이미지와 소리와 과학으로 기록된 지구 이야기를 전한다. 구체적으로는 지구 생명체가 담긴 이미지 115장, 다양한 시대와 문화가 반영된 90분 분량의 음악, 파도와 천둥과 바람이 빚어낸 자연의 소리, 고래와 새의 노랫

소리, 웃음소리와 같은 인간의 소리, '지구 어린이들이 보내는 인사말'을 포함해 55개 언어로 표현된 환영의 말 등이다. (이 책의 뒷부분에 실린 골든 레코드 플레이 리스트를 참고하라.)

왜 레코드일까? 레코드 재생 방법은 레코드를 본 적 없는 자에게도 간단한 용어로 설명할 수 있기 때문이다. 두 보이저 탐사선에는 축음기 바늘이 실려 있어 외계 문명에서도 레코드 재생 장치를 자체 제작할 수 있다. 골든 레코드 덮개에는 축음기 바늘을 레코드의 바깥쪽 가장자리에 두고 재생하라는 설명이 새겨져 있다. 골든 레코드는 1바퀴당 3.6초의 속도로 재생되어야 한다. 그런데 지구에서 1초는 오늘날 지구의 자전주기인 24시간을 기준으로 도출된 다소 임의적인 시간 간격이다.

지구의 1초는 태양계의 다른 행성에서조차도 아무런 의미가 없다. 다른 어느 행성도 24시간 주기로 자전하지 않기 때문이다. 따라서 외계 문명은 지구와 완전히 다른 시간 간격을 정의할 가능성이 높다. 골든 레코드가 재생되어야 하는 속도는 우주 표준 시간으로 어떻게 변환할 수 있을까? 이 문제를 해결하기 위해 골든 레코드 제작팀은 우주를 여행하는 문명이라면 모두 이해할 만한 시간 상수를 제시했으며, 이는 수소 원자의 기본 성질에서 유래한다. 수소 원자가 가장 낮은 에너지 상태와 다음으로 낮은 에너지 상태를 오가는 데 걸리는 시간은 약 $7*10^{-10}$초다. 이 숫자에 50억을 곱하면 지구에서의 3.6초가 된다.

이미지와 소리 기록들은 구리판에 새겨지고 금으로 도금된 뒤 알루미늄 케이스에 밀봉된 덕분에 10억 년이 지나도 변함없이 읽힐 수 있다. 골든 레코드는 창백한 푸른 점 하나가 우주에 건네는 선물이다. 외계 문명은 레코드 재생 장치를 만들 수 있을까? 만들 수도 있고, 만들지 못할 수도 있다. 그런데 핵심은 골든 레코드에 정보가 담겨 있음을 알리는 것이다. 골든 레코드는 외계 생명체가 세계를 어떠한 방식으로 경험하는지 모르는 상황에서 제작된 메시지다. 외계 생명체는 주위 환경과 상호작용할 것이며, 따라서 골든 레코드의 물리 구조만 감지해도 인류가 보낸 메시지를 판독할 수 있을 것이다.

골든 레코드 덮개에는 펄서를 기준으로 태양계의 위치를 정확하게 알리는 지도 또한 포함되어 있다. 펄서는 붕괴한 항성의 중심핵으로, 질량이 큰 항성이 수명을 다하며 격렬한 폭발을 일으킨 뒤 남은 잔해다. 펄서는 은하 너머 먼 우주 거리에서도 관측되며, 1초당 방출하는 신호의 횟수를 기준으로 식별된다. 골든 레코드 제작팀은 인근에 자리한 펄서 14개와 태양계의 상대적 거리를 표시해 우주 지도에 태양계의 위치를 나타냈다.

골든 레코드에는 시계 역할을 하는 우라늄-238 시료도 실렸다. 우라늄은 자연 방사성 물질로 원자핵이 불안정한 까닭에 꾸준히 붕괴해 딸 원소daughter element가 된다. 우라늄-238은 시료의 절반이 붕괴하기까지 45억 년 걸리므로, 골든 레코드 수령자는 우라늄-238의 잔류량과 딸 원소의 양을 측정하면 보이저 탐사선의 발사 시기와 비행 기간을 알아낼 수 있다. 보이저 탐사선은 내가 태어난 해에 우주여행을 시작했다. 이후 우라늄-238 시료는 극소량만 붕괴했다. 골든 레코드는 보이저 탐사선의 외부에 장착된 채 앞으로 수십억 년 동안 우주를 비행할 것이다.

광막한 우주에서 머나먼 거리를 두고 떨어진 항성들 사이로 비행하는 탐사선이 발견될 확률은 지극히 낮다. 두 보이저 탐사선은 태양계에 속한 거대 기체 행성을 조사한다는 주요 임무를 마친 뒤 태양계 밖으로 떠났다. 두 탐사선은 남은 동력이 거의 없는 상태에서 성간 우주를 분석하며, 태양의 영향력이 약해지면 발생하게 될 현상에 관한 통찰을 과학자들에게 최초로 제공하고 있다. 보이저 1호와 2호는 어느 곳이든 착륙할 수 있도록 설계되지 않았기 때문에, 고도로 발달해 우주여행이 가능한 문명만이 우주에서 두 탐사선을 찾을 수 있다. 두 탐사선은 특정 목적지를 향해 여행하지 않는다. 이들은 앞으로 약 4만 년 후 다른 항성 근처를 지나갈 것이다. 구체적으로 밝히자면 보이저 1호는 항성 글리제 445 Gliese 445, 보이저 2호는 항성 로스 248 Ross 248에 약 16조 킬로미터 이내로 인접할 예정이다. 두 항성은 우리 우주 가까이에 자리한 차가운 적색 항성이다.

지금부터 수백만 년 또는 수십억 년 뒤 골든 레코드가 발견된다면, 이는 인류 문명이 남긴 마지막 유물이 될지도 모른다. 어쩌면 인류가 성취해 가장 오래 지속된 업적이 될 수도 있다. 골든 레코드는 인류 진화 과정에서 우주에 물리적 메시지를 보낼 수 있게 된 순간이 포착된 결과물이다. 칼 세이건과 골든 레코드 제작팀이 집필한 《지구의 속삭임》(1978)에서 앤 드루얀은 다음과 같이 밝혔다. "보이저 탐사선은 인류의 메아리와 이미지를 싣고 우주를 여행하고 있으며, 그 오랜 여정 동안 우리를 살아 있게 할 것이다."

115개의 이미지와 90분 분량의 음악만으로 인간 존재가 무엇을 의미하는지 전달해야 한다면, 여러분은 레코드에 어떤 정보를 담겠는가? 그러한 정보의 목록을 머릿속에 떠올리다보면 인류가 얼마나 놀라운 여정을 지나왔는지 새삼 깨닫는다. 보이저 탐사선은 다음 항성을 향해 여전히 나아가고 있다. 지금까지 골든 레코드를 재생한 외계인이 있는지는 알 수 없지만, 칼 세이건은 골든 레코드가 지니는 의미를 다음과 같이 또렷하게 요약했다. "성간 우주에 고도로 발달한 문명이 존재할 때만 보이저 탐사선이 발견되어 골든 레코드가 재생되겠지만, 이러한 '유리병 편지'를 우주 '바다'에 띄워 보내는 행위는 인류가 품은 강한 희망을 드러낸다."

나는 골든 레코드에 수록된 음악을 들을 때면 늘 마음 깊이 감동한다. '밤은 어둡고, 땅은 차갑네Dark Was the Night, Cold Was the Ground'라는 곡으로, 텍사스 출신의 블루스 음악가 블라인드 윌리 존슨Blind Willie Johnson이 1927년 녹음했다. 윌리 존슨은 1945년 화재로 집이 전소했지만 마땅히 갈 곳이 없어 폐허가 된 집에서 계속 살았다. 그가 말라리아에 걸렸을 때는 흑인 또는 시각 장애인이라는 이유로 병원에서 치료를 거부당했다(기록마다 거부 이유가 다르다). 오늘날 윌리 존슨은 어디에 묻혀 있는지조차 알려지지 않았지만, 그의 곡은 항성으로 향하는 2대의 탐사선에 실렸다. 미래에 누군가는 어둠 속에서 윌리 존슨의 곡, 즉 희망의 등불을 발견할 것이다.

창백한 푸른 점

보이저 1호가 태양계 밖으로 떠날 무렵, 칼 세이건은 해당 탐사선에 탑재된 카메라를 돌려 고향 행성인 지구를 마지막으로 촬영하자고 NASA를 설득했다. 30여 년 전인 1990년 밸

런타인데이에 촬영된 이 감동적인 사진에서 지구는 어두컴컴한 우주에 비치는 태양 빛 속을 부유하는 작은 점으로 보인다. 작은 점은 드넓은 바다와 구름이 어우러져 창백한 푸른색을 띤다. 이 사진은 내가 지구를 생각하는 방식을 바꿔 놓았다.

사진 '창백한 푸른 점'은 우리 행성이 얼마나 아름다운지, 동시에 얼마나 연약한지를 인류에게 매일 상기시킨다. 우리를 지키는 보호막은 얇은 대기층뿐이다. 인간이 호흡하는 공기는 대부분 지면부터 상공 약 10킬로미터 사이에 있다. 여러분이 우주를 향해 일직선으로 여행할 때 시속 약 50킬로미터로 이동한다고 가정하면, 상공 약 10킬로미터 지점을 통과하기까지는 10여 분밖에 걸리지 않는다. 지구를 사과 크기로 축소하면 지구 대기는 사과 껍질보다 더 얇다. 인류는 생존하려면 파멸로부터 스스로를 보호하는 이 얇은 층을 신중히 관리해야 한다.

'창백한 푸른 점'은 지구로부터 약 5.5광시(빛이 진공에서 1시간 동안 이동하는 거리-옮긴이) 거리에서, 위치로 따지면 해왕성 바로 너머에서 촬영되었다(당시 보이저 1호와 태양 사이의 거리는 약 60억 킬로미터였다).

칼 세이건이 저서 《창백한 푸른 점》(1997)에서 아름답게 묘사한 것처럼 "태양 빛 속에서 부유하는 먼지 한 톨 같은"

지구를 보이저 탐사선보다 먼 거리에서 촬영한 다른 우주선은 아직 없다. 이 지구 사진은 보이저 1호가 카메라 전원을 완전히 끄기 불과 34분 전에 촬영한 결과물이자 마지막으로 잠시 고개를 돌려 바라본 고향의 모습이다.

2장

작고 경이로운 우주의 고향

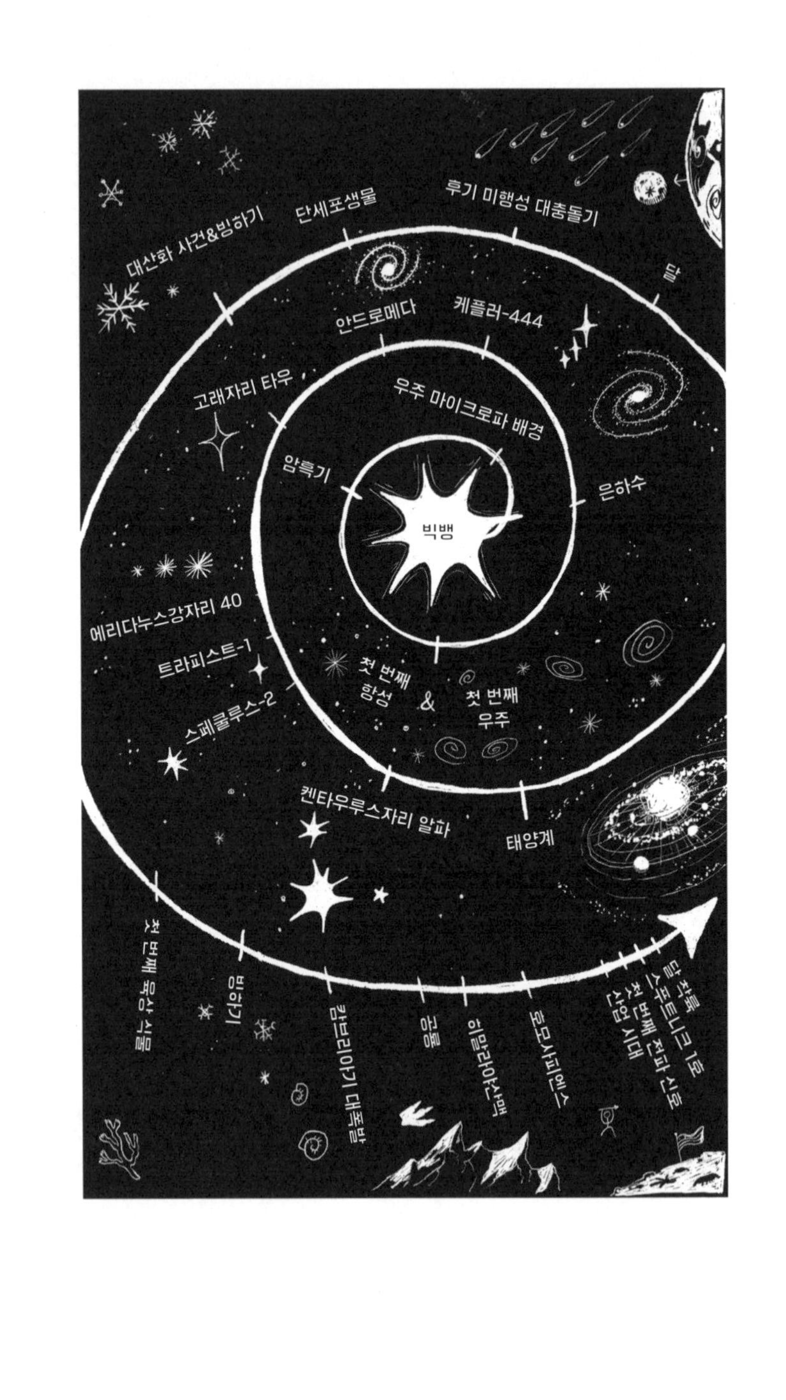

빅뱅
암흑기
우주 마이크로파 배경
은하수
첫 번째 항성
&
첫 번째 우주
고래자리 타우
안드로메다
케플러-444
에리다누스강자리 40
트라피스트-1
스페쿨루스-2
켄타우루스자리 알파
태양계
대산화 사건&빙하기
단세포생물
후기 미행성 대충돌기
달
첫 번째 육상 식물
빙하기
캄브리아기 대폭발
공룡
히말라야산맥
호모사피엔스
산업 시대
첫 번째 전파 신호
스푸트니크 1호
달 착륙

나는 지질학적 기록이란 변화하는 방언으로 저술되어
불완전하게 남겨진 세계사와 같다고 생각한다. 이러한 세계사 가운데,
우리는 고작 두세 세기를 다루는 마지막 한 권만 가지고 있다.
이 마지막 책조차도 여기저기 짤막한 장만 보존되었고,
각 쪽에는 군데군데 문장 몇 줄만 남아 있다.

— 찰스 다윈, 《종의 기원》

어느 천문학자가 지나온 시간

나의 첫 번째 세계는 오스트리아 시골 지역으로, 폭풍우가 몰아치는 날이면 바람에 흔들리는 거대한 고목과 마법에 걸린 정원이 딸린 우리 집, 그리고 몇몇 이웃집과 조부모님이 소유한 농장으로 이뤄져 있었다. 매년 여름 할아버지는 큰 낫을 들고 나가 풀을 베어 손수 건초를 만들었다. 어머니와 아버지는 그런 할아버지를 도왔고, 우리 자매는 들판에 무성한 키 큰 풀들이 뜨거운 여름 햇살을 받아 건초가 되어가는 풍경을 창문으로 바라봤다. 이때 나를 둘러싼 세계의 변화가 색의 변화로 이어지는 과정을 경험하며 계절에 따른 색의 순환을 처음으로 접했다.

나와 가장 친한 친구의 집은 걸어서 몇 분 거리에 있었고, 우리는 레고로 만든 세계에서 수많은 가상 임무를 수행했다. 나와 친구가 상상하는 여행은 우리가 꿈꿀 수 있는 모든 것을 바탕으로 끝없이 펼쳐지는 모험이었다. 레고 조각 더미는 집, 요새, 우주선이나 웅장한 산이 될 수 있다는 점에서 내가 제일 아끼는 물건이었다. 지하실에서 나는 아버지에게 나무 토막을 조각하는 방법과 주위 세계를 캔버스에 담는 방법을 배웠다. 공학 학위를 받고 외계 지구를 탐사하는 우주 망원경을 설계하는 일에 참여하기 훨씬 전인 어린 시절에도 나는 무언가를 만드는 활동을 좋아했다.

나는 이따금 들판 너머 조부모님 농장으로 모험을 떠나 닭 10여 마리에게 모이를 줬다. 그러다 말린 자두와 잼이 가득한 파이가 풍기는 고소하고 달콤한 냄새를 맡으면, 낡은 장작 난로로 훈훈해진 오래된 농가의 비좁지만 사랑스러운 부엌으로 홀린 듯 향했다. 나의 모험은 할머니가 구워준 따끈한 파이로 보상받았고, 이를 통해 탐험의 즐거움을 어렴풋이 깨달았다.

나는 도보 15분 거리에 있는 초등학교에 다니면서 화창한 날이든 궂은 날이든 통학 길 인근에 사는 몇 안 되는 아이들과 함께 걸었다. 그러는 동안 나는 지구의 뚜렷한 날씨 패턴을 직접 경험했다. 우리 마을과 주변 지역에는 수백 명이 거주했다. 주민들은 모든 아이가 제각기 어느 집에 사는지 알았고, 아이들이 목적지에 안전하게 도착하도록 보호했다. 이는 아이들에게 완전한 자유를 선사했다. 오스트리아 시골에서의 모험은 나를 지구 너머의 세계까지 탐험하도록 이끄는 열정의 토대가 되었다.

우리 동네는 밤 9시가 되면 가로등이 꺼져 무수한 별이 보이는 고요한 어둠에 휩싸였다. 나는 밤하늘의 별을 보면서 나의 세계를 지구 너머로 확장했다. 하늘 한편에는 헤아릴 수 없이 많은 별이 모여 아름다운 빛의 띠를 이뤘다. 유달리 추운 겨울밤에는 숨을 내쉴 때면 차가운 공기에 입김이 얼어붙었지만, 별이 훨씬 더 밝게 빛나는 것처럼 보였다.

우리 가족은 여름휴가를 오스트리아 남부 산 중턱에 자리한 작은 마을의 나무 오두막에서 보냈다. 이곳에서 나는 별에 관한 새로운 관점과 수수께끼를 접했다. 여름이 끝나갈 무렵 이른 아침 공기가 쌀쌀해지면, 우리 가족은 오두막의 작은 철제 난로 앞에 옹기종기 모여 앉아서 따뜻한 온기에 뽀얀 입김이 사라지기를 기다렸다. 씻고 마시는 물은 근처 우물에서 나오는 까닭에 얼어붙을 듯 차가웠지만, 특히 도보 여행을 떠나 산 정상에 오른 뒤에는 그 차가운 물이 원기 회복제로 환영받았다. 산 정상은 잿빛 돌투성이로 초목이 무성한 마을과 비교한다면 사뭇 다른 풍경이었다. 산 중턱 작은 마을의 생태계는 내가 우리 동네에서 관찰한 것과 다소 달랐으며, 독특하고 풍부한 생명체로 이뤄져 있었다. 이 작은 마을에서 나는 아직 마주치지 않은 세계에 거주하는 생명체는 어떤 모습일지 호기심을 품었다.

집에서든 나무 오두막에서든, 어머니는 나의 이야기에 언제나 귀를 기울였다. 그리고 내가 책을 더 사랑하도록 이끌어줬다. 10살이 되었을 때, 도서관에서는 내가 빌릴 수 있는 책 권수에 제한을 두지 않기로 했다. 그래서 나는 점점 더 많은 책을 집으로 기꺼이 가져갔고, 책 속에서만 상상할 수 있는 세계로 빠져들었다. 내가 훗날 도서관 책장 한편을 채우는 사람이 되리라고 누가 상상이나 했을까?

내가 좀 더 성장한 뒤에는 나의 세계가 오스트리아 너머로 확장되었다. 이탈리아로 떠난 가족 여행에서 나를 향해 환하게 웃어주면서도 내 말을 이해하지 못하는 사람들을 만났다. 이때 나는 자동차로 몇 시간 거리에서 태어난 사람들과도 의사소통이 무척 어려울 수 있음을 깨달았다. 아버지는 구조가 복잡한 건물을 전 세계에 짓는 토목공학자였고, 다른 나라에서 온 손님을 종종 집으로 초대해 함께 저녁을 먹었다. 악수하는 대신 고개 숙여 인사하던 일본 출신 사업 파트너가 아직도 기억난다. 이전에 들어본 적 없는 듯한 그들의 언어가 인상적이었다.

저녁 식사에서 우리는 엉터리 영어로 대화를 주고받았다. 나는 학교에서 배운 몇몇 단어만 알았지만, 그 단어 몇 개만으로도 대화는 가능했다. 이탈리아 여행 때처럼 단어 몇 개만 알면 새로운 대상을 이해하는 열쇠를 얻을 수 있었다. 손님들은 그들의 문자인 일본식 한자를 보여줬는데, 펜으로 그은 획이 합해 아름다운 이미지가 되고 그 이미지가 모여 단어가 되는 신기한 소통법이었다. 이를 계기로 나는 언어와 여행에 푹 빠졌고, 세계를 탐험하면서 내가 머무는 지역(스페인, 포르투갈, 네덜란드, 미국)의 언어를 배웠다. 처음에는 이해하지 못했던 단어와 기호가 전 세계 사람들과 소통할 수 있는 다리로 변해가는 과정을 지켜보는 일은 여전히 나를 설레게 한다.

나의 세계는 조그마한 동네에서 시작했지만 지구 전체를 아우를 만큼 폭넓어졌고, 이후 우주로 확장되어 가능한 한 모든 수단을 동원해 탐사하게 될 새로운 행성까지 닿았다. 유년시절 신비롭게 반짝였던 빛의 점과 하늘이 이제는 뜨거운 기체 덩어리와 우주 천체의 역사책으로 인식되지만, 나는 밤하늘을 올려다볼 때면 여전히 어렸을 적 마주한 경이로움과 흥분을 느낀다.

생명을 품는 행성의 조건

지금 우리는 파도가 일렁이는 광활한 바다로 온통 둘러싸여 있고, 멀리서 용암과 기체를 뿜어대는 활화산 봉우리만이 해수면을 가른다. 앞으로 나아가고 또 나아가도 주위는 바닷물뿐이다. 수평선까지 끝없이 펼쳐진 바다는 짭조름한 향기를 해안으로 실어 나르는 파도로 덮여 있다. 육지에 부딪혀 부서지는 파도 소리와 바람 부는 소리만이 완전한 침묵을 깨뜨린다.

바다 위의 섬은 불모지다. 풀도 나무도 동물도 없다. 그래서 섬뜩할 만큼 고요하다. 파도와 지각 아래에서 솟구치는 용암을 제외하면 아무것도 움직이지 않는다. 화산은 드넓은 바다의 서늘한 품에 안겨서 펄펄 끓는 용암 줄기를 내뿜으며 열기를 발산한다.

하늘을 올려다보면 낯선 패턴을 이루는 별뿐이고, 오리온자리Orion나 북두칠성Big Dipper처럼 잘 알려진 별자리를 찾아 헤매봐도 헛수고다. 하늘에는 거대한 위성이 어슴푸레 떠 있다. 이 낯선 행성에서 일출과 일몰은 몇 시간 간격으로 서로를 뒤쫓는다.

우리가 우주에서 생명체를 탐색할 때, 지구는 그 전에 밝혀야 하는 수수께끼의 유일한 열쇠다. 모든 생명체는 물, 탄소, 우주에 존재하는 암석, 항성이 방출하는 열 그리고 새로운 행성의 표면에 부는 바람과 같은 몇 가지 요소에서 시작된다.

먼저 필요한 요소는 행성이나 위성처럼 우주에 존재하는 암석이다. 다음으로는 에너지가 필요하다. 지구에서 규모가 가장 큰 에너지원은 태양 빛이다. 그럼 우주의 암석에 항성이 방출하는 빛을 더해보자. 이 암석은 항성 주위를 공전하므로 행성에 속한다. 행성에 대기가 없으면 항성에서 나오는 에너지는 행성 표면을 뜨겁게 달구고, 행성은 그 에너지를 우주로 다시 방출한다. 이 시나리오에서 특별한 현상은 거의 일어나지 않는다. 따라서 이 행성은 태양에서 가장 가까운 행성인 수성처럼 수천만 년 동안 시간이 정지된 듯이 똑같은 형태로 보인다. 즉 무언가에 부딪히지 않는 한 행성은 변화하지 않으며, 만약 충돌이 일어난다면 운석구덩이가 추가로 생성될 것이다.

이제 행성에 대기를 더해보자. 행성은 기체가 우주로 빠져나가지 못하게 붙잡을 수 있을 만큼 질량이 큰 경우에만 대기를 유지할 수 있다. 질량이 그만큼 크다면, 이 행성 이야기는 좀 더 흥미로워진다. 항성이 방출하는 빛은 행성의 표면은 물론 대기도 가열하기 때문이다.

대기가 있는 행성은 없는 행성보다 훨씬 흥미로운 장소다. 그런데 생명체에는 우리가 아는 또 다른 핵심 요소인 물이 필요하다. 액체 상태의 물은 지표면 근처에서 기체 상태로 증발한 뒤 대기 중으로 높이 상승하다가 응축되면 비나 눈 형태로 지표면에 다시 떨어진다. 행성 온도가 지나치게 뜨겁거나 차가워지지 않는 덕분에, 행성 표면에 바다가 유지되는 항성 주변 영역을 '생명체 거주 가능 영역habitable zone' 또는 '골디락스 영역Goldilocks zone'이라고 부른다. 골디락스 영역은 생명체가 살기에 적합한 공간이고, 생명체는 자신이 사는 행성을 변화시킨다. 항성 주변의 골디락스 영역은 생명체가 살 수 있는 행성을 탐색하기에 완벽한 장소다.

지구의 과거가 담긴 '행성 보육원'

약 45억 년 전, 우주에서는 흔한 일이지만 우리에게는 매우 특별한 사건이 발생했다. 항성과 행성 8개가 생성된 것이다. 이후 수십억 년이 흐르고, 이 항성을 기준으로 세 번째 궤도를 도는 행성의 생명체들은 그 항성에 태양이라는 이름을 붙였다. 45억은 엄청나게 큰 숫자다. 45억 초는 142년보다 조금 더 긴 시간으로 인간 수명보다 훨씬 더 길다. 45억 년 전 우주는 지금과 다른 모습이었다. 우리 은하에서는 주로 수소 원자와 소량의 기체, 얼음, 광물 알갱이로 이뤄진 거대한 구름이 나선팔spiral arm에서 천천히 회전했다. 온도는 절대영도에 가까운 섭씨 영하 270도로 몹시 추웠다. 구름은 느리게 움직였다. 그런데 근처에서 폭발하는 항성의 충격파가 극적인 변화를 일으켰다. 차가운 구름을 붕괴시킨 것이다. 그러자 과거 우주에서 수없이 일어난 현상처럼, 구름을 이루던 물질들이 중력의 영향을 받아 서로 끌어당겨 뜨겁고 밀도 높은 중심 물질을 생성했다. 이 중심 물질이 어린 항성이다.

우주에서 가장 영향력 있는 건축가인 중력은 서로 다른 물체 사이에 작용하는 인력이다. 중력 세기는 물체가 서로 가까워질수록, 물체의 질량이 클수록 증가한다. 중력은 우리가 지구에서 우주로 떠오르지 않도록 지표면에 붙잡아둔다. 한편 기체 상태로 천천히 회전하는 구름 속에서는 중력이 점점 더 많은 입자를 끌어당겼다. 입자가 많이 달라붙을수록, 구름 속의 이 작은 중심핵은 중력 세기가 점차 증가하면서 물질을 더 많이 끌어당겼다. 마침내 중심핵은 주위 모든 물질의 압력을 받아 온도와 밀도가 매우 높아졌으며, 이 뜨겁고 밀도 높은 환경에서 수소 원자는 굉장히 빠른 속력으로 서로 충돌해 헬륨 원자와 에너지를 생성했다.

헬륨 원자는 수소 원자 4개보다 아주 조금 더 가볍다. 이 작은 질량 차이는 엄청난 결과를 가져온다. 한 세기 전 독일계 미국인 물리학자 알베르트 아인슈타인Albert Einstein은 에너지(E), 질량(m), 빛의 속력(c)을 연결하는 유명한 방정식 '$E=mc^2$'를 통해 약간의 질량이 에너지로 변환된다는 놀라운 사실을 밝혔다. 수소 원자 4개가 헬륨 원자 1개로 변환될 때의 질량 변화는 1퍼센트 미만이지만, 이 작은 변화가 태양에 동력을 공급하며 지구를 따뜻하게 유지하는 덕분에 인류가 존재한다. 태양은 1초마다 질량을 약 500만 톤씩 잃는다. 성체 대왕고래 1마리의 무게가 대략 100톤이다. 즉 태양은 1초당 성체 대왕고래 5만 마리와 맞먹는 질량을 잃는다.

태양계를 자세히 들여다보면 이상한 점이 눈에 띈다. 모든 행성이 같은 방향으로 태양 주위에서 공전한다는 점이다. 행성들은 어느 방향으로든 공전할 수 있고, 어느 방향으로 공전하든 중력의 법칙을 따를 수 있다. 그런데도 모두 같은 방향으로 공전한다는 사실은 행성들이 갓 태어난 태양 주위를 같은 방향으로 도는 물질에서 유래했음을 시사한다. 태양계 행성들은 또한 같은 평면에 놓여 있으며, 이는 행성들 모두 먼지와 기체로 이뤄진 평평하고 회전하는 원반에서 생성되었음을 가르쳐준다.

천문학자들은 다른 어린 항성 주변에서도 평평한 원반을 발견했다. 원반은 어린 항성이 자기 행성계를 형성하는 '행성의 요람'으로 새롭고 흥미진진한 천체가 발견되는 장소다. 원반을 관찰하는 것은 곧 지구의 과거를 슬쩍 엿보는 것과 같다. 지구도 과거에 초기 태양 주위를 돌던 조약돌들이 서로 충돌하며 탄생한 행성 중 하나였기 때문이다. 행성은 특정한 시기에 형성되었다. 구름이 회전하기 시작하면, 구름을 이루는 물질 가운데 약 1퍼센트에 해당하는 작은 일부분은 구름의 중심부로 붕괴해도 항성이 되지 못했다. 대신에 그 일부분은 바깥으로 튕겨 나와 어린 항성 주위를 도는 평평한 원반을 생성했다. 이 원반에서는 물, 이산화탄소, 메테인, 암모니아 같은 분자로 구성된 기체와 얼음과 암석이 서로 충돌했다.

암석과 얼음 알갱이는 뭉쳐져 조약돌이 되고, 조약돌은 뭉쳐져 바위가 되며 더 큰 덩어리를 형성한다. 이런 조각 수백만 개가 어린 항성을 중심으로 회전하는 까닭에, 경로에서 조금이라도 벗어난 조각은 근처 다른 조각과 충돌하게 된다. 항성은 물론 모든 조약돌과 바위가 주위 다른 물체에 중력을 가하며, 각 물체에 작용하는 중력 방향은 시시각각 변화한다. 마라톤경주에서 참가자들이 서로 어깨를 맞대고 달린다고 상상해보자. 한 참가자가 발을 헛디뎌 비틀거리면, 그와 이웃한 참가자가 경로를 변경하다가 다른 참가자와 부딪히며 연쇄 충돌이 발생한다. 이제 마라톤 참가자를 바위와 얼음 조각으로 바꿔 상상해보자. 마라톤 참가자와 다르게 이 조각들은 충돌하는 동안 서로 붙을 수 있다. 일부 파편은 원반에서 튕겨 나와 우주의 어둠을 향해, 또는 어린 항성을 향해 날아가기도 한다. 원반의 수명은 우주적 관점에서 보면 눈 깜짝할 사이인 약 1,000만 년에서 1억 년에 불과하다. 작은 알갱이가 행성으로 성장하기까지는 수백만 년밖에 걸리지 않으며, 그러한 시간을 거쳐 먼지 한 톨이 지구처럼 장엄한 행성으로 성장하게 된다.

지구는 태양에서 약 1억 5,000만 킬로미터 떨어져 있다. 회전하는 원반에서 안쪽 구역은 뜨거운 항성과 가까우므로 얼음과 기체가 대부분 증발하고 암석만 남는다. 따라서 지구를 비롯해 태양 가까이에서 형성된 행성들(수성, 금성, 화성)은 이용 가능한 물질인 암석으로 이뤄져 있다. 그런데 태양에서 먼 원반 바깥쪽, 즉 천문학자가 얼음 선ice line이라고 부르는 경계 너머에서는 기체, 얼음, 암석이 충돌해 거대 기체 행성과 거대 얼음 행성(목성, 토성, 천왕성, 해왕성)이 만들어졌다. 거대 행성은 태양에서 가까운 암석형 행성과 완전히 다르다.

커다란 우주 규모 욕조를 떠올려보자. 지구는 암석이므로 욕조에 넣으면 물에 가라앉을 것이다. 그런데 가장 유명한 태양계 기체 행성으로, 아름답게 빛나는 고리를 지닌 토성을 욕조에 넣으면 평균 밀도가 물보다 낮아 물에 뜰 것이다. (물체의 평균 밀도는 질량을 부피로 나눈 값이다.) 토성의 밀도는 솜사탕과 거의 같다.

로알드 달Roald Dahl의 소설 《찰리와 초콜릿 공장》(1964)을 배경으로 새로운 장면을 상상해보자. 등장인물들이 윌리 웡카의 초콜릿 공장에서 솜사탕으로 이뤄진 토성 위를 걷는 것이다. 하지만 토성은 솜사탕으로 만들어지지 않았다. 토성은 대부분 수소 기체로 이뤄져 있고 단맛이 나지 않는다. 더욱이 뜨거운 기체도 강한 압력을 받으면 성질이 변하기 때문에 평균 밀도만으로는 모든 특성을 파악할 수 없다.

바다에서 깊이 잠수할수록 수압이 강해지듯, 거대 행성의 대기권에서는 지면으로 내려갈수록 기압이 점차 강해진다. 목성에 발을 내디딘다면 소용돌이치는 기체 속으로 계속 가라앉다가 강한 압력에 짓눌릴 것이다. 기체는 압력이 증가할수록 밀도가 높아져 액체가 된다. 그러한 측면에서 목성은 태양계에서 가장 거대한 바다다. 목성의 중심핵은 고체이며 온도가 무려 섭씨 약 2만 5,000도에 달할 것으로 추정된다. 그리고 목성 중심핵의 압력은 지구 표면 압력의 4,400만 배에 해당하리라 예상된다. 이는 우리 몸 위로 자동차 15만 대를 쌓아 올렸을 때와 같은 압력이다. (이 압력을 확인하기 위해 목성 중심핵에 가본 사람은 아무도 없다.) 태양계의 거대 기체 행성이 제아무리 신비롭더라도, 태양 주위를 도는 가장 거대한 암석인 지구는 수없이 많은 생명체를 품은 우리가 아는 유일한 천체라는 점에서 가장 신비롭다.

지구는 온실에서 자라지 않았다

이 모든 것은 약 45억 년 전, 과학 소설에 나오는 악몽 같은 모습의 지구에서 시작했다. 지구는 우주 암석의 충돌로 형성되었다. 뜨겁고 어린 지구는 마그마 바다에 뒤덮여 있었고, 요동치는 마그마 바다는 우주에서 날아오는 암석에 쉴 새 없이 폭격당했다. 암석 폭격으로 막대한 에너지가 어린 지구에 전달되자, 지구 표면은 녹았다가 굳기를 반복하면서 모습을 거듭 바꿨다. 황량하고 어두운 땅에는 갈라진 틈에서 분출된 신선한 주황색 용암이 흐르고, 온 세계가 두꺼운 증기층에 덮였다. 어린 지구는 수증기, 질소, 이산화탄소로 이뤄진 밀도 높은 대기에 둘러싸여 있었다. 어린 지구에 발이 묶인 불운한 시간 여행자에게 이곳 공기는 유독했을 것이다.

하늘도 놀랄 만큼 낯설었을 것이다. 어린 지구에는 익숙한 별자리도 없었다. 모든 별은 움직이며, 오늘날 우리를 집으로 안내하는 별자리는 수백만 년에 걸쳐 변화했다. 초기 지구에 방문한다면, 우리가 좋아하는 달은 아직 존재하지 않으며 어둡고 낯설고 섬뜩한 하늘만 있을 것이다.

그런데 얼마 지나지 않아 격렬한 충돌이 낯선 하늘을 익숙한 하늘로 바꿔놓았다. 가설에 따르면, 크기가 화성과 비슷한 행성 테이아Theia는 지구와 거의 같은 궤도로 이동하다가 결국 지구와 충돌했다. 서로 다른 두 행성이 같은 궤도로 항성 주위를 공전할 수 없기 때문이다. 지구와 테이아는 충돌하는 동안 강한 충격을 받아 구성 물질이 대부분 녹아 합했고, 녹은 암석 일부는 지구 밖으로 튕겨 나갔다. 그런데 튕겨 나간 암석 대부분은 지구 중력에서 벗어나지 못했다. 냉각되어 굳은 암석 조각들은 지구 주위를 고리 모양으로 둘러싸고 계속 서로 충돌한 끝에 거대한 암석을 형성했다. 이 암석은 지구의 동반자인 달이 되었다.

태양계의 다른 암석형 행성 중에서 이처럼 커다란 위성을 지닌 행성은 없다. 수성과 금성에는 위성이 없다. 화성은 위성을 2개 지니지만 그 크기가 극단적으로 작다. 아마도 이들은 본래 초기 태양계 일부인 소행성이었으나 화성에 너무 가까이 다가가 화성 중력에 사로잡혔을 가능성이 높다. 또는 화성 역사 초기에 발생한 충돌의 결과일 수도 있으며, 이는 앞으로 추가 관측을 통해 밝혀질 것이다.

오늘날은 행성 충돌이 거의 일어나지 않는다. 행성 간에 비어 있는 공간이 얼마나 많은지, 광활한 태양계에서 작은 행성이 서로 충돌할 가능성이 얼마나 낮은지 생각해보자. 행성을 탐사할 때는 탐사 경로를 신중히 계획하고, 목표 행성을 지나치지 않기 위해 여러 전략을 구사한다. 우주를 떠다니는 암석은 행성에 부딪힐 확률보다 행성을 비껴갈 확률이 훨씬 높다. 그러나 어린 태양계는 지금과 극명하게 달랐고, 모든 천체가 최종 위치를 아직 찾지 못한 상태였다. 태양계가 탄생하고 처음 수억 년 동안 작은 천체 조각들은 행성을 수없이 강타했으며, 천문학자들은 이것을 '후기 미행성 대충돌기'라고 부른다. 조각들 일부는 서로 충돌하기도 했다.

몇몇 충돌에서는 파괴력이 너무도 강해 천체 조각들이 합치지 않고 더 작은 조각으로 쪼개졌다. 이처럼 먼 옛날 일어난 천체 충돌은 우리에게 선물을 남겼다. 태양계 탄생 당시 생성된 작은 천체 조각들은 지구 대기권에 도달해 아름다운 빛을 발하며 타오르거나, 조각이 충분히 큰 경우 지상에 도달하기도 한다.

지구의 나이가 45억 년이라는 것은 어떻게 알아낼까? 그 증거는 전 세계 박물관에 전시되어 있으나 생김새는 평범한 소수의 암석에 있다. 이들 암석은 우주에서 지표면으로 떨어진 작은 소행성과 혜성 조각으로, 운석이라고 불린다. 운석의 나이를 알아내는 원리는 운석에 포함된 방사성물질에 있다. 앞서 간략히 언급했듯 방사성 원자는 알려진 속도로 자연히 딸 원자가 된다. 원자의 절반이 붕괴하는 데 걸리는 시간, 즉 반감기는 원소마다 고유한 값을 지니므로 이미 붕괴한 원자 수와 아직 붕괴하지 않은 원자 수를 측정해 비교하면 아주 정확한 시계를 획득하게 된다. 우라늄, 포타슘, 루비듐, 탄소 동위원소 등 방사성 원자의 이미 알려진 붕괴 속도를 참조하면 수십억 년에 달하는 시간을 정확히 측정할 수 있다. 이를 통해 운석의 나이는 45억 8,000만 년에서 45억 3,000만 년 사이로 밝혀졌다. 이 결과는 지구의 나이 또한 알려주는데, 어린 태양 주위를 공전하던 암석에서 지구가 형성되었기 때문이다.

매년 관측되는 유성우는 지구가 태양을 공전하는 과정에서 작은 우주 암석 수천 개가 대기권으로 들어올 때 나타나는 현상이다. 이 우주 암석들은 대기를 통과하는 동안 이동경로에 있는 입자들과 마찰하며 많은 열을 발생시키므로, 지표면에 도달하기도 훨씬 전에 다행히 전부 타버린다. 우리는 밤하늘에 아름다운 궤적을 그린다는 이유로 이들을 '유성shooting star'이라고 부르지만, 유성은 사실 우리 눈앞에서 활활 타는 아주 오래된 암석이다.

나는 이처럼 오랜 우주 역사 전달자를 관측하기를 좋아

한다. 주위 환경이 어두울수록 더 많은 전달자를 볼 수 있다. 2019년 8월 나는 포르투갈 남동부 알렌테주Alentejo 지방의 알케바Alqueva 호수 인근 밤하늘 보호구역(공원이나 천문대 근처에서 빛 공해를 제한하는 구역-옮긴이)에서 가느다란 빛줄기가 새카만 하늘을 가로지르기를 기다리고 있었다. 그날은 날씨가 유독 더워 얼굴에 헤어드라이어를 대고 열풍을 켠 것처럼 느껴졌다. 지역 전체에 어둠이 내려앉자 과일나무는 벽에 그림자를 드리우지 않았지만, 야생화는 변함없이 공기 중으로 향기를 풍겼다. 모든 불이 꺼졌다. 박쥐가 어둠을 뚫고 날아다니는 소리만 들렸다. 낮의 열기가 등 밑의 돌을 데운 덕분에 딱딱하지만 따뜻한 잠자리가 마련되었다.

까만 하늘에 별이 반짝이는 고요하고 아름다운 풍경을 휘젓는 유일한 존재는 매년 관측되는 '페르세우스자리Perseus 유성우'였다. 일부 빛줄기는 짧고 가늘었다. 다른 일부는 너무 희미해 발견하기 어려웠다. 또 다른 일부는 밝고 선명한 잔상을 남겼다. 나는 밤하늘의 아름다움에 사로잡힌 채 누워 유성이 지구 대기권으로 들어와 공기 원자와 분자에 부딪히는 모습을 상상했다. 유성이 공기와 충돌하며 격렬한 마찰을 일으키면, 그들의 오랜 여정은 점차 더뎌지고 수십억 년에 이르는 태양계 역사의 전달자는 산산조각 나 사라진다. 유성이 우주를 여행했다는 증거로는 환한 빛줄기만 남는다. 하지만 이 우주 역사 전달자들 가운데 일부는 단순히 아름다운 풍경을 넘어서는 결과를 불러온다. 몇몇 유성은 지구를 강타하며 파괴적인 영향을 미친다. 앞서 언급한 운석은 지표면에 흉터를 남기기도 한다.

운석이 지표면에 남긴 흉터는 대부분 우리 눈에 띄지 않는데, 지구에서는 운석구덩이가 오랜 시간 유지되지 않기 때문이다. 물과 바람이 유발하는 풍화작용은 수백만 년에 걸쳐 충돌의 역사를 말끔히 지운다. 암석형 행성에서 운석구덩이가 보인다는 것은 충돌이 근래에 일어났거나 충돌 이후 지표면이 변화하지 않았음을 의미한다. 반면에 수성과 달은 천체 표면이 시간에 갇혀 있다. 수성과 달에는 후기 미행성 대충돌기에 어린 태양계에서 발생한 파괴적인 충돌의 증거가 지금까지도 남아 있다.

최근 지구에 떨어진 두 가지 유명한 운석으로 아옌데Allende 운석과 캐니언 디아블로Canyon Diablo 운석이 꼽힌다. 1969년 아옌데 운석은 지구 대기권에 진입해 눈부신 불덩이가 되어 폭발하면서 멕시코 북부 푸에블리토 데 아옌데Pueblito de Allende 인근에 구성 물질을 흩뿌렸다. 5만 년 전 캐니언 디아블로 운석이 지표면에 충돌했을 때는 아무도 당시 상황을 기록하지 못했지만, 아옌데 운석과 마찬가지로 무척 인상적인 모습이었을 것이다. 캐니언 디아블로 운석은 애리조나에 미티오 크레이터Meteor Crater(이 영문명을 직역하면 '유성 구덩이'다)를 남겼다.

여기서 여러분은 어리둥절할 것이다. 유성은 지구 대기권에서 전부 타버리므로 땅에 부딪혀 거대한 구덩이를 남기지 못하기 때문이다. 이처럼 미티오 크레이터라는 이름은 오해를 불러일으키지만 역사적 관행을 기반으로 명명되었다. 미국 지명위원회는 가장 가까운 우체국에서 이름을 따 자연 지형에 붙이는 관행을 따른다. 애리조나의 운석구덩이에서 가장 가까운 우체국은 북쪽으로 8킬로미터 떨어진 지점에 자리한 철도 신호 정차 역에 있었고, 그 우체국 이름이 미티오였다. 그렇게 1906년 애리조나 운석구덩이에는 미티오 크레이터라는 이름이 붙었다.

어느 화창한 날, 나는 미티오 크레이터의 무더운 바닥 지대로 걸어 내려갔다. 170미터 아래에서 위를 올려다보니 크레이터 가장자리를 따라 걷는 사람이 작은 점으로 보였다. 바닥 지대에 이르러 지름 약 1,200미터에 달하는 미티오 크레이터의 광활한 모습을 마주하고 몹시 놀랐다. 운석 하나가 얼마나 무시무시한 파괴력을 지니는지 금세 와닿았기 때문이다. 운석 물질은 지구와 충돌할 때 생성된 강한 열을 받아 증발했지만, 충돌에서 발생한 충격파가 주위를 수백 킬로미터에 걸쳐 쑥대밭으로 만들었다. 그 결과 광범위한 지역이 완전히 타버리며 표면이 평평해졌다. 아옌데 운석과 캐니언 디아블로 운석이 남긴 운석구덩이들은 우주의 오랜 역사를 전하는 전달자로 여겨지는데, 이들 운석만 지구와 충돌했던 것은 아니다.

호기심 충족을 제외하고 우주 탐사를 해야 하는 이유가 있는지 궁금하다면, 한 가지 중요한 이유로 지구가 보호막을 두른 격리된 행성이 아니라는 사실을 환기할 필요가 있다. 지구는 태양계 일부이자 우주에 깊이 묻힌 천체다. 우리는 가까운 우주를 탐사하면서 주위 환경에 내재한 위험에 대처하는 법을 배운다. 약 6,600만 년 전에는 소행성이 지구를 강타하고 공룡의 시대가 끝났다. 오늘날은 애리조나에 미티오 크레이터를 남긴 운석처럼 비교적 작은 우주 암석일지라도 도시에 떨어지는 경우 심각한 피해를 줄 수 있다.

지표면이 사람들이 살지 않는 바다로 대부분 덮여 있고, 대륙에서 극히 일부 지역에만 인구가 밀집되어 있다는 점은 다행스럽다. 하지만 인류 문명의 극적인 종말을 막으려면 우주 프로그램이 필요하다. 우리는 다가오는 위험에 대응하기 위해 미리 위험 요소를 파악해야 한다. 그러기 위해서는 망원경으로 하늘을 관측하며 지구와 충돌할 가능성이 있는 암석을 찾아야 한다. 이러한 노력은 이미 시작되었다. 물론 소행성이 지구를 강타할 확률은 낮다. 하지만 공룡도 자신을 멸종시킨 소행성을 피할 방안을 생각해내고 싶었을 것이다.

최근 인류는 멸종을 피하는 데 도움이 되는 도구를 처음으로 개발했다. 2021년 NASA는 '이중 소행성 방향 전환 평가Double Asteroid Redirection Test(이하 DART)' 임무에서 우주선을 발사했고, 크기가 비교적 큰 소행성 디디모스Didymos의 주위를 도는 작은 소행성 디모르포스Dimorphos와 우주선을 2022년 9월 26일 의도적으로 충돌시켰다. 충돌 결과 디디모스를 중심으로 공전하는 디모르포스의 궤도가 바뀌었다. 인류는 지구를 향해 다가오는 소행성을 의도적으로 밀어낼 수 있음을 입증했다. DART 임무는 지구 역사상 인류가 멸종에서 자신을 지키는 기술을 시험한 최초 사례다. 나는 수십억 마리의 공룡 유령이 '힘내라, 인류!'라며 우리를 응원한다고 믿는다.

천국과 지옥을 오가는 태양계

표면이 두꺼운 구름에 덮이고 연기로 자욱하며 산성을 띠는 금성, 대규모 폭풍이 끊임없이 부는 목성, 그리고 얼어붙은 풍경의 얼음 위성icy moon까지… 태양계는 다채롭고 매혹적인 천체로 가득하다. 이들 행성과 위성은 태양계의 다른 천체가 지구와 얼마나 다른지를 어렴풋이 보여준다.

태양계에 속한 행성 8개와 위성 수백 개를 모두 관찰하려면 관점을 지구 밖으로 옮겨야 한다. 태양은 행성 8개의 공전 궤도 중심에 있다. 관점을 더욱 멀리 이동하면 태양계에는 둥근 띠처럼 보이는 2개의 영역이 있다. 화성과 목성 사이에 있는 소행성대와 해왕성 궤도 너머에 있는 카이퍼대다. 도넛 형태의 두 영역에는 작은 운석, 큰 소행성에 이르는 원시 암석과 얼음 조각이 무수히 존재하며 왜행성이라 부르는 비교적 큰 암석도 포함된다. 명왕성Pluto, 에리스Eris 등 왜행성 10여 개는 수많은 암석 및 얼음 조각과 함께 두 영역에 흩어져 태양 주위를 공전한다. 몇몇 우주선은 이처럼 아주 오래된 원시 천체를 지도화하고 촬영할 뿐만 아니라, 태양계 탄생을 깊이 이해하는 데 도움이 되는 정보를 수집한다.

행성부터 차례로 살펴보자. 태양계에서 가장 안쪽에 있는 암석형 행성인 수성은 표면이 열에 전소한 무거운 중심핵과 비슷하다. 수성은 태양계에서 크기가 가장 작은 행성으로, 탄생 초기 발생한 충돌에서 바깥층을 대개 잃었을 것이다. 수성 표면은 온도 차가 크다. 섭씨 영하 180도로 혹독하게 추운 밤이 지나면, 낮에는 섭씨 430도까지 점차 뜨거워져 열기로 가득 찬다. 수성에는 극단적인 기온을 완화할 대기가 없다.

다음 암석형 행성인 금성은 지구와 쌍둥이처럼 닮았지만 황산 구름에 완전히 덮여 있다. 금성은 태양계에서 가장 뜨거운 행성이다. 태양에 더 가까운 수성보다 뜨겁다. 금성의 질량과 크기는 지구와 비슷하다. 그런데 지구는 생명체로 가득한 낙원이지만, 금성은 환경이 황량하고 표면 온도가 섭씨 480도까지 치솟아 납이 녹을 만큼 뜨거운 까닭에 생명체가 살기에 부적합하다.

지구 다음은 붉은색을 띤 암석형 행성인 화성이다. 화성은 지름이 지구의 절반 정도이며 빨간색과 주황색, 갈색을 띠는 화산 지형이 특징이다. 화성의 대기는 희박해서 열을 많이 가두지 못하므로 온도가 섭씨 20도부터 영하 150도까지 오르내린다. 화성 표면에는 오래전 물이 존재한 증거가 남아 있다. 이를테면 구불구불한 수로, 부채꼴의 삼각주, 진흙과 광물 등 물이 화성 표면과 접촉하며 생긴 흔적이다. 이러한 화성 표면의 물은 세월이 흐르고 화성이 점점 더 추워지며 사라지거나 얼음에 갇혔다.

태양을 중심으로 화성과 지구가 어디 있는지에 따라, 지구에서 보내는 신호가 화성까지 도달하는 데는 4분(두 행성이 최소 거리로 가까워질 때)에서 20분(두 행성이 최대 거리로 멀어질 때)이 소요된다. 따라서 우주 비행 관제 센터가 화성 탐사선이 절벽으로 떨어지지 않도록 정지 명령을 내리기까지는 시간이 약 40분 지연될 수 있다. 탐사선이 보낸 이미지를 관제 센터에서 받아 절벽의 존재를 확인하기까지 최대 20분, 관제 센터가 탐사선에 정지 명령을 내리기까지 최대 20분이 소요되기 때문이다. 화성 탐사선의 최대속력은 시속 약 0.15킬로미터로 느린 편인데, 이는 지구 도움 없이 탐사선 스스로 주변 환경을 평가하며 임박한 위험을 감지해야 하기 때뮤이다.

화성과 목성 사이에는 행성으로 합치지 못한 얼음 암석이 넓고 둥근 띠 형태로 흩어진 소행성대가 있다. 소행성대 너머에는 거대 기체 행성과 거대 얼음 행성의 영역이 있다. 이들 행성은 태양이 생성되고 남은 물질을 대부분 포함하며, 태양에서 가까운 암석형 행성보다 크기가 훨씬 크다. 이러한 거대 행성으로는 대규모 폭풍이 지배하는 장엄한 행성인 목성, 화려한 고리를 지닌 토성, 폭풍이 몰아치는 천왕성과 해왕성이 있다. 이들은 모두 기체와 얼음과 암석으로 이뤄져 있다. 거대 행성은 태양계 안쪽에 자리한 행성보다 공전 속력이 훨씬 더 느리다. 태양에서 멀어질수록 태양 중력이 약하게 작용하기 때문이다. 태양에서 멀리 떨어진 행성은 약한 태양 중력과 균형을 이루며 여유롭게 공전한다. 해왕성 너머에는 두 번째 둥근 띠인 카이퍼대가 있다. 카이퍼대는 무수히 많은 작은 암석과 얼음 조각으로 이뤄져 있고, 명왕성과 에리스 같은 왜행성을 포함한다.

카이퍼대에서 더 멀리 이동하면 행성들과 소행성대와 카이퍼대를 둘러싸는 고치, 오르트 구름Oort Cloud을 만난다. 오르트 구름은 지구와 비교하면 태양에서 2,000~10만 배 더 멀리 떨어진 광활한 영역이다. 이 영역은 수없이 많은 얼음과 암석이 공 모양으로 퍼져 있는 층이다. 오르트 구름은 태양에서 아주 멀리 떨어져 있지만, 태양 중력이 작용하므로 태양계 일부에 해당한다. 오르트 구름의 빛이 지구에 도달하기까지는 11일에서 1년 반이 소요된다.

과학 소설로 들어가 물이 필요한 우주 최강의 악당이 있다고 상상해보자. 악당이 지구가 아닌 오르트 구름 바깥쪽에서 물을 훔친다면, 이는 현명한 선택이 될 것이다. 지구인은 오르트 구름에서 물이 사라졌음을 최대 1년이 지나야 알아차릴 수 있기 때문이다. 따라서 물을 훔치고 손쉽게 달아나고 싶다면 이 선택은 상당히 바람직하다. 게다가 인류에게는 오르트 구름의 물이 그리 필요하지 않다는 점에서 이 전략은 인류와 악당 간의 분쟁을 막을 수 있다.

우주선에 실려 다른 항성으로 향하는 골든 레코드를 기억하는가? 현재 먼 우주에서 보이저 1호의 신호가 지구에 도착하는 데는 22시간 이상, 보이저 2호의 신호는 18시간 이상 걸린다. 그런데 보이저 탐사선이 하루당 160만 킬로미터에 가까운 속력으로 이동하더라도 오르트 구름의 바깥쪽을 빠져나가기까지는 2만 5,000년 넘게 소요될 것이다. 두 탐사선은 태양권heliosphere, 즉 우주 방사선으로부터 행성을 지키기 위해 태양이 생성하는 보호막을 통과했다. 그런데 태양의 보호막에서는 벗어났지만, 태양의 중력권에서는 벗어나지 못했다. 이들 탐사선의 임무는 플루토늄-238plutonium-238 발전기가 고장 나면 종료된다. 그 시점은 2030년경으로 예상되며, 이후 두 보이저 탐사선과 지구 사이를 오가던 메시지는 별들 주위를 표류할 것이다. 인간이 만든 물체가 태양계를 떠난 사례는 아직 없다. 그러나 두 보이저 탐사선은 지금도 놀라운 모험을 진행하고 있으며 훗날 첫 번째 성간 탐사선이 될 것이다.

항성의 빛에 관한 새삼스러운 고찰

일단 행성이 만들어졌다면, 생명체가 살아가는 데 필요한 또 다른 요소는 에너지다. 에너지원은 여러 가지가 있지만 지구에서 가장 큰 에너지원은 태양이다. 지구에서 가장 가까운 항성인 태양은 아름다운 지구 환경이 형성되는 과정에 중대한 영향을 미쳤다. 따라서 태양을 연구하는 일은 태양과 지구의 상호작용을 이해하는 데 무척 중요하다.

밤하늘을 볼 때면 지구가 움직이고 있음을 깨닫는다. 지구는 자전축을 중심으로 24시간 주기로 회전하는 까닭에 별들 대부분이 밤에 뜨고 지는 것처럼 보인다. 지구의 회전은 매일 아침 태양을 떠오르게도 한다.

태양은 지구와 굉장히 가까워 하늘의 다른 모든 항성보다 밝게 빛난다. 손전등을 가까이 두고 보다가 멀리 두고 보면, 손전등이 가까이 있을수록 빛이 더 밝게 보인다는 사실을 알 수 있다. 배경에서 다른 희미한 조명이 아무리 많이 빛나도, 눈앞에 놓인 손전등의 강렬한 빛에 가려지면 희미한 조명은 보이지 않는다. 따라서 우리는 지구에서 햇빛을 받는 면에 있지 않을 때, 즉 밤에만 다른 항성을 볼 수 있다. 이들 항성은 낮에도 늘 같은 자리에 있다. 이들 빛은 우리가 보는 하늘에서 가장 밝은 항성인 태양의 빛에 압도되어 우리 눈에 보이지 않을 뿐이다. 이 항성들이 폭발하지 않는 한, 우리는 그 빛을 볼 수 없다.

밤하늘에서 계절마다 다른 별이 보이는 이유는 지구가 태양을 중심으로 공전 궤도를 따라 움직이기 때문이다. 별들은 한데 모여 뚜렷한 패턴을 형성하는 것처럼 보이고, 탐험가들은 어두운 밤이면 그러한 별들의 패턴을 참고해 길을 찾았다. 오리온자리 등 널리 알려진 별자리는 인간 뇌가 밝기는 비슷하지만 대부분 서로 무관한 별들을 엮어 만들어낸 패턴이다. 그리스인이 사냥꾼처럼 보인다고 생각했던 별의 무리인 오리온자리는 뉴욕 북부에서 늦여름부터 가을까지 관측되지만, 봄에는 보이지 않는다. 매년 특정 계절에 같은 별들이 보이는 이유는 지구가 태양 주위를 도는 공전 궤도에서 같은 위치에 있기 때문이다. (이에 어긋나게 움직이는 몇몇 천체를 가리켜 그리스인은 '방랑하는 자' 즉, '행성planetes'이라고 명명했다.) 별자리표에 수록된 아름다운 별자리를 구성하는 별을 포함한 모든 별은 1년 동안 거의 같은 위치에 머무른다. 그러나 지구 위치는 태양 주위를 도는 공전 궤도에서 변화하며, 이를 기준으로 우리가 밤하늘에서 관측할 수 있는 별이 정해진다.

이 개념은 우리에게 생각보다 더 친숙하다. 지구에서 태양을 거쳐 먼 우주까지 이어지는 직선이 있다고 상상해보자. 이 가상의 직선은 지구의 공전 궤도를 포함한 가상의 평면, 다른 말로 황도黃道를 따라 지구가 태양 주위를 회전하는 동안 다른 별들을 가리킨다. 약 3,000년 전 바빌로니아 천문학자들은 이 가상의 직선이 1년 주기로 가리키는 별자리 13개를 선정했다. 구체적으로 나열하면 염소자리Capricorn, 물병자리Aquarius, 물고기자리Pisces, 양자리Aries, 황소자리Taurus, 쌍둥이자리Gemini, 게자리Cancer, 사자자리Leo, 처녀자리Virgo,

천칭자리Libra, 전갈자리Scorpius, 궁수자리Sagittarius, 땅꾼자리Ophiuchus다. 바빌로니아인은 음력 12개월로 구성된 바빌로니아 고유 달력에 맞추기 위해 별자리 13개 중에서 12개를 선택했고, 우리는 그 12개 별자리를 잘 알고 있다. 바빌로니아인은 뱀을 들고 있는 자 또는 뱀을 부리는 자의 형상을 한 땅꾼자리(11월 말)를 편의상 생략했다. 이를 기반으로 오늘날 황도대가 탄생했다.

대다수 고대인은 하늘에 있는 모든 천체가 지구 주위를 움직인다고 가정했으므로, 우주의 힘이 인간에게 영향을 미칠 수 있다고 확신했다. 그런데 17세기에 망원경이 발명된 이후로 지구가 태양 주위를 공전하고, 하나의 별자리를 구성하는 별들이 우리 시선에는 서로 가까이 있지만 실제로는 멀리 떨어져 있다는 사실이 밝혀졌다. 그리하여 우주의 힘이 인간에게 영향을 준다는 믿음은 사라지기 시작했다.

태양은 우리 은하에 속하는 항성 약 2,000억 개 가운데 하나다. 그리고 우리 은하는 수십억 개 은하 중에서 하나에 불과하다. 일부 은하는 우리 은하보다 항성을 많이 지니고, 다른 일부 은하는 우리 은하보다 항성을 적게 지닌다. 가장 큰 은하는 항성 약 1조 개, 가장 작은 은하는 항성 약 100만 개를 지니리라 추정된다. 지구 해변에 깔린 모래를 전부 합하면 얼마나 거대한 모래 더미가 쌓일지 상상해보자. 우주에는 그 모래 더미를 구성하는 모래알보다 더 많은 별이 있다.

JWST가 정교하게 관측한 용골자리 성운에서 그렇듯, 우주 전역 기체 구름에서는 새로운 항성이 끊임없이 형성된다. 이러한 별의 요람에서는 항성 수천 개가 동시에 태어난다. 항성은 중심핵에서 가장 가벼운 원소인 수소가 헬륨으로 융합되기 시작할 때 탄생한다. 태양은 약 45억 년 전에 융합반응을 시작했고 앞으로 60억 년 동안 반응을 지속할 것이다. 이러한 내용은 어떻게 알아낼 수 있을까? 천문학자는 하늘을 관찰하면서 별의 탄생과 성장과 소멸 과정을 밝히고, 인간이 존재한 시간을 뛰어넘어 과거와 미래로 수십억 년까지 인류 시야를 확장했다. 과학은 지금까지 발견의 모험이었으며 앞으로도 그럴 것이다.

빛은 태양에서 지구까지 이동하는 데 약 8분 걸린다. 만약 태양이 폭발한다면, 대폭발 후 8분이 지나고 나서야 햇빛이 지구에서 사라질 것이다. 태양에서 더 가까운 금성은 대폭발 후 6분간 햇빛을 받을 수 있다. 화성은 지구와 비교하면 태양에서 약 1.5배 더 멀리 떨어져 있으며, 대폭발 후 지구보다 4분 더 많은 약 12분간 햇빛을 즐길 수 있다. 지구에 햇빛이 비치는 마지막 8분 동안은 아무런 변화가 없을 것이다. 따라서 태양이 다시는 빛나지 않으리라는 사실을 눈치채는 사람은 없을 것이다. 인류는 8분 뒤에 태양이 폭발했다는 소식이 지구에 전해지고 태양이 사라졌음을 알아차릴 것이다. 내가 수업 시간에 이 주제를 다루고 나면 학생들은 햇빛을 진정 고맙게 여긴다. 그런데 걱정하지 않아도 괜찮다. 앞으로 수십억 년 안에 태양이 폭발하리라는 징후는 없으니 말이다.

오늘 밤 망원경으로 이웃 항성 프록시마켄타우리를 관찰한다면, 여러분이 보게 될 빛은 현재 4살짜리 아이가 태어났을 당시 방출된 빛이다. 그러므로 프록시마켄타우리라는 뜨겁고 빛나는 기체 덩어리가 폭발하면 여러분은 폭발 사실을 4년 동안 알 수 없다. 하지만 프록시마켄타우리는 태양보다 수명이 훨씬 길다. 이 항성은 적색 왜성으로 태양보다 크기는 매우 작고 수명은 훨씬 길다. 프록시마켄타우리는 또한 3개의 항성이 중력으로 조율된 춤을 추며 공전하는 항성 체계, 즉 삼중성계 일부다. 북극성은 지구에서 약 300광년 떨어져 있으므로, 오늘 밤 여러분이 보는 북극성의 빛은 약 300년 전 방출된 빛이다.

빛은 우주를 이동하는 과정에 긴 시간이 걸리므로, 우리는 하늘에서 우리 과거와 연결 고리를 발견할 수 있다. 이를테면 밤하늘 어느 항성은 우리가 태어난 당시 빛을 방출했고, 그 빛은 이제 막 지구에 도착하려는 참이다. 이러한 우주적 연결 고리를 발견하는 일은 자신, 친구 또는 사랑하는 사람에게 특별한 선물이 된다. 인터넷 포털 사이트에 항성, 광년이라는 단어와 함께 사람의 나이를 입력하면, 그의 출생 년도와 연결 고리가 있는 밤하늘의 항성이 검색된다. 같은 방법으로 인생에서 다른 특별한 시기와 연관된 항성도 찾을 수 있다. 우리와 가장 가까운 이웃 항성은 4광년 떨어져 있으므로 4년보다 오래된 모든 사건에 적용 가능하다. 그리고 나이를 먹을수록 점점 더 멀리 떨어진 항성과 연결되는 까닭에, 생일 항성은 매년 생일마다 바뀐다. 매년 다른 항성이 여러분을 우주와 직접 연결할 것이다.

밤하늘을 올려보면 과거에 이미 일어난 사건이 관찰된다. 이는 오래전 빛나기를 멈춘 별의 빛이 우리 눈에는 여전히 보인다는 의미다. 그렇다면 우리가 하늘에서 관찰하는 모든 대상은 확실히 그곳에 있는 것일까? 음, 내가 알기로 태양은 아직 그곳에 있다. 8분 후에 다시 질문하기를 바란다.

항성의 죽음은 새로운 시작이다

항성의 중심핵에서는 수소가 헬륨으로, 헬륨이 탄소로, 탄소가 산소로, 산소가 규소로 변환되는 등 원소가 더 무거운 원소로 융합되다가 마침내 철에 이른다. 이처럼 무거운 원소를 생성하려면, 중심핵은 온도와 압력이 큰 폭으로 상승해 더 많은 에너지를 바깥층으로 밀어내야 한다. 그러면 항성은 팽창하고 부풀어 올라 적색 거성 또는 청색 거성이 된다. 태양은 현재 매초 수억 톤의 수소를 헬륨으로 변환해 에너지를 생성한다. 그리고 미래에는 자신의 질량과 그에 따른 중심핵의 온도, 압력 때문에 적색 거성이 되어 탄소와 산소로 구성된 중심핵 단계에서 수명을 다할 것이다. 태양 중심핵은 탄소와 산소를 더 무거운 원소로 융합할 만큼 온도가 상승하지 않는다. 태양 중심핵이 핵융합을 중단하면, 태양은 자기 질량의 절반에 달하는 바깥층을 우주로 방출한다. 이처럼 방출된 물질은 새로운 항성과 행성의 재료로 쓰이며 생명(별)의 순환을 이어갈 것이다.

태양은 작고 몹시 뜨거우며 여전히 빛을 발하는 항성의 시체, 백색 왜성을 남긴다. 백색 왜성은 지구와 크기는 비슷하지만, 다른 모든 측면에서 완전히 다르다. 특히 온도와 밀도가 지구보다 월등히 높다. 백색 왜성은 형성 초기부터 온도가 무척 높으므로, 천문학자는 항성의 시체가 드러난 이후로도 수십억 년 동안 이를 관찰할 수 있다. 그러나 백색 왜성은 점점 온도가 낮아지다가 결국 차가워지면 우리 시야에서 사라진다.

죽어가는 항성은 기체와 먼지로 이뤄진 껍질을 약 만 년간 분출하고, 그 껍질은 항성의 노출된 중심핵에서 나오는 빛을 받아 밝게 빛난다. 이 아름다운 껍질은 '행성상 성운'이라 불린다. 행성상 성운이라 불리는 이유는, 1774년 프랑스 천문학자 샤를 메시에Charles Messier와 1779년 앙투안 다르키에 드 펠레푸아Antoine Darquier de Pellepoix에게 그 아름다운 껍질이 행성처럼 동그랗게 보였기 때문이다. 두 사람은 북반구 별자리인 거문고자리Lyra의 고리 성운Ring Nebula이 희미해지는 행성처럼 보인다고 언급했다. 당시는 성운의 정체가 알려지지 않았던 까닭에 행성상 성운으로 명명되었다. JWST는 아름다운 고리 성운의 놀라운 이미지를 새롭게 포착했다. 이를 통해 성운 중심부에 있는 백색 왜성 주위에서 또 다른 항성이 공전하고 있다는 사실이 밝혀졌다. 고리 성운의 중심에 자리한 항성 1쌍이 기체와 먼지로 구성된 껍질을 휘저으면, 그 껍질은 비대칭적인 형태를 띠고 빛을 발하며 지구로부터 약 2,000광년 떨어진 우주의 어둠 속으로 확장한다.

항성의 중심핵에서 모든 원소가 융합반응을 일으켜 에너지를 생성하는 것은 아니다. 가장 질량이 큰 항성은 결국 철로 이뤄진 뜨거운 중심핵 단계에서 수명을 다할 것이다. 철은 항성의 엔진이 다다르는 막다른 골목이다. 철을 융합하려면 에너지를 추가해야 하기 때문이다. 항성의 중심핵이 철로 변하면 에너지가 더는 생성되지 못하고, 중심핵 바깥쪽 물질이 항성 내부로 가하는 막대한 중력에 대항할 수 없게 된다.

이는 중심핵 붕괴로 이어진다.

밤하늘 캔버스에 흩뿌려진 별들을 떠올려보자. 그중에서도 질량이 큰 항성은 이따금 놀랄 만한 변화를 겪는다. 변화 과정에서 항성은 안쪽으로 급격히 붕괴한 다음, 그에 대한 반발로 격렬하게 폭발하며 은하 전체를 환하게 비춘다. 이러한 폭발은 대낮에도 하늘에서 보일 만큼 밝으며 다른 말로 '초신성'이라 불린다. 태양보다 약 8배 이상 무거운 항성은 에너지와 빛, 원자핵과 낯선 입자를 우주로 맹렬히 방출하며 죽어간다. 그런데 항성 폭발의 마지막 단계는 소멸이 아니라 오히려 새로운 탄생이다. 질량이 큰 항성은 단말마의 비명을 내지르며 지구상 모든 생명체에 필요한 여섯 가지 필수 원소(기호를 따서 CHNOPS 원소라고도 부른다)인 탄소, 수소, 질소, 산소, 인, 황을 포함해 새로운 항성과 행성 탄생에 필요한 원소를 우주에 뿌린다.

초신성은 먼 우주 거리에서도 보이는 빛의 등대이며, 일부 유형은 항상 같은 밝기로 폭발한다. 그래서 천문학자는 초신성을 척도 삼아 우주를 지도화한다. 지구에서 맨눈으로 볼 수 있었던 마지막 초신성은 1987년 2월 관측된 초신성 1987A다(A는 해당 년도에 첫 번째로 발견된 초신성을 의미한다). 청색 초거성 샌덜릭 -69도 202a Sanduleak -69° 202a는 지구에서 16만 8,000광년 떨어진 지점에서 폭발했다. 당시 초신성은 밤하늘을 올려다보기만 해도 보일 정도로 밝게 빛났다. 그런데 샌덜릭 -69도 202a의 폭발로 초신성 1987A가 발생한 시점은 약 16만 8,000년 전이었다. 이후 초신성 1987A의 빛은 1987년이 되어서야 우주 역사책에 기록될 수 있었다. 그리고 초신성 1987A는 우리 은하에서 발생한 초신성이 아니었다. 샌덜릭 -69도 202a는 우리 은하의 위성 은하인 대마젤란 은하Large Magellanic Cloud의 일부였고, 마지막 폭발을 일으키며 이웃 은하에 빛 신호를 보냈다. 초신성의 발생 빈도는 우리 은하와 같은 유형의 은하에서는 한 세기에 약 세 번뿐이다. 그래서 태양의 미래를 심도 있게 논의하기 전에, 내일 아침에도 태양이 여전히 그곳에 있으리라 확신하는 것은 승률 높은 도박이다.

2013년 유럽 우주국European Space Agency(이하 ESA)이 발사한 가이아Gaia 우주 망원경은 현재 우리 은하 항성 수십억 개의 위치와 움직임을 정교하게 파악하며 이들이 추는 우아한 중력의 춤을 관측한다. 가이아 우주 망원경이 움직임을 기록하는 항성들의 중심에는 거대하고 밀도가 높은 블랙홀이 자리한다. 블랙홀은 빛조차도 빠져나갈 수 없을 만큼 강한 중력이 작용한다. 블랙홀의 어마어마한 중력을 거미줄에 비유한다면, 그 거미줄에는 가까이 다가가는 모든 사물이 걸린다. 그래서 천문학자들은 이 천체를 블랙홀이라고 명명했다. 빛이 블랙홀 안에서 빠져나오지 못하면, 이 기묘하고도 매혹적인 특이점 내부가 어떤 상태인지 알리는 정보도 전달되지 못하기 때문이다. 대다수 은하의 중심에는 질량이 큰 블랙홀이 있고, 이러한 블랙홀은 오늘날 항성 폭발로 생성될 수 있는 블랙홀보다 훨씬 크다. 거대한 블랙홀의 존재는 흥미로운 블랙홀 형성 과정을 암시한다. 초기 우주에서 질량이 큰 항성들은 서로 합쳐 큰 블랙홀을 형성했고, 큰 블랙홀들은 다시 합쳐 현재 대다수 은하의 중심에 자리한 거대한 블랙홀이 되었을 것이다.

태양은 우리 은하 중심에 위치하는 블랙홀 궁수자리 A*Sagittarius A* 주위를 공전한다. 지구는 궁수자리 A*에서 약 2만 5,000광년 떨어져 있지만, 태양과 태양계의 행성은 우리 은하 모든 별과 마찬가지로 궁수자리 A*의 중력에 사로잡혀 있다. 몬티 파이튼Monty Python(영국을 대표하는 6인조 코미디언 그룹-옮긴이)이 부른 '은하의 노래Galaxy Song'에는 우주에서 보이는 지구의 움직임이 꽤 재미있고 상당히 정확하게 요약되어 있다. 이 풍자적인 노래 가사에서 몬티 파이튼은 "지구는 온통 사기꾼으로 가득하다"라고 한탄하며, 우주 저편에 지적 생명체가 존재하기를 바라자고 제안한다.

태양계가 우리 은하를 중심으로 한 번 공전하는 데는 약 2억 3,000만 년 걸리고, 이 시간은 1은하년galactic year에 해당한다. 이처럼 장대한 시간 규모를 이해하기 쉽게 비유하면, 공룡은 약 2억 5,000만 년 전부터 약 6,600만 년 전까지 지구를 배회했다. 여기서 인류와 공룡이 공유하는 공통점이 발견된다. 공룡은 존재하던 당시 지구 공전 궤도를 따라 특정 우주 영역을 통과했고, 인류도 그와 같은 우주 영역을 횡단하기 시작했다. 태양계는 시속 80만 킬로미터라는 엄청난 속력으로 이동해 2억 3,000만 년 만에 은하 주위를 1바퀴 공전한다. 혹시 지구가 꼼짝하지 않는다고 느껴진다면 다음을 기억하자. 우주적 관점에서 보면 지구는 멈춰 있지 않다. 지구는 우주를 질주하는 중이다. 그리고 우리는 움직이는 지구의 일부다.

수소와 헬륨, 그리고 미량의 리튬과 베릴륨을 제외하면 우리 몸을 구성하는 모든 원소는 지옥처럼 펄펄 끓는 항성 중심핵에서 만들어지거나, 단말마의 비명과 함께 맹렬히 폭발하는 초신성에서 생성된다. 질량이 큰 별은 수명을 다하면 초신성 폭발을 일으키고, 이때 금이나 은처럼 철보다 무거운 원소가 합성된다. 인간 몸은 초신성 폭발 후 남은 잔해로 이뤄졌다. 뼈를 구성하는 칼슘, 혈액에 함유된 철분, 우리가 호흡하는 산소 모두 오래된 우주 먼지다. 인간은 광활한 우주의 일부다. 우리는 고대 우주 먼지로 만들어졌다.

행성의 종말, 불 속이거나 얼음 속이거나

우리는 먼 행성에서 생명체가 탄생하고 진화하는 환경을 알아내려고 노력하듯, 생명체가 종말을 맞이하는 환경 또한 알고 싶어 한다. 밝혀진 바에 따르면, 생명체의 종말은 그들이 사는 행성이 속한 항성의 색으로 결정된다. 지구는 불 속에서 끝난다. 약 60억 년이 지나면(지구인에게는 아직 긴 시간이 남았다) 태양은 중심핵에서 융합할 수소가 고갈된다. 그러면 태양은 부풀어 올라 현재 크기의 약 200배인 적색 거성이 되어 수성, 금성 그리고 아마도 지구를 삼킬 것이다(이에 관해서는 여전히 논쟁 중이다. 지구는 태양에 삼켜지지 않을 수도 있다). 설령 지구가 태양의 일부분이 되지 않더라도, 태양에너지는 지구 표면을 완전히 태워 재로 만들 것이다. 하지만 그 시점이면 인류는 항성을 오가며 여행하고 있을 것이다.

우리 이웃 항성은 어떨까? 태양에 관한 기본 지식은 수십 년간 진행된 관측 결과에 뿌리를 둔다. 천문학자는 항성 수천 개의 밝기와 정확한 위치를 공들여 측정해왔다. 여러분이 태양을 기준으로 30광년 내에 있는 이웃 항성을 전부 조사해 목록을 만든다면, 그 항성들은 태양과 같을까? 목록에 오른 항성 400개를 표본 항성 10개로 표현한다고 가정하자. 이 표본에서 8개는 작고 차가운 적색 항성이고, 1개는 다소 차가운 주황색 항성이며, 나머지 1개는 기이하게도 3분의 2가 노란색 항성, 3분의 1이 뜨거운 백색 항성으로 되어 있다. 작고 적색을 띤 항성이 단연 가장 흔하다. 그런데 항성의 색은 무엇을 의미할까?

항성 중심핵의 열이 항성 표면에서 방출되는 빛을 제어하면 그 결과로 항성의 색이 결정된다. 직관과 다르게 적색은 비교적 차가운 표면을, 청색은 비교적 뜨거운 표면을 뜻한다. 쇠 부지깽이를 불에 넣고 가열한다고 상상해보자. 부지깽이는 처음에 빨간색으로 빛나다가 온도가 상승하면 노란색을 거쳐 청백색이 된다. 따라서 태양과 같은 노란색 항성은 프록시마켄타우리를 포함한 적색 항성보다 더 뜨겁다.

항성은 수십억 년 동안 큰 변화 없이 살아간다. 항성이 밝게 빛나는 이유는 항성의 깊은 중심부에서 수소 원자들이 극단적 열과 압력을 받아 서로 결합하는 핵융합반응을 일으키기 때문이다. 이러한 원자 결합은 항성을 붕괴하려는 중력과 핵융합으로 방출되는 에너지 간의 균형을 맞추며 평형상태를 섬세히 유지한다. 질량이 아주 큰 항성은 적색 항성과 비교하면 중심핵 온도와 압력이 훨씬 높으므로 핵융합 물질을 더욱 빠르게 소모한다. 따라서 항성의 수명은 항성 질량에 따라 달라진다. 태양과 같은 노란색 항성은 수명이 약 120억 년이고, 다행히도 우리 태양은 나이가 약 45억 년으로 수명의 절반도 채 지나지 않았다. 적색 항성은 수명이 태양보다 적어도 10배는 더 길다. 질량이 가장 작은 항성은 수천억 년까지 살 수 있다. 그런데 이는 추측에 불과하다. 천문학자는 적색 항성이 죽는 광경을 목격한 적이 없다. 우주가 아직 그만큼 나이를 먹지 않았기 때문이다.

천문학자는 같은 시기에 탄생한 항성 집단의 나이를 알아내기 위해, 해당 집단에서 전체 항성 수를 기준으로 질량이 큰 항성이 얼마나 많은지 계산한다. 질량이 큰 항성이 적을수록 항성 집단의 나이는 많다. 태양은 중심핵만이 아닌 모든 구조에서 수소가 융합되어 에너지가 발생한다고 보기 힘들다. 태양이 뜨거운 플라스마가 소용돌이치는 구체球體이기는 하지만, 태양 바깥층의 수소는 중심핵과 섞이지 않아 추가 연료로 쓰이지 못하기 때문이다. 하지만 크기가 작은 적색 항성은 다르다. 작은 적색 항성에서는 완전한 대류가 일어난다. 이는 물질이 섞인다는 의미다. 작은 적색 항성 외부의 모든 물질은 뜨거운 중심핵으로 빨려 들어가 융합반응을 일으킨다. 그런데 이러한 적색 항성에서는 수소를 융합해 헬륨을 생성하는 반응만 일어난다. 이들의 중심핵은 수소보다 무거운 헬륨을 융합하는 데 필요한 온도와 압력에 도달하지 못하므로, 수소가 고갈되면 에너지 생산을 중단하고 점차 빛을 잃는다.

태양과 함께 우리 은하를 여행하는 항성들은 대부분 적색 항성이다. 이러한 적색 항성의 주위를 도는 행성은 태양계 행성과 다른 종말을 맞이한다. 적색 항성에 속한 행성의 생명체는 얼음 속에서 끝난다. 지구 궤도까지 부풀어 오르는 태양과 다르게, 적색 항성은 수소가 고갈되면 에너지 생성이 중단된다. 그러면 적색 항성은 점점 온도가 낮아지다가 결국 빛을 완전히 잃고 그 주위를 도는 행성은 얼어붙은 황무지가 된다. 그런데 태양과 적색 항성의 차이점은 여기서 끝나지 않는다. 적색 항성의 행성들은 지구보다 훨씬 먼 미래까지 살아남는다. 작은 적색 항성은 수명이 엄청나게 긴 까닭에 수천억 년간 행성과 행성에 사는 모든 생명체에 빛을 꾸준히 공급할 수 있다.

우주의 지평선에서 지구보다 어리거나 나이 든 암석형 행성을 비롯한 새로운 외계 행성을 탐사하는 일은 암석형 천체에 거주하는 생명체의 이야기를 밝히는 데 도움이 된다. 그런데 우주의 먼 미래로 나아가보자. 지금부터 수십억 년 뒤 지구는 태양에 거의 삼켜질 것이다. 항성을 공전하는 행성의 생명체는 생존하려면 그 항성을 떠나거나, 그 항성의 진화 과정을 변화시켜야 한다. 칼 세이건은 "모든 문명은 우주여행을 떠나거나 멸종한다"라고 썼다.

중간 질량에 노란색 항성인 태양을 공전하는 지구에서 생명체가 그런 중요한 통찰을 얻기까지는 약 40억 년밖에 걸리지 않았다. 질량이 아주 커서 핵연료가 빠르게 소진되는 항성을 공전하는 행성에 생명체가 있다면, 그들에게도 인류와 똑같은 깨달음을 얻기에 충분한 시간이 주어질까? 반대로 적색 항성에 속한 행성의 생명체는 항성이 점차 추워지며 빛을 잃기 전까지 인류보다 수십억 년 더 긴 시간을 누릴 것이다. 어느 문명은 점점 식어가는 항성을 공전하는 동안 행성 온난화를 일으켜 온대 지역을 확장할지도 모른다.

여러분은 문명이 뜨겁고 눈부신 화염에 휩싸여 끝나는 것과 차츰 어두워지는 항성의 빛을 받으며 끝나는 것 중에서 어느 쪽을 선호하는가? 두 선택지 외에도 대안은 있다. 이 놀라운 우주에서 방랑자가 되는 것이다. 그러면 불이나 얼음 속에서 종말을 맞이할 필요가 없다.

금성이 지구가 될 수 없는 이유

태양계에서 지구와 이웃하는 암석형 행성을 탐사한 결과, 행성의 대기를 형성하는 요소를 암시하는 첫 번째 단서가 도출되었다. 금성은 지구와 크기와 질량이 거의 비슷하다는 점에서 생명체가 거주 가능한 행성으로 유력하게 손꼽혔다. 이 행성은 지구보다 태양에 조금 더 가까워 에너지를 대략 2배 더 많이 얻는다. 그래서 18세기는 금성에 울창한 정글 낙원이 있다는 환상적인 아이디어가 나오기도 했다. 하지만 금성 표면을 뒤덮은 구름을 뚫고 관측을 시작한 천문학자들은 산성 물질로 가득한 뜨거운 지옥을 발견했고, 그런 지옥에서는 어떤 생명체도 살아남을 수 없음을 깨달았다. 금성의 대기는 대개 이산화탄소로 이뤄져 있다. 이산화탄소는 태양에너지를 매우 효과적으로 가두는 기체로, 행성 표면을 물의 끓는점보다 수백 도는 더 높게 가열한다. 이러한 환경에서는 생명체가 생존할 가능성이 완전히 제거된다.

금성에서는 무슨 일이 일어났을까? 무덥고 화창한 여름날 창문을 닫은 채로 자동차 안에 앉아 있다고 상상해보자. 태양 빛이 자동차에 오래 내리쬘수록 차 내부는 더욱 뜨거워진다. 닫힌 유리창과 마찬가지로 이산화탄소는 대기 중 열을 가둔다. 가시광선은 지구로 들어오며 대기를 자유롭게 통과하지만 열은 이산화탄소, 메테인, 물과 같은 분자의 영향을 받아 부분적으로 대기에 갇혀 마치 담요처럼 지구를 따뜻하게 유지한다.

인간 눈은 태양 빛 중 에너지 세기가 가장 강한 가시광선을 활용하도록 진화한 까닭에 열(적외선)을 볼 수 없다. 우리는 주위 물체가 반사하는 가시광선을 이용해 그 물체를 본다.

그런데 우리는 가시광선만 반사하는 것이 아니라 적외선도 방출한다. 다만 우리 눈이 적외선의 파장을 감지하지 못할 뿐이다. 적외선을 감지할 수 있다면 우리는 어둠 속에서도 따뜻한 몸을 볼 수 있을 것이다. 일부 동물은 열을 볼 수 있다. 금붕어는 열을 볼 수 있는 덕분에 일반적으로 탁한 물에서도 서식할 수 있다. 모기도 열 감지 능력을 활용해 어둠 속에서 우리를 찾아낸다. 인간은 본래 맨눈으로 열을 볼 수 없지만, 적외선 개념을 바탕으로 열을 감지하는 기술을 개발했다. 야간 투시경은 적외선을 포착해 가시광선으로 변환하는 열화상 기술을 토대로 열을 볼 수 있게 하는 장치다. 이를 이용하면 어둠 속에서 사람을 발견할 수 있다.

항성에서 방출되어 행성으로 들어오는 복사에너지와 행성 밖으로 나가는 열에너지 사이의 균형은 행성의 표면 온도를 결정한다. 유리창과 가시광선 그리고 유리창과 적외선 사이에 일어나는 상호작용이 달라 온실(또는 자동차) 내부로 햇빛은 들어오지만 열은 빠져나가지 못하는 현상처럼 특정 기체는 대기에 열을 가둔다. 이러한 기체는 온실 기체라고 불리며, 이 명칭은 해당 기체가 일으키는 온실효과에서 유래했다. 스웨덴 화학자이자 노벨상 수상자인 스반테 아레니우스Svante Arrhenius는 1896년 공기가 지구를 따뜻하게 유지하는 원리를 발견했다. 그리고 인간이 추가로 배출하는 이산화탄소가 지구 온도에 이미 영향을 미치고 있다는 것을 알아냈다. 하지만 경보는 울리지 않았다. 또한 아레니우스는 금성 대기가 놀랄 만큼 습하고 뜨거우리라는 아이디어를 널리 알렸다. 이후 수십 년이 지난 뒤, 아레니우스가 금성의 뜨거운 환경에 얽힌 수수께끼를 해결할 토대를 마련했다는 사실이 칼 세이건을 통해 밝혀졌다.

칼 세이건은 지구에 적용되는 법칙이 다른 행성에도 적용되어야 한다는 아주 중요한 통찰을 지녔다. 다시 말해 각 행성은 고유 특성을 보이지만 동일하고 근본적인 에너지가 행성에 기후를 형성한다는 것이다. 그는 우리가 아는 지구 이산화탄소에 관한 지식을 금성의 두꺼운 대기에 적용했다. 그의 연구 결과에 따르면, 금성의 이산화탄소가 가두는 에너지는 금성을 지옥으로 만들기에 충분했다. 이는 여러 우주선이 금성을 방문해 구름 투과 레이더로 대기와 금성 표면을 관측한 결과로도 입증되었다. 소비에트연방 우주국은 1970년 12월 금성 표면 착륙에 성공했다. 베네라Venera 착륙선 8대가 금성의 환경을 견디며 표면에 성공적으로 착륙할 수 있도록 설계되었지만, 이들 착륙선은 고작 2시간 조금 넘게 버틴 뒤 금성의 가혹한 온도와 기압에 굴복하고 말았다.

금성이 지구와 극히 다르다는 사실은 불편한 실존적 질문으로 이어진다. 우리 지구가 온실효과에 더 대항하지 못하게 되는 임계점은 언제일까? 금성은 처음부터 지옥이었을까, 아니면 잠시 낙원이었다가 표면의 열로 인해 바닷물이 증발해 생명체(적어도 우리가 아는 생명체)에 적대적인 환경이 되었을까? 2030년대 초에 NASA는 다빈치DAVINCI 탐사선을, ESA는 엔비전EnVision 탐사선을 금성으로 발사하며 지구와 이웃한 행성의 운명을 상세히 조사하는 대규모 탐사 임무를 새롭게 수행할 계획이다. 그뿐만 아니라 미국의 우주 기업 로켓 랩Rocket Lab은 매사추세츠공과대학교와 협력하며 금성을 대상으로 소규모 민간 탐사를 진행할 예정이다.

지구는 운 좋게도 이산화탄소가 대기에서 1퍼센트 미만을 차지해, 지표면이 섭씨 30도 정도로 따뜻이 유지된다. 모든 이산화탄소가 나쁜 것은 아니다. 만약 이산화탄소가 없다면 지표면이 거의 얼어붙을 것이다. 그러나 금성에서는 지나치게 많은 이산화탄소의 영향으로 재앙이 일어났다. 이산화탄소가 물의 끓는점을 훨씬 초과할 때까지 행성을 가열하는 온실효과 폭주가 발생한 것이다. 이는 번성하던 지구가 불모의 황무지, 즉 금성의 진정한 쌍둥이 행성이 되어 우주를 탐사한 문명의 흔적조차 남지 않은 미래를 암시한다.

나는 지금 하늘을 올려다보며 태양열과 지구 자전의 영향을 받는 공기의 거대한 흐름인 무역풍을 타고 지구 공기가 내 머리 위로 이동하는 모습을 상상한다. 열대지방의 뜨거운 공기는 항상 위로 상승하고 극지방의 차가운 공기는 항상 아래로 가라앉는다. 이러한 공기의 이동으로 발생한 공간이 다른 공기로 채워지면 적도와 극지방 사이를 순환하는 공기의 흐름 패턴이 형성된다. 지구의 자전은 공기의 거대한 흐름을 비틀고 구부려 동쪽에서 서쪽으로 흐르도록 유도한다. 그리고 그 결과 발생한 무역풍은 지난 수십 년 동안 뱃사람들을 앞으로 나아가게 했다.

공기의 흐름은 우리 눈에 보이지 않지만 지구의 기후를 형성한다. 그리고 공기가 방해받지 않으며 전 세계를 여행할 수 있는 광활한 고속도로 역할을 한다. 공기의 흐름은 지구에서 먼 항성을 공전하는 다른 천체에서도 큰 영향력을 발휘할 것이다. 공기의 흐름이 독특한 색을 띠고 소용돌이치며 하늘에 숨 막히는 장관을 연출하는 천체를 머릿속에 그려보자.

흐르는 물을 추적하라

우리가 아는 한 지구 주위 행성에 생명체는 존재하지 않는다. 무엇이 지구를 특별한 행성으로 만들었을까? 정답은 아마도 물일 것이다. 놀랍게도 지구상 모든 물에서 3퍼센트 미만이 담수이고, 담수 대개는 빙하나 설원의 얼음에 갇혀 있다.

지구 전체의 물을 약 4리터짜리 주전자에 담았다고 상상해보자. 주전자에 담긴 물 가운데 담수는 얼음 반 컵 분량에 불과하다. 그리고 인류가 지표면에서 접근 가능한 모든 담수는 그 얼음 조각에서 몇 방울 분량에 지나지 않는다.

물은 염수든 담수든 상관없이 지구 생명체에게 무척 중요하다. 생명체는 물을 용매로 활용해 다양한 물질을 녹인다. 그래서 생명체에게 액체 상태의 물이 필수적이라는 사실을 참고하면 생명체가 살기에 적합한 행성을 찾을 수 있다. 이러한 통찰을 바탕으로 NASA는 "일단 물을 추적하라"라는 구호를 만들었다. 강과 바다가 행성 표면에서 반짝이려면, 행성은 금성처럼 너무 뜨겁거나 화성처럼 너무 차갑지 않도록 항성에서 적절한 거리만큼 떨어져 있어야 한다. 이에 해당하는 영역이 앞서 언급한 생명체 거주 가능 영역 또는 골디락스 영역이다.

골디락스 영역은 액체 상태의 물이 흐르기에 '딱 알맞은' 환경이다. 추운 밤에 모닥불을 피운다고 상상해보자. 따뜻함을 유지하려면 모닥불에 가까이 가야 하지만, 너무 가까이 가면 불편할 정도로 뜨거울 것이다. 적당한 거리는 모닥불의 크기에 따라 달라진다. 모닥불이 작으면 아주 가까이 가야 한다. 모닥불이 크면 멀리 떨어져 있는 쪽이 낫다. 모든 항성의 주변에는 암석형 행성의 표면에 너무 많지도 적지도 않은 적당한 열이 도달해 강물이 흐를 수 있는 영역이 있다. 정확히 말하자면 이 영역은 '행성 표면에서 물이 흐르는 영역'이라 불려야 한다. 하지만 나는 이 명칭이 전혀 매력적이지 않다는 의견에 동의한다.

태양계 골디락스 영역은 금성 부근에서 시작해 화성을 약간 벗어난 영역까지 뻗어 있다. 지구는 이 영역의 한가운데에 자리한다. 금성은 지구보다 태양에 가까운 행성이므로, 어린 태양으로부터 현재 지구보다 약 70퍼센트 더 많은 열을 받았다. 어린 금성은 온도가 아주 높았고, 혹시 바다가 있었어도 증발해 건조한 황무지가 되었을 것이다. 그렇지 않다면 금성은 늘 너무도 뜨거웠던 까닭에 액체 상태의 물이 바다에 축적되지 않았을 수도 있다. 이에 관한 논의는 현재 진행 중이다. 어쩌면 아주 짧은 시간 동안 금성은 18세기 시인들이 상상했던 낙원이었는지도 모른다.

어린 화성은 태양으로부터 현재 지구보다 약 70퍼센트 더 적은 열을 받았다. 태양에서 받는 에너지가 현저히 적었던 화성은 중심핵이 냉각되면서 표면의 영구동토층에 물이 갇혔고, 그로 인해 온실 기체를 재순환하고 축적하는 능력을 상실하며 춥고 건조한 행성이 되었다. 화성은 생명체가 살기 적합한 영역에 있지만, 바다 환경을 기대하는 생명체에게는 안타깝게도 행성의 위치가 전부가 아니라는 사실을 알린다.

행성은 크기 못지않게 내부 구조도 중요하다.

행성이 골디락스 영역 안에 있다고 해서 무조건 생명체가 거주 가능한 것은 아니며, 골디락스 영역 밖에 있다고 해서 반드시 거주 불가능한 것도 아니다. 그런데 골디락스 영역 밖에서는 생명체가 번성하는 바다를 뒤덮은 대규모 얼음층이 우리 시야를 막아 탐사를 방해하므로, 생명체를 발견하기가 훨씬 어려울 것이다. 지구에서는 얼음을 뚫고 그 아래에 생명체가 있는지 확인할 수 있다. 하지만 외계 행성에서는 그렇게 할 수 없다. 그래서 우리는 액체 상태의 물이 표면에서 흐르고 기체가 거대한 빙상 아래에 갇혀 망원경 시야를 가리지 않는 행성에 집중한다.

지구와 화성과 금성을 비교하면, 화성과 금성에는 대기 중 기체를 재순환하는 두 가지 핵심 요소 가운데 하나가 없다. 구체적으로 화성에는 지각판을 이동시키는 용융된 중심핵이 없고, 금성에는 물이 없다. 지구에서 지각판의 이동은 기후를 안정화하는 핵심 요소다. 지금까지 화성과 금성에서 지각판이 이동한다는 증거는 발견되지 않았다. 따라서 지각판 이동은 암석형 행성의 보편적 특징이 아니다.

지구에서는 화산 폭발이 일어나면 대기에 이산화탄소가 자연히 더해진다. 이산화탄소는 풍화작용을 통해 대기에서 제거되어 맨틀 내부로 들어갔다가, 화산 폭발이 일어나면 대기로 다시 방출되며 지구에 탄산염-규산염 순환을 형성한다. 어린 지구에서 격렬하게 분화하는 화산을 상상해보자.

화산에서 대기로 솟구친 커다란 기체 구름으로 하늘은 어두컴컴해졌다가 비가 내리면 다시 맑아진다. 빗물과 이산화탄소가 만나 생성된 탄산은 지구 지각을 이루는 규산염 암석을 녹인다. 빗물에 용해된 화학물질은 강을 타고 바다로 흘러간다. 바다에 도착한 화학물질은 해저로 가라앉는다. 해양 생물은 성장하며 해저 화학물질로 골격과 껍데기를 구성한다. 해양 생물이 죽으면 골격과 껍데기가 해저로 가라앉는다. 해저에 도달한 생물의 골격과 껍데기는 섭입대에서 지구 맨틀 내부로 끌려 들어가 용융되어 이산화탄소를 방출하고, 화산이 분화하면 이산화탄소가 대기로 다시 이동한다.

이 같은 순환은 수백만 년에 달하는 주기에 걸쳐 지구 대기 중 이산화탄소 농도와 온실효과를 조절한다. 이 순환 주기는 안타깝게도 인류가 유발한 기후변화에서 우리를 보호할 만큼 빠르지 않지만, 지구의 어린 시절 대부분에 지구가 얼어붙지 않도록 온도를 유지하기에는 충분히 빨랐다.

어린 태양은 밝기가 현재의 약 70퍼센트에 불과했기에, 지구는 현재 태양에서 얻는 광자의 70퍼센트만 얻었다. 오늘날 관점에서 보면 당시 지구는 도달하는 에너지가 너무 적어 얼어붙었어야 한다. 과학자들은 이를 '어두운 어린 태양 문제faint young Sun problem'라고 부른다. 하지만 지구는 어린 시절에 얼어붙지 않았다. 다량의 온실가스, 이를테면 이산화탄소가 어린 지구를 뒤덮어 따뜻하게 유지했기 때문이다. 이후 태양의 밝기가 점차 강해지며 지구로 들어오는 에너지도 늘었다. 그 결과 지구 대기의 화학적 구성은 바뀌었지만, 탄산염-규산염 순환 덕분에 지표면 온도는 적절히 유지되었다.

하지만 탄산염-규산염 순환은 모든 암석형 행성을 구하는 마법의 지팡이가 아니다. 화성은 행성 크기가 충분히 커야 중심핵이 용융된 상태를 유지할 수 있음을 입증한다. 화성은 크기가 충분히 크지 않은 까닭에 내부가 굳고 화산이 휴면 상태가 되어 온실 기체 배출을 멈췄고, 그 결과 차갑게 식은 행성이 되었다.

금성에는 다른 문제가 있었다. 금성은 크기가 지구와 비슷하며 지질학적 활동이 일어날 만큼 충분히 컸다. 그런데 금성에는 중요한 요소인 액체 상태의 물이 부족하므로, 만일 기후주기가 존재했다면 그 주기가 깨졌을 것이다. 수십억 년 전 금성에서는 바다가 증발하고 수증기가 대기권으로 상승하며 종말이 시작되었다. 모든 행성의 대기권 상층부에는 강한 고에너지 방사선이 도달한다. 이러한 방사선은 물을 구성 원소인 수소와 산소로 분해한다. 수소 원자는 가장 가벼운 원자로 행성 중력을 쉽게 극복한다. 물은 다시 생성될 수 없었고, 금성은 귀중한 액체 상태의 물을 영구적으로 잃었다. 비가 적게 내린다는 것은 대기 중에 더 많은 이산화탄소가 남았음을 의미했다. 이는 행성 표면 온도가 상승하고, 바닷물이 더 많이 증발하며, 수소가 우주로 더 많이 사라졌음을 뜻했다. 이 현상은 결국 재앙적인 물 손실로 이어졌고, 오늘날 금성은 뜨겁고 산성을 띤 황무지가 되었다.

현대 지구의 대기는 다행히 금성의 대기와 완전히 다르다. 지구는 고도가 상승할수록 일반적으로 온도가 낮아지지만, 상공 약 16킬로미터에 도달하면 온도가 다시 상승한다. 이는 태양에서 방출된 고에너지 자외선이 지구 대기 중 산소와 충돌하면서 생성된 오존이 해로운 자외선을 차단하는 층을 대기에 형성하기 때문이다. 오존층에서 흡수된 에너지는 온도를 상승시킨다. 이러한 온도 변화가 냄비 뚜껑과 같은 역할을 하는 덕분에 물은 대부분 대기 상층부에 도달하지 못하고 비나 눈의 형태로 지표면에 다시 떨어진다.

이처럼 물이 효과적으로 가둬지면 지구 기후는 탄산염-규산염 순환으로 안정화된다. 예컨대 지표면 온도가 상승하면 물이 많이 증발해 비가 더 많이 내리고, 대기 중 이산화탄소가 암석에 더 많이 갇히는 끝에 지구는 냉각된다. 반대로 지표면 온도가 하강하면 비가 적게 내리고, 암석 표면 일부가 눈과 얼음에 덮여 풍화작용이 덜 일어나며 대기 중 이산화탄소 농도가 증가하는 끝에 지구는 다시 따뜻해진다. 아쉽게도 탄산염-규산염 순환은 백만 년 주기로 작동하기 때문에 인간 활동으로 증가한 이산화탄소를 억제하지 못한다. 이산화탄소 증가는 인류가 직접 해결해야 하는 문제다.

태양 빛이 강해질수록 지구의 유용한 온도 조절 장치는 금성에서 그랬듯 고장이 날 것이다. 과학자들은 지구 기후가 점차 뜨거워져 약 10억 년 뒤면 물을 지구에 가두는 냉각 덫이 사라질 것이라 예상한다. 그러면 물이 대기 상층부에 도달하는 현상을 막을 수 없게 되어 재앙적인 물 손실이 발생하리라 전망한다. 금성의 건조한 황무지는 지구의 가능한 미래를 어렴풋이 암시한다. 하지만 인류는 지구가 금성과 같은 상태에 도달하기까지 걸리는 시간을 늦출 수 있으며, 어쩌면 다가오는 재앙에서 벗어나는 방법을 찾을지도 모른다.

우리는 달 없이 살 수 있을까?

지구는 다른 암석형 행성에 없는 거대한 동반자, 달을 지닌다. 인류 역사 대부분의 시간 동안 달의 기원은 수수께끼였다. 과학자들은 '우주 시대 the space age'가 열리고 NASA의 아폴로 임무에서 달 암석이 수집된 덕분에 그 수수께끼를 해결할 수 있었다. 아폴로 우주 비행사들은 300킬로그램이 넘는 암석과 토양을 지구로 가져왔고, 수집된 달 표본은 지구의 암석과 토양과 비교하면 구성 성분이 달랐다. 달 표본은 수분이 적고 고온에서 빠르게 생성되는 물질을 더 많이 함유한다는 점에서, 어린 지구가 무언가와 충돌하는 동안 용융된 바깥층이 일부분 떨어져 나가 달이 되었다는 흥미로운 아이디어를 뒷받침한다. 당시의 강한 충돌은 지구 자전축을 23도 기울여 인류에게 계절을 선물했다. 우리에게 동반자를 안겨준 강한 충돌이 없었다면 한파가 몰아치는 겨울도, 울긋불긋한 단풍이 장관을 이루는 가을도 없었을 것이다.

달은 지구 표면에서 약 2만 4,000킬로미터 떨어진 지점에 형성되었다. 이는 로스앤젤레스에서 시드니까지 거리의 약 2배에 해당한다. 하지만 현재 달은 그보다 약 15배 더 멀어졌으며, 지구와의 거리가 32만 2,000킬로미터를 넘는다. 어린 달을 상상해보자. 예전에 달은 지금보다 지구에 가까웠기 때문에 훨씬 커다랗게 보였을 것이다. 그런데 달과 지구 사이의 거리가 과거와 현재의 가장 큰 차이점은 아니다. 어린 달은 계속되는 화산활동으로 검게 보였을 것이고, 차갑게 식은 어두운 용암 지각과 그 아래에 흐르는 새빨간 마그마로 섬뜩한 풍경을 연출했을 것이다. 크고 어두운 달은 하늘을 지배했을 것이다.

지금보다 지구와 훨씬 가까웠던 어린 달은 지구에 강한 조석을 일으켰다. 그때 조석이 움직인 것은 물이 아니었다. 뜨겁게 달궈져 암석이 용융된 어린 지구에서는 달의 인력에 영향을 받아 마그마 바다가 거칠게 휘몰아치고 굽이쳤다. 그 결과 발생한 강한 마그마 조류가 어린 지구를 휩쓸었다. 이처럼 달과 지구는 서로를 끌어당기는 춤을 췄고, 달은 지구에서 조석으로 팽창된 부분을 당기며 지구의 자전 속도를 늦췄다.

그런데 인력은 일방적으로 작용하지 않았다. 지구 중력도 어린 달을 끌어당겨 마그마에 파도를 일으켰고, 마그마는 대부분 용융된 달 표면을 휩쓸었다. 달의 지구 공전은 지구의 자전보다 더 오래 걸리므로, 지구에서 조석 팽창이 일어나 추가 질량을 지닌 부분은 달을 공전 궤도의 앞쪽으로 끊임없이 끌어당기며 달과 지구의 거리를 늘렸다. 지구의 하루가 길어질수록 달은 지구로부터 점점 더 멀어졌다. 어린 지구와 어린 달이 용융된 액체보다 형태를 잘 유지하는 단단한 고체로 냉각되자 변화는 느려졌다. 우리가 보는 하늘이 지금과 같은 모습으로 변화한 것은 약 45억 년 전 지구와 달이 추기 시작한 아름다운 중력의 춤 때문이다.

우주에서 회전하는 모든 천체는 마찰로 속력이 느려지지 않기 때문에 무한히 회전한다. 그런데 우주의 춤은 물리 법칙을 따른다. 지구-달 체계의 전체 각운동량은 긴 시간이 흐르는 동안 크게 변하지 않았지만, 두 천체가 주고받는 상호작용은 달라졌다. 지구와 달은 한때 가까이 껴안고 있다가 시간이 흐를수록 멀리 떨어져 공전하게 되었다. 이처럼 오랫동안 지속된 두 천체의 춤은 인류에게 선물을 안겼다. 지구의 하루 시간을 2배로 늘린 것이다. 달과 태양의 중력으로 지구에 발생하는 조석 현상은 여전히 일출과 일몰 사이의 시간을 아주 조금씩 늘리고 있다. 하루는 매일 미세하게 길어지고 있으며, 구체적으로 밝히면 100년마다 약 2밀리초(1밀리초는 1,000분의 1초다-옮긴이)씩 늘어난다. 약 2억 년 뒤에는 내가 늘 바라던 대로 하루가 25시간으로 늘어날 것이다.

이처럼 달의 기원을 설명하는 가설은 달의 형성 과정과 현재 운동 방식을 밝히는 최신 모형에 뿌리를 둔다. 과학자들은 우리 지구에 흔적을 남기는 주기를 가진 체계를 조사해 하루 시간이 조금씩 늘어난다는 증거를 추가로 발견했다. 이를테면 현대의 산호는 하루에 1줄씩 매년 약 365개의 성장선이 생긴다. 그런데 약 4억 년 전의 산호는 1년에 약 400개가 넘는 성장선이 생겼다. 이는 4억 년 전에는 지금보다 낮이 짧았으며 1년은 400일 이상이었음을 입증한다.

밤에 한적한 거리를 걷다가 우연히 발길이 닿은 마을을 탐험하는 행위는 어느 시대에든 존재해왔다. 그리고 우리가 어디로 향하든 달과 별은 변함없는 동반자다. 달과 별은 새로운 장소에서 오랜 친구를 만난 기분이 들게 한다. 나는 한밤에 달을 볼 때면, 실제보다 더욱 거대한 검은색 실루엣에 작열하는 마그마가 흐르며 주황색 균열이 새겨진 달의 모습을 상상한다. 이는 빠르게 자전하는 어린 지구 이야기의 출발점으로 놀랄 만큼 기묘하고 섬뜩할 정도로 낯설다.

보름달이 뜬 밤은 길 찾기가 쉽지만, 달빛이 부족한 밤도 있다. 매일 밤 우리를 비추는 달빛의 양이 변하는 이유는 달이 빛을 반사하는 거울이기 때문이다(달은 상像을 비추지 않는다는 점에서 이름 그대로 거울은 아니고 비유적인 표현이다). 달은 스스로 빛을 내지 못한다. 오로지 태양 빛을 반사할 뿐이다. 달빛은 실제로 태양 빛이 지구에 다시 반사되는 것이다. 우리는 가끔 달에 닿는 모든 빛을 볼 수 있지만(보름달), 대체로는 그럴 수 없다. 이 때문에 달의 위상은 변화한다. 또한 달은 지구와 함께 중력의 춤을 추면서 동주기 자전(자신보다 질량이 큰 천체를 공전하는 천체가 공전과 같은 주기로 자전하는 현상-옮긴이)을 하므로, 지구에게 항상 똑같은 얼굴을 보여준다. 인류는 달의 한쪽 면만 관측할 수 있기에, 달의 반대쪽 어두운 면이 어떤 모습일지를 두고 흥미로운 의문을 품었다. 천체 관측에서 까다로운 점은 관측자의 위치에 따라 관측 대상이 다르게 보인다는 사실이다.

지구 주위를 공전하는 달을 상상해보자. 그리고 여기에 태양을 더하자. 달은 언제나 절반만 태양 빛을 받는다. 달에도 지구처럼 낮과 밤이 있지만, 지구에서는 태양 빛이 비치는 달 표면 전체를 볼 수 있는 날이 적다. 달에는 영원한 어두운 면이 없다. 지구에 초승달이 뜬 날은 우리 눈에 보이지 않는 달 반대쪽 면이 밝다. 지구에 보름달이 뜬 날은 달 반대쪽 면이 어둡다. 지구에서와 마찬가지로, 달에서 어두운 면은 밤이 찾아온 면이다. 달의 밤은 2주 정도로 지구보다 훨씬 오래 지속된다.

또한 지구에서와 마찬가지로, 달은 태양이 떠오르며 긴 낮이 시작된다. 달에서 낮과 밤의 전체 주기, 즉 달 표면의 같은 지점에서 해가 뜨고 졌다가 다시 뜨기까지 걸리는 시간은 지구의 1달과 비슷하다. 그런데 흥미롭게도 지구와 달이 추는 춤은 달의 자전 속도를 늦추며 어두운 밤하늘에 밝고 푸른 지구가 보이는 놀라운 광경을 선사했다. 하지만 지구는 달의 아름다운 하늘에서 떠오르거나 저물지 않으므로, 달에서의 지구 관측 가능성은 관측자의 위치에 달렸다. 중력의 춤은 달의 반대쪽 면이 지구에서 보이지 않도록 숨겼지만, 그 반대쪽 면에서는 어둡고 고요한 밤하늘 위에서 반짝이는 무수한 별을 관측할 수 있다.

나는 달빛 아래를 걸을 때 지구로부터 천천히 멀어지는

달을 상상한다. 현재 달은 1년에 약 3.8센티미터씩 우리 시야에서 멀어지고 있다(이는 손톱이 자라는 속도와 거의 같다).

지구와 지구 생명체는, 조석을 일으키고 계절을 안정시키는 달의 영향을 받으며 진화했다. 달의 존재 여부에 따라 지구의 조수 간만의 차는 변화하겠지만, 심해에 사는 생명체는 영향을 받지 않을 것이다. 그리고 지표면에 사는 생명체는 변화하는 환경에 맞춰 진화할 것이다. 위성의 존재 여부는 그 위성이 속한 행성의 생명체 거주 가능성에 영향을 주지 않아야 한다. 다만 나는 한 행성이 얼마나 많은 위성을 품을 수 있는지, 그들이 하늘에 얼마나 아름다운 장관을 연출할 수 있는지 궁금하다.

우리가 행성이 아닌 위성에서 산다면, 그 행성은 밤하늘에서 끊임없이 변화하는 빛으로 보일 것이다. 우리가 달에 서 있다면, 지구에서 관측되는 달의 위상과 비슷한 형태로 지구의 위상이 관측될 것이다. 그리고 달 표면을 걷다보면 지평선 위로 떠오르는 지구가 보일 것이다. '지구돋이Earthrise'는 아폴로 8호 우주 비행사 윌리엄 앤더스William Anders가 1968년 12월 24일 달 궤도에서 창백한 푸른 점을 촬영한 사진의 이름이기도 하다. 훗날 앤더스는 "달을 탐사하기 위해 출발했다가 오히려 지구를 발견했다"라며 당시를 회고했다.

타임머신 너머로 지구를 본다면

'지구돋이'에서 지구는 파란색 구슬처럼 보인다. 그런데 지구를 측정하면 실제로는 구체가 아니라는 사실을 깨닫는다. 지구는 자전하므로 극지방 쪽은 평평하면서 적도 쪽은 다소 불룩한 형태로 약간 찌그러져 있다. 그리고 지구에 대륙이 고르게 분포되어 있지 않기 때문에, 지구 형태는 남반구가 북반구보다 부풀어 있어 마치 서양배처럼 아래쪽이 귀엽게 불룩하다.

지구는 여전히 매력적인 퍼즐이며 최근에야 일부 조각이 제자리를 찾기 시작했다. 지구를 반으로 자르면 그 내부는 대칭에서 조금 벗어난 삶은 달걀처럼 보인다. 내가 지구를 달걀로 묘사하는 것은 앤드루 놀Andrew Knoll의 영향이다. 앤드루는 흥미로운 저서 《지구의 짧은 역사》(2021)에서 그러한 비유를 든다. 달걀 비유에서 지구 중심부인 노른자는 용융된 외핵과 외핵으로 둘러싸인 단단한 내핵으로 구성되어 있으며, 외핵과 내핵을 합치면 지구 질량에서 약 3분의 1을 차지한다. 외핵에서 뜨겁고 밀도가 낮은 물질은 위로 떠오르고, 차갑고 밀도가 높은 물질은 바닥으로 가라앉으며 유도전류를 발생시켜 지구자기장을 유지한다.

아쉽게도 지구 중심부를 탐사한 사람이 아무도 없는 까닭에 과학자들은 지구를 측정하고 실험실에서 실험한 결과를 조합해 지구 중심핵이 무엇으로 이뤄져 있는지 추정한다. 우리가 그곳에 직접 갈 수는 없지만, 지구의 극도로 뜨거운 중심핵을 탐사하는 다른 방법은 있다. 과학자들은 지구 내부를 조사하기 위해 지진으로 발생하는 에너지 파동을 연구한다. 파동은 지구 중심핵에서 투과, 반사, 흡수되며 중심핵의 크기와 밀도 및 구성 물질을 밝힌다. 지구 중심핵은 대부분 철로 이뤄져 있으리라 예상된다. 이는 당연한 결과로 지구가 형성되는 동안 방사성물질이 붕괴해 온도가 극단적으로 상승하며 철이 지구 중심부로 가라앉았을 것이기 때문이다.

달걀의 흰자, 즉 지구의 맨틀은 중심핵을 둘러싸고 있으며 지구 질량에서 약 3분의 2를 차지한다. 맨틀은 고체이지만 긴 시간 주기로 순환한다. 맨틀의 구성 물질이 이따금 지표면으로 운반되기도 한다. 다이아몬드는 지표면 아래로 약 160킬로미터가 넘는 깊이에서 형성되며, 과학자들이 실험실에서 확인할 수 있는 맨틀 물질을 대부분 포함한다. 여러분이 다이아몬드를 가지고 있다면 지구의 역사를 알리는 단서를 가진 셈이다.

우리가 지구에서 표본으로 추출할 수 있는 부분은 달걀 비유에서 껍데기에 해당하는 지각이다. 지각은 지구 질량에서 약 1퍼센트에 불과하다. 지각의 기원은 지구가 형성된 직후 어린 지구 전체에 퍼져 있던 용융된 물질로 이뤄진 고대 바다다. 최초의 지각은 검은색 마그마 바다가 냉각되어 만들어졌다.

지르콘이라 불리는 작은 광물 알갱이가 그러한 초기 지구의 열쇠를 지닌다. 지르콘이 형성되는 동안 지르콘 구조에 약간의 우라늄은 함유되지만 납은 함유되지 않는다. 우라늄은 방사성물질로 반감기가 수십억 년으로 알려져 있으며 붕괴하면 납이 된다. 따라서 지르콘에 포함된 납은 모두 방사성붕괴의 산물이며 정교한 시계 노릇을 한다. 가장 오래된 지르콘은 43억 8,000만 년 전 생성되어 거의 지구만큼 나이를 먹었다. 지구는 이처럼 뜨거운 온도에서 시작했지만, 놀랍게도 지르콘이 생성된 곳에는 액체 상태의 물이 적어도 40억 년 전에 존재했으리라 추정된다. 이는 지르콘에 함유된 산소 흔적으로 증명된다.

오늘날 지구 표면의 약 70퍼센트는 액체 상태의 물로 덮여 있다. 이러한 바다에는 독특한 형태의 대륙이 우뚝 솟아 있다. 이들 대륙은 거대한 퍼즐 조각처럼 서로 꼭 들어맞는 듯 보인다. 1912년 독일 지구물리학자 알프레트 베게너Alfred Wegener는 대륙이 이동한다는 아이디어를 제안했는데, 대륙들을 반듯하게 펼치면 퍼즐 조각처럼 보였음에도 베게너의 아이디어는 당시 널리 조롱당했다. 이를테면 남미 동쪽 해안과 아프리카 서쪽 해안이 어떻게 완벽히 맞물리는지 확인해 보자. 베게너는 자신의 이론이 받아들여지는 것을 끝내 보지 못했다. 1930년 그는 그린란드를 탐험하던 중 사망했다.

1957년에 세계 최초의 인공위성 스푸트니크Sputnik가 발사되며 우주 시대가 열렸을 때도 지구과학자들은 대륙이 이동하지 않는다고 생각했다. 1960년대에 이르러서야 전쟁에서 발전한 기술로 지구를 더욱 면밀히 조사할 수 있게 되면서 베게너의 아이디어가 다시 수면 위로 떠올랐다. 과학자들은 소리를 이용해 거리와 방향을 측정하는 수중음향탐지기Sound Navigation Ranging, SONAR로 바다 밑에서 산맥을 발견했다. 그리고 신기하게도 산맥에서 가까운 해저가 먼 해저보다 어리다는 사실을 알아냈다. 이는 산맥에서 새로운 해양지각이 생성되었음을 의미한다.

그런데 한 지역에서 새로운 해양지각이 생성된다면, 다른 지역에서는 오래된 지각이 파괴되어야 했다. 지진계로 측정한 결과, 지진은 전 세계에서 균일하게 발생하지 않고 특정 지역에서만 일어나는 경향이 있었다. 지진은 지각이 어디서 어떻게 순환하는지 가르쳐줬다. 지각은 섭입대에서 맨틀 내부로 다시 끌려 들어간다. 섭입대는 지각의 무덤으로, 지각 물질이 맨틀로 되돌아가는 곳이다. 지각이 맨틀 내부로 끌려 들어가며 지구 표면을 덮는 지각판들이 서로 부딪히면, 지각판 경계 부근에서 지진이 발생하게 된다.

지구가 충분히 냉각되어 용융된 내부 구조 위에 지각판이 생성된 이후, 지각판들은 이동하면서 대륙을 찢거나 서로 밀어내며 웅장한 산맥을 형성했다. 이러한 산맥 가운데 대부분은 시간이 지나며 사라졌다. 혹시 에베레스트산 정상에 오르게 된다면 조개껍데기 화석이 있는지 찾아보자. 이 산의 정상은 해수면 위로 8킬로미터 넘게 밀려 올라온 해양 석회암으로 이뤄졌기 때문이다. 현재 조개껍데기 화석은 지구 변화를 가리키는 증거로 수목한계선보다 높은 지대에 자리한다.

지각판의 움직임을 약 3억 년 전으로 되돌리면 대륙들은 판게아라는 초대륙超大陸으로 뭉쳐 있었다. 당시 알프스산맥, 로키산맥, 히말라야산맥은 아직 형성되지 않았으며, 눈에 띄는 지형이 어디에도 없었다. 암석 기록에 따르면 움직이는 육지 덩어리들이 서로 충돌하고 찢어지는 동안 적어도 5개의 초대륙이 형성되었다가 파괴되었다. 지각판의 움직임으로 대륙은 찢어지고 서로 충돌하며 지구의 모습을 끊임없이 바꿨다. 이는 앞으로도 계속될 것이다.

지구는 지각판으로 덮여 있고, 지각판은 행성 내부 깊숙한 곳에서 일어나는 현상과 연결되어 있다. 뜨거운 맨틀 물질이 지표면으로 올라오는 지역에는 해저산맥이 형성된다. 지각이 아래로 가라앉으며 해저를 끌어당기면 해저산맥에서 맨틀 물질이 새롭게 밀려 올라온다. 우리가 서 있는 단단한 땅조차도 변화한다. 매일 새로운 지반이 만들어지고 오래된 지반이 파괴된다. 우리 발밑의 땅은 늘 아주 조금씩 꾸준히 움직인다. 뉴욕과 런던 사이의 거리는 매년 약 2.5센티미터씩 늘어난다. 나는 뉴욕 해안가에 서서 바다를 볼 때면 새롭게 형성된 해저가 북아메리카와 유럽을 서서히 갈라놓는 모습을 상상해본다. 가족과 친구들을 만나러 돌아가는 비행기 안에서는 2.5센티미터 늘어난 차이가 느껴지지 않지만, 혼란한 시기에도 세계가 착실하게 움직이고 있다는 사실을 떠올리면 마음에 위안이 된다.

비행기 창밖을 내다보면 서로 맞물려 상호작용하는 지각판들이 얽힌 매혹적인 모자이크로 구성된 지구가 보인다. 대부분의 지각판에서는 해수면 위로 대륙 일부가 엿보인다. 그런데 대륙은 왜 바다 위에 있을까? 우리가 서 있는 땅, 즉 대륙지각은 해저와 다른 물질로 이뤄졌다. 화강암은 지구 맨틀 깊숙한 곳에서 생성된 뒤 추운 방의 따뜻한 공기처럼 천천히 위로 올라가 밀도 높은 해저에서 분리된다. 화강암은 주로 밀도 높은 화산성 현무암으로 이뤄진 해저보다 가볍다. 따라서 대륙은 해양지각 위에 떠 있는다. 그리고 물은 낮은 지대를 채우며 대륙이 파도 위로 우뚝 솟은 바다를 형성한다. 섭입대에서는 고밀도 해저 지각이 맨틀 깊숙이 가라앉고, 저

밀도 화강암 섬이 쌓이며 오랜 세월 지속되는 육지 덩어리가 차츰 거대해진다. 이런 효과적인 순환 덕분에 해양지각은 2억 년 이상 지속되지 않으므로, 해양지각에 그보다 오래된 과거는 기록되어 있지 않다. 모든 정보는 지구 역사가 적힌 대륙지각에 묻혀 있다.

지구의 이야기는 암석에 기록되었다. 암석은 나이가 많을수록 오래된 이야기가 담겨 있지만 물의 용해력이나 열 또는 압력의 영향으로 더 많이 변형되었다. 우리는 꼼꼼한 분석을 토대로 지구 진화의 비밀을 간직한 암석 기록을 해석하고, 지구 표면을 끊임없이 재배열하는 서로 연결된 지각판을 이해한다. 가령 해 질 녘 그랜드캐니언이 보여주는 놀라운 색을 감상하는 동안, 우리는 주위 암석에서 지구 이야기를 일부분 볼 수 있다. 그랜드캐니언은 콜로라도강이 애리조나 일부를 가로지르는 경로를 따라 뻗어 있다. 그랜드캐니언을 이루는 아름다운 붉은색 암석층은 수백만 년에 달하는 지질 역사를 드러낸다. 각 암석층에는 형성 당시 그곳의 풍경이 기록되었지만, 마치 지구 역사가 담긴 불완전한 책처럼 과거로 갈수록 점점 더 많은 책장이 누락되어 있다. 그리고 암석에 담긴 지질 역사는 생명의 출현과 아름답게 얽혀 있다.

타임머신의 창문 너머로 지구를 볼 수 있다면, 대륙이 지표면 곳곳으로 이동하며 이따금 서로 충돌해 산맥을 형성했다가 다시 찢어지는 모습이 보일 것이다. 이보다 시간을 더욱 거슬러 올라가면, 바다가 지표면에서 더 많은 공간을 차지하며 대륙이 눈에 띄지 않는 풍경이 관찰될 것이다. 정확히 언제 대륙이 바다 위로 처음 밀려 올라왔는지는 아직 밝혀지지 않았다. 그러나 수십억 년 전 대륙의 따뜻하고 얕은 연못과 해저의 열수분출공 또는 부분적으로 녹은 빙붕에서 최초의 생명체가 탄생했고, 이 생명체는 황량한 암석들을 다채로운 생명체로 가득한 세계로 변화시켰다.

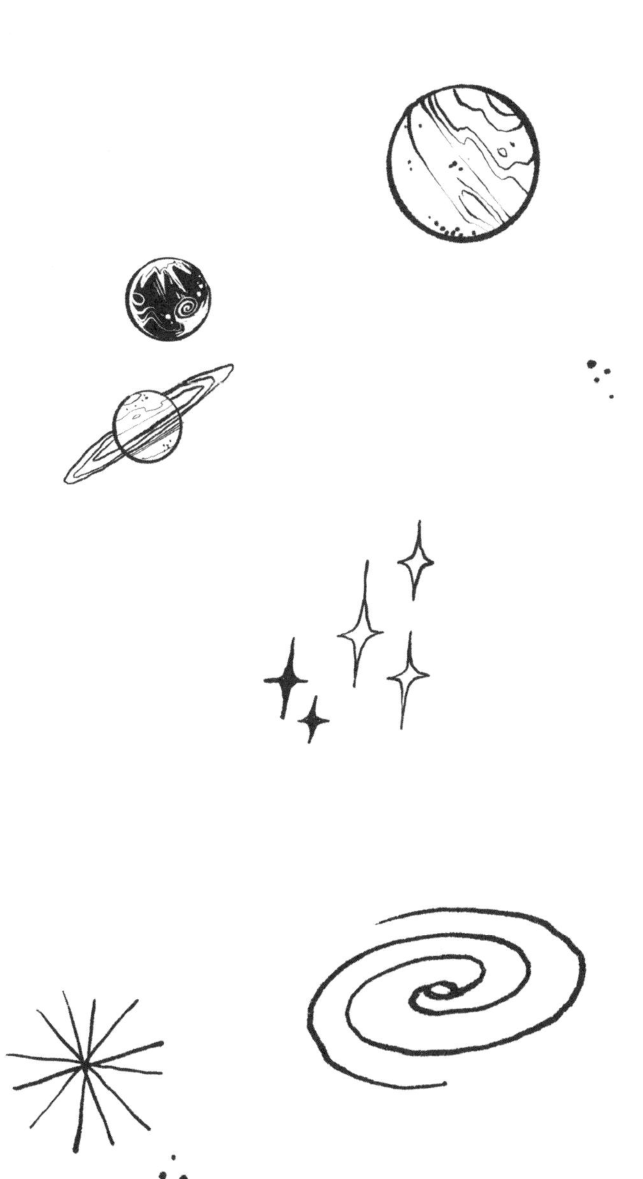

3장

생명의 천체가 지나온 시간

누가 외계인과 닮았을까?

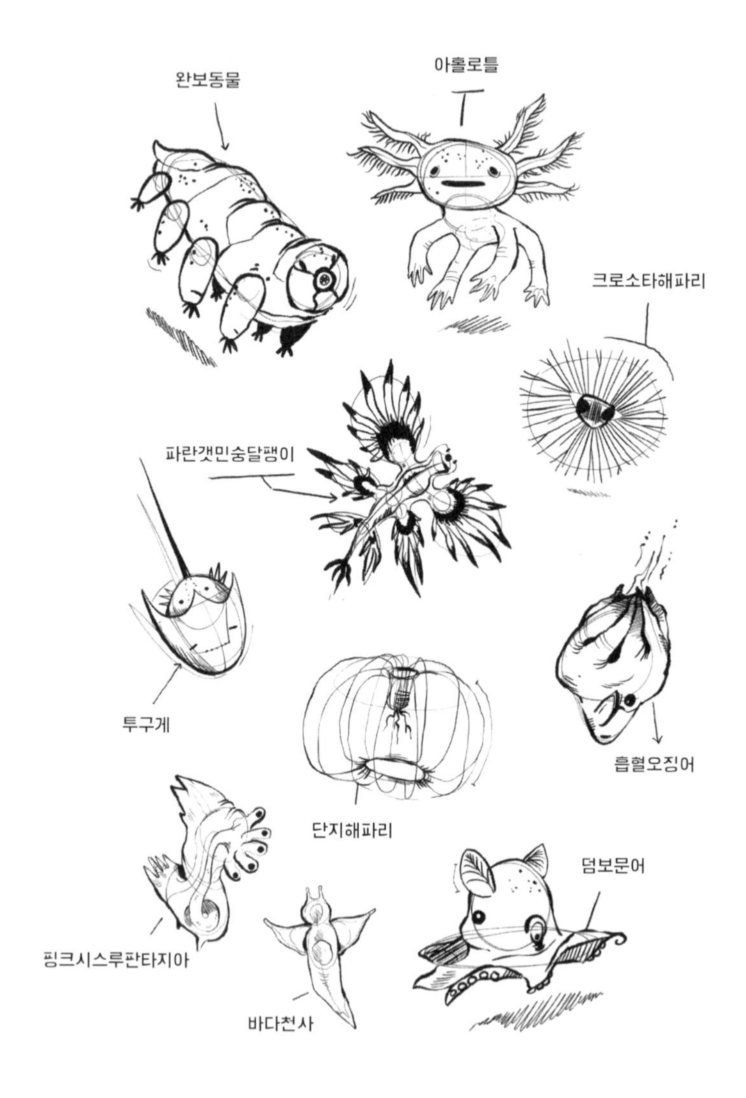

완보동물
아홀로틀
크로소타해파리
파란갯민숭달팽이
투구게
흡혈오징어
단지해파리
덤보문어
핑크시스루판타지아
바다천사

우리가 1억 5,000만 킬로미터 떨어진 핵 불덩이를 중심으로 돌고
기체에 둘러싸인 행성 표면의 중력 우물 밑바닥에 살면서도
이 상태가 정상이라 생각한다는 사실은
우리의 시각이 얼마나 왜곡되어 있는지 드러낸다.

— 더글러스 애덤스, 《의심의 연어》

외계 행성 탐험가가 되다

코르시카는 지중해에 있는 아름다운 프랑스령 섬으로 이탈리아 서해안과 가깝다. 이 섬은 온화한 기후와 아름다운 산, 고요한 해변으로 유명하다. 내 인생에 처음으로 참석한 학회는 1988년 코르시카 서부의 카르제스Cargèse에서 우연히 개최되었다. 나는 비행기표를 막바지에 구입하고, 공항에서 학회 장소까지 택시가 아닌 버스를 탄다면 경비를 절약할 수 있겠다고 생각했다. 학회 주제는 '태양계 바깥의 행성: 이론과 관측'이었고, 숙박(다른 몇몇 학생과 숙소를 함께 썼다)과 식사는 주최 측에서 부담했다.

아침 식사로 크루아상과 커피를 먹고 저녁 식사 또한 크

루아상과 커피인 날이 있었지만, 국제 학회가 열리는 5일간 나는 영광스러운 시간을 보냈다. 나는 오스트리아 남부의 작은 도시 그라츠에서 두 대학교를 동시에 다니며 공학과 천문학을 공부했다. 구체적으로는 그라츠공과대학교에서 공학을, 칼-프란젠스 그라츠대학교에서 천문학을 전공했다(오스트리아는 무상 교육을 실시한다). 다행히 그라츠는 작은 도시여서 교통 상황에 따라 다르지만 자전거로 10~15분이면 두 학교를 오갈 수 있다. 나는 공학과 천문학 조합이 마음에 들었는데, 완벽하게 균형 잡힌 학문적 경험을 얻을 수 있었기 때문이다. 공학 수업에서는 전자회로 기판부터 양자역학에 이르는 미시 세계를 탐구하고, 천문학 수업에서는 은하의 형태부터 우주의 전체적인 틀에 이르는 광대한 구조를 배웠다.

나는 코르시카행 비행기의 이코노미석에 앉아 등산복 차림 사람들 틈바구니에서 어색함을 느꼈지만, 등산 애호가들은 나를 그리 신경 쓰지 않았다. 공항에 도착한 뒤에 나는 텅 빈 공항을 바라보며 인내심을 가지고 공항버스를 기다렸다. 몇 시간의 기다림에도 흥분은 가라앉지 않았다. 새로운 것을 경험할 수 있다는 기대감이 넘쳤기 때문이다. 버스는 예정보다 늦게 또는 코르시카 시간 개념으로 제시간에 도착했고, 버스 기사는 해안을 따라 무서운 속력으로 질주하며 지연된 시간을 만회했다. 그 1시간 동안의 여행은 심장이 약한 사람에게 적합하지 않았다. 나는 반대편 차선에서 다른 차가 마주 오지 않기를 간절히 바랐다. 버스 기사가 길 가장자리로 버스를 바짝 붙일 만한 시간이 없다고 느꼈기 때문이다. 행운은 우리 편이었다. 어쩌면 코르시카의 모든 사람이 버스를 피해야 한다는 것을 아는 덕분이었는지도 모른다.

마침내 한적한 도시 카르제스에 도착했다. 소금의 향기를 풍기는 바닷바람이 잘 통하는 회의실에 나를 비롯한 50명이 모여 우주에서 최초로 발견될 새로운 행성에 관해 궁리했다. 휴식 시간(아침, 점심, 저녁 식사 시간)은 따뜻한 햇살이 비치면서 바다가 보이는 야외에서 보냈다. 나는 나의 세계가 확장되는 느낌을 받았다.

회의 참석자 중에는 디디에 쿠엘로Didier Queloz가 있었다. 쿠엘로와 미셸 마요르Michel Mayor는 1995년 태양형 항성 주위를 도는 행성을 최초로 발견했다. 두 사람이 새로운 행성을 발견한 당시 쿠엘로는 32살 대학원생으로, 학회에 참석한 당시 내 나이보다 불과 11살 위였다. 쿠엘로와 마요르는 모두 스위스인으로, 오스트리아와 비슷한 작고 산이 많은 나라에서 이들의 놀라운 발견이 이뤄졌다. 그렇다면 이 분야에는 내가 기여할 수 있는 자리도 있지 않을까?

나는 학회 휴식 시간에 해변에서 나눴던 대화를 생생히 기억한다. 우리는 새로운 발견에 몹시 흥분하며 아직 답을 찾지 못한 질문을 수없이 던졌다. 나는 전 세계 교수와 과학자들에게 둘러싸여 새로운 과학적 모험의 일부가 되었다. 참석자들은 학부생에 불과한 나의 의견을 경청했다. 골디락스 영역의 한계를 확립한 미국 과학자 제임스 캐스팅James Kasting이 대담을 마치고 나에게 "리사, 어떻게 생각하나요?"라며 진지하게 묻던 모습은 지금도 기억난다. 봄 냄새는 바람을 타고 왔고, 외계 행성 탐사 분야 초기부터 이름을 널리 알린 선배 과학자 짐Jim은 나에게 새로운 아이디어에 관한 의견을 공유해달라고 요청했다! 이는 낯선 경험이었다. 오스트리아에서는 교수가 학부생에게 의견을 거의 묻지 않았지만, 새로운 행성을 발견하기를 꿈꾸는 이 국제적인 팀에는 위계질서가 없었다.

카르제스에서 보낸 며칠 동안 나의 세계는 바뀌었다. 강연 도중에 몇몇 발표자는 연구에 도움이 필요하다고 말했다. 조사해야 할 것은 너무 많은데 이를 수행할 사람은 거의 없었기 때문이다. 나는 우주에서 생명체를 찾는 모험의 일부가 되고 싶었다. 이러한 나의 바람이 머나먼 꿈이 아닌 실현 가능한 현실로 처음 다가왔다.

학회가 끝난 뒤에 나는 등산 장비로 가득한 비행기를 타고 집으로 돌아와 수업을 듣고, 친구를 만나고, 시험을 준비하는 등 이전과 같은 일상을 보냈다. 그런데 나의 세계관은 송두리째 바뀌었다. 지구 밖 어딘가에서 새로운 행성이 내가 탐사해주기를 기다리고 있었다.

지구 생명체는 어떻게 생겨났지?

지구에 사는 생명체는 탄소 골격을 갖추고 물을 용매로 활용한다. 우주에 탄소와 수소, 산소가 풍부하다는 사실은 다른 천체에 생명체가 존재한다면 이들 또한 탄소와 물에 의존할 가능성이 높다는 것을 의미한다.

다른 원소를 살펴보자. 탄소와 비슷하게 작용하는 원소, 규소는 어떨까? 규소는 실제로 탄소보다 지구에 풍부하다. 그럼에도 생명체 골격을 이루는 원소로써 탄소가 규소보다 더욱 적합해 보이는 데는 몇 가지 이유가 있다. 탄소는 같은 탄소 원자를 비롯한 수많은 원자와 매우 다양하게 결합을 형성할 수 있다. 탄소는 DNA처럼 복잡하고도 안정적인 분자를 생성할 수 있고, 탄소를 기반으로 생성된 분자는 에너지를 많이 투입하지 않아도 쉽게 분해된다. 탄소는 산소와 결합해 이산화탄소를 생성하고, 이산화탄소는 지구에서 대부분 기체로 존재하며 액체 상태의 물에 쉽게 용해되는 까닭에 생명체가 쉽게 활용할 수 있다. 반면 규소는 산소와 결합해 이산화규소, 다른 말로 석영을 생성한다. 석영은 지구 지각에서 5분의 1을 구성하는 암석이다. 이산화규소는 온도가 섭씨 약 2,000도를 넘지 않으면 기체로 존재하지 않는다. 따라서 규소는 탄소와 마찬가지로 산소와 결합하지만, 결합으로 생성된 물질은 다시 구성 원자로 분해되기 무척 어렵다. 이러한 까닭으로 생명체는 지구에서 규소 대신 탄소를 선택했는지 모른다.

물은 액체 중에서도 독특하다. 지구에 물은 고체(얼음), 액체(바다, 호수, 강), 기체(수증기) 세 가지 상태로 존재한다. 그리고 알려진 다른 어느 액체보다 다양한 물질 주위를 둘러싸고 용해하는 강력한 용매이자 매질이다. 물은 대기압에서 섭씨 0도부터 100도에 이르는 넓은 온도 범위에 걸쳐 액체 상태를 유지한다. 그런데 높은 압력을 받으면 섭씨 100도보다 높은 온도에서도 액체 상태를 유지하고, 용질과 섞이면 섭씨 0도보다 낮은 온도에서도 액체 상태를 유지한다. 바닷물은 섭씨 영하 30도까지 냉각해도 액체다.

또한 물은 강과 바다에 사는 생물이 자외선에 노출되어 DNA가 손상되지 않도록 보호하는 성질이 있다. 이외에도 물은 다른 흥미로운 성질을 지닌다. 액체 상태의 물이 얼어 얼음이 되면 부피가 약 10퍼센트 팽창하며 밀도가 낮아진다. 이러한 성질을 바탕으로 수면에 떠오르는 얼음은 아래쪽

물이 얼지 않도록 방지하는 단열층 역할을 한다. 따라서 생명체는 추위가 극심한 겨울에도 호수 깊은 물에서 생존할 수 있다. 해저 인근은 온도가 1년 내내 거의 변화하지 않는다.

과학자들은 타이탄Titan을 비롯한 혹한의 위성에서 물이 아닌 용매를 활용하는 다른 형태의 생명체가 존재할 가능성을 조사하고 있다. 메테인은 얼음이 얼어붙는 환경에서도 액체 상태로 존재하므로 물을 대체할 수 있다. 한 가지 염려되는 것은 액체 메테인의 온도가 섭씨 영하 160도로 낮기 때문에 생화학 반응속도가 지나치게 느려져 생명체가 효과적으로 기능하고 번성하기 어려울 수 있다는 점이다. 아직은 물과 탄소를 사용하지 않는 생명체가 발견되지 않았으므로, 현재로서는 생명체에 탄소와 물이 꼭 필요한 듯 보인다. 이는 우리가 다른 거주 가능한 천체를 찾는 과정에 출발점을 제시한다.

생명체를 탐색할 때 어떤 특징을 조사해야 할까? 어떤 특징이 무언가를 살아 있게 할까? 다시 말해 생명체란 무엇일까? 정의하기가 의외로 어렵다. 이를테면 생명체는 움직이는 것이라고 주장할 수 있다. 하지만 불도 마찬가지로 움직인다. 생명체는 진화한다고 주장할 수 있다. 하지만 컴퓨터 바이러스도 마찬가지로 진화한다. 또 다른 특징으로, 생명체는 번식한다고 주장할 수 있다. 그렇다면 노새는 불임이므로 생명체가 아니라고 봐야 할까? 이처럼 우리가 탐색하는 대상은 정의하기가 무척 어렵다.

인류는 모든 과학자가 동의하는 생명체의 정확한 정의에 도달하지 못했다. 영국 생물학자이자 노벨생리의학상 수상자인 폴 너스Paul Nurse는 저서 《생명이란 무엇인가》(2020)에서 생명에 관한 논쟁을 다루는 통찰을 제시하고, 생명을 정의하는 세 가지 원리를 다음과 같이 언급했다. 첫째, 생명은 자연선택을 통해 진화하는 능력을 지닌다. 둘째, 생명체는 경계를 지닌 물리적 실체다. 셋째, 생명체는 화학적·물리적·정보적 기계다. 너스는 노벨물리학상을 수상한 오스트리아 물리학자 에르빈 슈뢰딩거Erwin Schrödinger의 저서 《생명이란 무엇인가》(1944)에서 제목을 따왔다. 슈뢰딩거는 이 책에서 살아 있는 세포가 갖춰야 하는 물리적 성질을 설명했다. 이는 1953년 DNA 구조를 발견한 미국 생물학자 제임스 왓슨James Watson과 영국 물리학자 프란시스 크릭Francis Crick에게 영감을 줬다.

NASA는 우주에서 생명체를 탐색하며 비슷한 정의를 사용한다. 생명은 다윈식 진화를 이행하는 자립적 화학 시스템이라는 것이다. 그러나 생명이 무엇인지 정확하게 정의하는 방법과 다른 천체에서 생명체를 탐색하는 방법은 여전히 활발하게 논의되고 있다.

세포는 독립적으로 기능할 수 있는 최소한의 구조 단위다. 세포는 막으로 둘러싸여 있고 유전정보가 담긴 작은 화학반응기와도 같다. 오늘날 생존하는 가장 단순한 생물 가운데 하나인 고세균은 성장, 번식, 진화에 필요한 모든 도구를 세포 하나에 담고 있다. 단순한 유기화합물은 초기 지구에 조성되었으리라 추정되는 환경에서 자연 생성되었을 것이다. 1952년 시카고대학교 소속 과학자 스탠리 밀러Stanley Miller와 해럴드 유리Harold Urey는 번개 에너지가 초기 지구에 유기 분자를 생성할 수 있음을 입증했다. 입증 과정에서 두 사람은 지구의 고대 대기 성분으로 예상되는 이산화탄소, 메테인, 수증기를 유리 용기에 담고 번개를 모방한 불꽃을 기체 혼합물에 일으켰다. 그러자 유리 용기 내벽에 갈색 유기물이 생성되었다. 이 결과는 칼 세이건의 코넬대학교 천체 연구소를 비롯한 전 세계 여러 실험실에서 재현되었다.

생명 발생 이전의 화학반응에 필요한 에너지는 초기 지구에서 쉽게 구할 수 있었을 것이다. 고에너지 자외선 복사가 지표면을 강타하고, 화산의 열기가 주위로 퍼져 나가고, 번개가 고대 대기를 갈랐을 것이기 때문이다. 그렇다면 번개를 동반한 폭풍에서 발생한 유기물이 지구 생명체의 기원이었을까? 이에 관한 답은 아직 찾지 못했다. 그런데 과학자들은 초기 지구보다 놀라운 위치에서 유기물을 발견했다. 지구의 물 대부분을 운반한 운석인 탄소질 콘드라이트(석질운석의 일종-옮긴이) 또한 유기물을 함유한다. 아미노산, 당, 지방산 등 다양한 유기 분자가 고대 운석을 타고 우주를 여행했다.

나는 우주에서 생명체를 탐색하는 연구를 시작하기 전에는 과학자들이 지구 생명체의 기원을 알고 있으리라 여겼다. 하지만 그렇지 않았다! 이 근본적 의문은 여전히 활발하게 연구되는 중이다. 그리고 과학자들은 생명이 시작되기 위해 필요한 몇 가지 요소를 알아냈다. 첫째, 생명체에는 물이 필요하다. 둘째, 생명체에는 화학물질이 서로 달라붙어 결합과 구조를 형성할 수 있는 단단한 표면이 필요하다. 이 두 가지 요소는 연못 바닥의 바위나 해저 또는 빙상 위 웅덩이 바닥에서 발견된다.

우리는 원소 혼합물이 미세한 변이를 토대로 진화할 수 있는 자기 복제 분자로 조립되어 우리 주위 모든 생명체로 이어지게 된 과정을 여전히 모른다. 분자들이 세포막에 둘러싸여 세포를 형성하는 과정에는 에너지와 적절한 화학적 조건을 뒷받침하는 환경이 필요했다. 이를 통해 생명체는 분자가 끊임없이 흩어지는 바다에서 벗어나 지구를 정복하기 위한 수십억 년간의 탐험을 시작했다.

생명체에 필요한 화학물질은 물에서 농축되어야만 리보핵산Ribonucleic Acid(이하 RNA)과 DNA 그리고 세포 구조 등 생명체의 구성 요소를 형성할 수 있다. 과학자들은 지구 생명체의 기원을 밝히는 연구에서 상당한 진전을 이뤘다. 그런데 한 가지 근본적인 문제가 있다. 과학자는 아직 실험실에서 생명체를 만들 수 없다. 현재까지도 생명을 만드는 위업은 선구적인 작가 메리 셸리Mary Shelley의 소설 속 등장인물 프랑켄슈타인 박사만 달성 가능하다. 실험실에서 생명을 만드는 일이 굉장히 어려운 이유는 여러 가지가 있다. 실험 조건은 어떻게 설정해야 할까? 생명체가 탄생하기까지 얼마나 오래 기다려야 할까? 아직 밝혀지지 않고, 섣불리 결정할 수 없는 바가 많다.

약 35억 년 전 지구 표면이 어떤 상태였는지는 대강 밝혀져 있다. 그 시기 암석에 오늘날 알려진 최초의 생명체 화석이 남겨져 있기 때문이다. 우리는 당시 지표면이 따뜻하며 액체 상태의 물로 덮여 있었음은 알지만, 이러한 조건이 생명체 탄생에 반드시 요구되는 조건이었는지는 알지 못한다. 어쩌면 생명은 암석에 흔적을 남기기 전에 시작되었는지도 모른다.

우리는 생명체가 지구의 거의 모든 곳에서 동시에 탄생했는지, 아니면 작은 틈새에서 탄생해 지구의 전체로 퍼졌는지도 알 수 없다. 해저에서 뜨거운 바닷물이 강한 압력을 받아 깊고 차가운 바다로 솟아 나오는 지형인 화이트 스모커white smoker와 블랙 스모커black smoker에서 생명체가 탄생했는지도 모른다. 두 지형을 이루는 굴뚝 모양의 구조물은 세포 전 단계 물질이 형성되는 표면 역할을 했을 것이다. 급격한 온도 차이는 화학물질을 농축시켜 세포 전 단계 물질이나 RNA 전 단계 물질을 만들기에 충분한 조건이었을 것이다. 생명이 이러한 환경에서 시작되었다면, 생명체는 햇빛이나 공기를 알지 못했을 것이다. 따라서 지표면이 단단히 얼어붙어 있든, 따뜻하고 쾌적하든 상관하지 않았을 것이다. 지구 생명체가 시작된 곳은 바다 밑바닥일까?

최신 실험 결과에 따르면, 햇빛의 일부인 강한 자외선은 세포를 파괴하지만 생명의 시작에는 도움이 될 수도 있다. 일정 수준의 자외선은 몇몇 화학반응의 효율을 올려 물에 분산된 화학물질이 유기 분자로 전환되도록 돕기 때문이다. 하지만 자외선은 바다 깊숙이 침투할 수 없으므로, 생명의 시작에 자외선이 필요하다면 생명체는 지표면 가까이에서 태동했을 것이다. 여기에는 앞에서 언급했듯 물, 그리고 화학물질끼리 결합할 수 있는 표면이라는 두 가지 조건이 충족되어야 한다. 얕은 연못이나 호수 또는 빙상은 그 조건들을 충족한다. 그리고 물이 증발하면 화학물질이 농축되며 서로 만나 달라붙을 기회가 증가한다. 생명이 얕은 물에서 시작되었다면, 생명체는 처음부터 햇빛을 알았을 것이다. 이처럼 생명의 기원을 설명하는 두 가지 가설은 모두 흥미롭지만, 실험실에서 맨 처음부터 화학물질을 혼합해 생명을 만들 수 있기 전까지는 어느 쪽이 옳은지 밝힐 수 없다. 그리고 설령 생명 만들기에 성공하더라도, 생명은 한 가지 이상의 방식으로 시작되었을 가능성이 있다.

과학자의 세계로 들어가 과학적 사고방식으로 탐구해보자. 과학자는 해결하기에 너무 큰 문제가 있으면 그것을 작고 다루기 쉬운 조각으로 쪼갠다. 그리고 각 문제 조각을 개별적으로 해결할 수 있을 때까지 계속해서 쪼갠다. 작아진 문제 조각에 대한 해결책이 도출되면, 과학자는 그 특정 조각을 거대한 퍼즐의 틀에 맞추려 노력한다. 생명을 만드는 방법은 거대한 퍼즐에 해당한다. 따라서 과학자는 이를 쪼개고 쪼개 작은 문제 조각으로 만든다. 이를테면 '세포와 같은 구조를 만들려면 어떤 화학물질이 필요할까?', '세포벽이 형성되도록 유도하려면 어떻게 화학물질을 농축해야 할까?', 'RNA를 만들려면 어떤 화학물질이 필요할까?' 등이다. 문제와 퍼즐 조각은 끝없이 이어진다.

생명체는 따뜻하고 습한 어린 지구에서 무수히 많은 화학반응이 일어난 끝에 탄생했다. 이러한 생명의 시작은 필연적인 결과일 수도, 매우 이례적인 사건일 수도 있다. 어느 쪽이 옳은지는 다른 천체에서 생명의 흔적이 발견되기 전까지 알 수 없다. 하지만 생명의 시작은 적어도 한 번 지구에서 일어났고, 여러분에게까지 이어졌다. 작은 미생물부터 동물까지, 생명체는 단일 세포에서 출발해 수십억 년에 걸쳐 수조 개의 세포가 복잡하게 통합된 인간으로 진화했다.

실제로 여러분의 몸은 인간 세포와 비인간 세포로 구성된 매혹적인 공동체다. 인체를 이루는 인간 세포 수는 약 30조 개로 우리 은하에 속한 모든 별의 수보다도 많다. 그런데 인체 안팎에서 사는 다양한 미생물의 세포 수는 인간 세포 수보다 더 많다. 이들의 협업이 우리의 몸을 작동시킨다. 최초의 세포에서 인간에 이르는 동안 나타나는 복잡성의 증가는 무척 놀랍다. 이는 수십억 년간의 진화가 무엇을 성취할 수 있는지 암시한다. 나는 이와 유사한 과정이 우주의 다른 곳에서 얼마나 빈번하게 시작되었는지 궁금하다.

실험 결과와 암석 기록, 우주 해안의 낯선 행성에서 얻은 새로운 정보는 퍼즐을 맞추는 과정에 꼭 필요하다. 지구의 첫 10억 년간 암석에 남은 빈약한 기록이 약간의 통찰을 제공하지만, 초기 지구에 관한 정보는 시간이 흐르며 대부분 사라졌다. 지각판의 이동과 침식으로 고대 암석들이 오래전부터 파괴되었기 때문이다. 따라서 다른 행성에서 생명체의 흔적을 발견한다면, 생명의 시작에 일반적으로 무엇이 필요한지 알 수 있을 것이다. 생명체로 풍부한 행성을 발견했는데 그 행성이 온통 얼어붙어 있다면, 지구에서도 생명은 얼음 위에서 시작되었을 것이다. 반대로 온화한 환경의 행성에서 많은 생명체가 발견된다면, 생명의 시작에는 따뜻한 표면이 필요할 것이다.

그러나 이 모든 추론에는 한계가 있다. 인간은 특정 시점의 스냅사진, 즉 현재 지구의 모습만 볼 수 있고 생명이 시작되었을 당시의 조건이 어땠는지는 못 보기 때문이다. 하지만 어쩌면 우리는 망원경으로 생명의 시작을 엿볼 수 있을 만큼 어린 행성을 우연히 발견하게 될지 모른다. 그렇지 않더라도 진화의 여러 단계를 거치는 암석형 행성 수천 개를 포착할 수만 있다면, 다양한 시점의 스냅사진 수천 장을 바탕으로 행성의 진화에 얽힌 수수께끼를 풀 수 있을 것이다.

생명체가 언제 지구에 발판을 마련했는지는 암석 기록에 단서가 남아 있지만, 그 과정에 얼마나 오랜 시간이 걸렸는지는 아직 분명하지 않다. 후기 미행성 대충돌기 이후, 지표면은 냉각되고 수증기는 액체 상태의 물이 되었다. 광활한 바다가 새로 형성된 지표면을 뒤덮자 지구는 오늘날 우리가 아는 창백한 푸른 점과 비슷해졌다. 이 드넓은 바다에 최초의 작은 육지 덩어리가 솟아올랐다. 우리는 35억 년 전 미지의 낯선 지구에 생명체가 출현하기 시작했다는 사실은 확실히 안다. 하지만 그 이전부터 생명체가 존재했는지는 알 수 없다. 초기 생명체에 대한 증거는 발견하기가 어려운데, 30억 년 이상 된 암석이 거의 남아 있지 않기 때문이다. 암석은 대부분 순환하거나 섭입되거나 풍화된다. 화석처럼 잘 보존된 생명체의 잔해가 드문 까닭에 과학자들은 단서 찾기에 어려움을 겪는다.

자연사박물관에는 화석화된 가죽이나 깃털보다 뼈가 더 많이 전시되어 있다. 딱딱한 뼈는 부드러운 조직보다 훨씬 수월하게 보존되기 때문이다. 이는 공룡이 화려한 깃털과 가죽을 지녔는지를 두고 논쟁이 계속되는 이유이기도 하다. 그런데 뼈와 껍데기가 암석 기록으로 보존되기 전에, 생명체는 광물화된 뼈와 단단한 껍데기를 생성하는 법을 익혀야 했다. 생명체가 뼈와 껍데기를 생성하게 된 것은 불과 5억 년 전의 일이다.

두 구조를 생성하는 과정에 많은 에너지가 필요하다는 점에서, 생명체가 그런 능력을 획득하기까지는 오랜 시간이 걸렸을 것이다. 그렇다면 생명체는 왜 해당 시점에 뼈와 껍데기를 생성했을까? 먼저 당시 지구의 산소 농도가 급증했다는 단서가 있다. 산소 농도 증가는 생명체의 대사(영양물질을 섭취해 생체 성분이나 생명 활동에 필요한 요소를 생성하고 불필요한 물질을 배출하는 작용-옮긴이)를 촉진하고, 더 크고 복잡한 생명체가 생존 가능한 환경을 조성한다. 즉, 생명체는 보다 풍부한 에너지를 활발하게 사용할 수 있게 된 것이다. 그렇게 다양한 생물의 출현으로 새로운 생태계가 형성되면 포식자와 피식자 간의 상호작용도 자연히 늘어난다. 이때 뼈와 껍데기, 단단한 외골격은 포식자의 공격에서 살아남을 확률을 높여주는 유용한 방어 기구가 된다.

이처럼 약 5억 4,200만 년 전, 지구에서는 생물 다양성이 급격한 증가를 이뤘다. 우리는 이 사건을 '캄브리아기 대폭발'이라고 부른다. 지구를 돌아다니는 각양각색 동물의 모습이 화석에 담기기 시작한 것이 이 무렵이다. 해당 사건에서 유래하는 화석은 생명체의 놀라운 창조력에 얽힌 흥미진진한 이야기를 들려준다.

그런데 이 시기가 지구 생명체의 다양성 측면에서 유일무이한 시기라고 말하기는 어렵다. 가장 초기 생명체, 이를테면 물에 떠 있는 미생물 매트microbial mat는 보존에 필요한 단단한 구조가 없었다. 이러한 고대 미생물은 일부만 석화되어 암석 기록으로 보존되었다. 예를 들어 스트로마톨라이트stromatolite는 해저의 고대 미생물 군집이 생성한 생물초(정착성 또는 군체 생물 유해로 된 퇴적암-옮긴이) 화석으로, 동물이 지구상 대부분의 생물초를 만들기 훨씬 전부터 존재했다. 지금도 동물과 해조류로부터 보호받는 환경에서는 해저 미생물이 스트로마톨라이트를 생성하며 고대 생명체의 독특한 특징을 드러낸다. 암석 기록으로 보존되지 못했을 뿐, 캄브리아기보다 앞서 다양한 생명체가 출현했을 가능성을 무시할 수는 없다.

생명체는 행성 전체를 바꾼다

1674년 네덜란드 과학자 안톤 판 레이우엔훅Antoni van Leeuwenhoek은 크기가 너무 작아 맨눈에는 보이지 않는 미세 생명체가 물 한 방울 속에 놀랄 만큼 많이 존재한다는 사실을 발견했다. 로버트 훅Robert Hooke의 저서 《마이크로그라피아Micrographia》(1659)에는 곤충부터 식물까지 다양한 생물을 확대해 질감을 세밀하게 묘사한 삽화가 수록되었다. 레이우엔훅은 이 책에서 영감을 얻어 정교한 복합현미경을 제작했고, 미세 생명체의 놀라운 세계를 밝혔다.

그로부터 200년 뒤, 찰스 다윈Charles Darwin은 《종의 기원》(1859)에서 자연선택을 통한 진화를 주장했다. 이후 약 100년이 지난 1953년, 영국 화학자 로잘린드 프랭클린Rosalind Franklin과 뉴질랜드계 영국 생물물리학자 모리스 윌킨스Maurice Wilkins가 촬영한 사진에서 정보를 얻어 왓슨과 크릭은 과학 학술지 〈네이처〉에 DNA의 구조를 발표하고 생명체를 새로운 차원에서 이해하는 길을 열었다.

지구 역사상 최초의 생명체인 단세포생물은 생명체 구조가 더욱 복잡해진 약 25억 년 전까지 지구를 지배했다. 세포는 생명체의 기본 단위로, 분자와 이온의 일부는 끌어들이고 다른 일부는 내보내는 선택적 벽인 세포막에 둘러싸여 있다. 세포는 또한 자신을 재생산하는 방법이 수록된 지침서, 즉 유전암호를 저장한다. 세포 연구는 생명의 기본 원리를 깊이 이해하는 데 도움이 된다. 그런데 기본이 된다고 해서 마냥 쉽고 단순하다는 것은 아니다. 지구 생명체는 이러한 기본 단위조차도 크기와 형태가 대단히 다양하다.

세포는 수천 개를 늘어놓아도 1밀리미터에 불과할 만큼 작을 수도 있고, 그보다 클 수도 있다. 특정 신경세포는 길이 약 1.2미터로, 척추 밑에서 엄지발가락 끝까지 뻗어나간다. 타조알 노른자는 지름 약 8센티미터에 무게 약 0.5킬로그램으로, 다른 세포에 비해 크고 무거워 헤비급 대회의 유력한 우승 후보로 꼽힌다. 이 사실을 알고 나는 아침 식사로 먹는 달걀을 새로운 관점에서 보게 되었다. 달걀 노른자는 흥미롭게도 하나의 커다란 세포였다. 나는 과학 탐구라는 명목으로 가장 무거운 세포인 타조알을 먹어보고 싶어졌다.

지표면과 대기의 진화 과정이 담긴 암석 기록을 탐구하는 일은 시간 흐름에 따른 지구의 놀라운 변화를 조명하며 생명체를 찾는 데 필요한 단서를 제공한다. 그런데 가장 오래된 지구 대기의 표본, 즉 남극 얼음에 갇힌 공기 방울은 겨우 200만 년 전에 생성되었다. 따라서 우리는 고대의 대기와 물과 접촉하며 형성된 암석에서 어린 지구에 관한 모든 정보를 알아내야 한다.

타임머신이 존재한다면, 아인슈타인이 과거로의 시간 여행이 불가능하다는 것을 입증하지 않았다면, 초기 지구 연구는 훨씬 쉬웠을 것이다. 나는 타임머신을 타고 어린 지구의 변화 과정을 지켜보고 싶다. 훗날 타임머신에 탑승하게 된다면 꼭 챙겨야 할 것이 한 가지 있다. 그것은 무엇일까? 내가 이러한 질문을 던지면 학생들은 다양한 답을 제시한다. 가장 많이 나오는 답은 카메라다. 상상 속 시간 여행자가 카메라를 들고 어린 지구로 간다면 좋겠지만, 그러면 시간 여행자는 타임머신 문을 열자마자 사망할 것이다. 오늘날 지구 대기의 화학적 구성은 어린 지구와 비교하면 완전히 다르기 때문이다.

우리가 호흡하는 산소는 대기에 뒤늦게 추가되어 적어도 인간이 생존할 수 있는 농도에 도달했다. 이러한 굉장한 변화는 창백한 푸른 점에 사는 생명체 덕분이다. 아인슈타인이 틀렸다는 것이 증명되어 어린 지구로 시간 여행을 떠나게 된다면 산소마스크를 가져가자. 그리고 카메라, 화학 실험 도구 등 타임머신에 실을 수 있는 모든 것을 가져가 초기 지구 역사에 관한 불완전한 지식을 보완하자.

현대 지구의 대기는 질소 78퍼센트, 산소 21퍼센트, 기타 1퍼센트로 구성된다. 그런데 약 20억 년 전 산소가 발생하지 않았던 당시의 대기는 대부분 질소와 이산화탄소로 이뤄지고 나머지 성분이 1퍼센트를 차지했다. 어린 지구에는 호흡할 산소가 없었다. 산소를 생성하는 최초의 생명체가 출현하기 전까지 지구 대기의 역사에는 산소가 포함되지 않았다. 산소는 약 24억 년 전, 즉 지구의 20억 번째 생일 직후이자 오늘날 '대산화 사건'으로 알려진 시기부터 지구 대기에 축적되었다. 사건 이전의 지표면 암석은 산소에 노출되면 쉽게 파괴되는 광물을 함유한다. 하지만 사건 이후의 암석은 그러한 광물을 함유하지 않는다. 암석 기록은 생명체가 출현해 지구를 송두리째 바꾼 이야기를 들려준다.

미생물은 에너지를 제한된 양만 얻을 수 있어 복잡한 구조로 발전하는 데 한계가 있다. 그래서 남세균이 햇빛과 물을 에너지원으로 사용하도록 진화했을 때, 혁명은 비로소 시작되었다. 남세균은 물을 분해해 수소를 세포 에너지 공급에 활용하고 산소를 노폐물로 배출했다. 그 결과 엄청난 대기 오염이 발생했다. 산소는 인간 생존에 필수 요소이지만, 당시 대다수 생명체에게는 재앙이었다. 산소는 단백질과

DNA를 손상하는 반응성 원자와 분자를 광범위하게 생성하므로, 생명체는 산소에 대항하는 방어 기구를 진화시켜야 했다. 단세포생물은 대부분 새로운 환경에서 생존할 만큼 빠르게 진화하지 못했다. 하지만 산소와 탄소가 풍부한 새로운 에너지원을 이용하는 법을 익힌 생명체는 더 많은 에너지를 쓸 수 있게 되었고, 다세포생물이 되는 가능성을 열었다. 그리고 인류에 한 걸음 가까워졌다.

약 5억 4,000만 년 전 동물의 다양화, 즉 진화 과정에서 인간의 출현으로 이어지는 주요 사건이 일어난 당시, 지구 대기에는 산소가 최대 10퍼센트 포함되어 있었다. 그런데 새롭게 등장한 산소의 역할은 에너지 공급만이 아니었다. 대기 중 산소는 상공 약 25킬로미터 높이에 오존층을 형성해 세포를 파괴하는 자외선으로부터 지표면을 보호했다. 덕분에 육지는 탐험하기에 안전한 환경으로 변화했고, 생명체는 물 밖으로 진출할 수 있었다. 이 시점부터 시간 여행자는 산소마스크를 깜빡 잊었더라도 지구에서 살아남을 수 있다.

오늘날 식물, 조류藻類, 남세균은 광합성으로 우리가 호흡하는 산소를 생성한다. 광합성이란 태양에너지를 이용해 이산화탄소 분자 6개와 물 분자 6개를 생명의 필수 구성 요소인 포도당 분자로 전환하는 반응이다. 이 반응은 또한 산소 분자 6개를 생성한다. 생명체와 환경 사이에서 탄소와 산소가 순환하는 과정에는 두 가지 반응이 관여한다. 광합성은 태양에너지, 이산화탄소, 물을 이용해 포도당과 산소를 생성한다. 이후 생명체가 포도당 분자가 포함된 식물을 섭취하면 포도당과 산소가 반응해 에너지를 생성한다. 그런데 이것이 전부는 아니다. 어떤 해양 생물은 탄소를 재료로 껍데기를 생성해 탄소를 순환에서 격리하고 자유 산소를 남긴다.

대기 중 산소 농도는 대산화 사건 이후 서서히 상승했다. 약 20억 년 전만 해도 대기에 존재하는 산소량은 현재의 1퍼센트에 미치지 못했다. 그런데 지구의 모든 생명체가 산소를 사용하게 진화한 것은 아니다. 산소 비발생 광합성 생물(물 대신 황화수소를 이용하고, 산소 분자 대신 황 원소를 생성하는 등 독특한 형태의 광합성을 하는 생물-옮긴이)은 산소 증가 전 지구를 지배했던 생물권을 암시한다. 어린 지구와 같은 행성의 생물권은 산소가 풍부한 대기에서 생존할 수 없는 산소 비발생 생물로 구성될 것이다.

현재 지구에서 산소 비발생 생물은 옐로스톤공원의 유황 구덩이 같은 환경에서 산소의 영향을 받지 않은 채 남아 있고, 다양한 색을 드러내며 방문객의 눈길을 사로잡는다. 이러한 환경은 산소가 없는 행성에서 생명체를 찾는 과학자들에게 표본이 되어준다. 우리는 지구 곳곳에서 이러한 틈새, 즉 생명체가 다른 누구도 탐내지 않는 자원을 이용하기 위해

식민지로 삼은 장소를 발견한다. 생명체는 대단히 끈질기다.

옐로스톤공원에서 화려한 색을 드러내는 생물군부터 스페인의 적황색 리오틴토강Río Tinto(강물의 산성도와 철분 및 중금속 함량이 매우 높아 선명한 색을 띤다)에서 번성하는 생명체까지, 극한 환경 미생물은 지구에서 생명체가 정복한 환경의 일부분을 우리에게 알려준다. 그리고 망원경으로 관측하는 다른 행성의 환경이 지구와 얼마나 다를지 어렴풋하게 보여준다.

나는 이처럼 다양한 생명체의 색을 관찰해 컴퓨터 코드 문자열로 변환하고, 내가 구축한 행성 모형에 문자열을 도입하면 어떤 변화가 일어나는지 지켜본다. 행성 모형의 바다에 녹조를 퍼뜨릴 수도 있고, 대륙에 노란색 미생물 매트를 흩뿌릴 수도 있다. 나는 다양한 생명체가 망원경에 어떤 모습으로 보일지 오랜 시간 조사한 다음, 직접 생명체를 기르고 필요한 정보를 수집할 수 있는 실험실을 마련했다. 이를 통해 다양한 생명체의 특성을 숫자 수백 줄로 부호화하면, 생명체와 빛과 대기의 상호작용에 관한 데이터를 행성 모형에 도입할 수 있다. 나는 연구실을 떠나지 않고도 새로운 세계를 창조할 수 있다.

이것은 시간 여행에 가까운 경험이다. 내 컴퓨터 화면에는 어린 지구가 모습을 드러낸다. 화산이 폭발해 독성 기체 구름이 대기를 덮고, 최초로 생성된 산소 분자들이 공기 중에 떠다니고, 얇은 오존층이 처음 생성되어 지표면을 보호하며, 최초의 생명체가 육지로 진출해 지구에 색을 더한다. 태양 빛은 지구를 비추며 아름답고 끊임없이 변화하는 세계를 밝힌다. 지구에 도달한 태양 빛은 대기를 통과해 다시 우주로 방출된다. 이러한 빛에는 우주로 여행을 떠나는 순간의 지구 모습이 담겨 있다. 행성을 떠나온 빛에는 그 행성의 생명체, 환경과 상호작용한 흔적이 남아 있다. 그런 측면에서 빛은 지구와 유사한 다른 행성을 찾는 데 도움이 되는 참고 자료를 제공한다.

다른 행성으로 여행을 떠나 시료를 수집해 현미경으로 분석할 수 없다면, 외계 생물군의 흔적을 찾을 수 있는 창의적 방법을 고안해야 한다. 지구에서 그랬듯 생명체는 행성 전체를 바꿀 수 있다. 수십억 년이 흐르는 동안 지구 생명체는 가장 풍부한 에너지원인 빛을 사용하도록 진화했다. 일부 단세포생물은 돌연변이와 자연선택을 통해 빛 수용체를 개발하고, 세포 내에서 빛을 이용해 반응을 일으키는 방법을 발견했다. 이는 생명체의 역사에 중대한 혁신을 가져왔다. 그로부터 약 10억 년 뒤, 남세균이 물과 이산화탄소와 태양 빛을 사용해 에너지와 노폐물인 산소를 생성하는 광합성을 시작하며 또 다른 혁신이 일어났다. 이는 더 많은 에너지를 요구하는 복잡한 생명체가 번성할 수 있는 시대를 열었다. 진화는 더 많은 에너지를 써서 더 복잡한 메커니즘을 작동시켰고, 마침내 우리는 과연 우주에 인류만 존재하는지 의심할 수 있게 되었다.

지구의 역사를 하루로 요약하기

지구 나이가 45억 년이라는 것은 널리 알려져 있다. 지구가 존재한 수십억 년의 시간을 이해하기 쉽게 표현하기 위해, 지구 진화 역사를 24시간으로 환산해 설명하겠다. 지구 역사를 자정부터 다음 자정까지 하루로 압축한 다음 지구와 생명체에 관해 고찰하면, 지구가 진화하며 얼마나 막대한 변화를 일으켰는지 깨닫는다. 인류는 지구 역사에서 아주 짧고 소중하며 덧없는 순간, 다시 말해 지구의 기후가 나와 여러분 그리고 동료 인간들에게 발전과 혁신을 허락한 시간에 관해서만 잘 알고 있다. 지금까지의 지구 역사가 담긴 장대한 연대기 관점에서 보면, 인류 역사는 지구가 존재한 45억 년 가운데 아주 짧은 찰나에 불과하다. 이 찰나의 순간을 미래로 확장하는 일은 인류에게 달렸다.

지구가 오전 12시, 자정에 탄생했다고 가정하자. 암석 기록에 따르면 생명체는 오전 5시(35억 년 전)에 처음 출현했다(그보다 먼저 출현했을 수도 있지만 이를 추적할 기록이 남아 있지 않다). 점심시간 조금 전(약 24억 년 전)부터는 산소 농도가 상승하면서 지구 대기가 변화했다. 최초 다세포생물의 화석은 오후 1시(약 21억 년 전)에 생성되었다. 최초 육상식물은 오후 8시 무렵(7억 5,000만 년 전) 나타났다. 캄브리아기 대폭발은 오후 9시경(5억 3,000만 년 전) 일어났고, 이때 딱딱한 껍데기를 지닌 다양한 동물이 거의 동시에 무수히 출현했다. 식물이 널리 퍼지며 오후 9시 30분 무렵(4억 5,000만 년 전) 육지 덩어리는 녹색으로 물들기 시작했다.

대기 중 산소 농도는 오후 10시경(4억 년 전) 15퍼센트에 달했고, 지구 탄생 이후 처음으로 인간 시간 여행자가 산소 마스크 없이 호흡할 수 있게 되었다. 공룡은 오후 10시 40분부터 11시 40분까지(2억 5,000만 년 전부터 6,600만 년 전까지) 1시간 동안 지구를 돌아다녔다. 히말라야산맥은 오후 11시 45분(5,000만 년 전)에 솟아오르기 시작했다. 호모사피엔스는 자정이 되기 몇 초 전(약 30만 년 전) 우주 무대에 첫발을 내디뎠고, 자정 직전(100년 전) 최초의 전파 신호가 지구에서 우주로 전송되었다.

시간 여행자인 여러분에게 우주 별 지도가 없다고 가정해보자. 여러분은 여행 중 지구를 알아볼 수 있을까? 피에르

불Pierre Boulle의 소설을 원작으로 하는 과학 영화 '혹성탈출'(1968)에서 인간 시간 여행자는 한 행성에 착륙한다. 그리고 모래에 묻힌 자유의 여신상을 발견하고 나서야 그곳이 지구임을 눈치챈다. 여러분이 그 시간 여행자의 동료라고 상상해 보자. 과연 지구를 알아볼 수 있을까? 무엇을 기준 삼아 지구를 식별할 수 있을까?

먼저 우리에게 익숙한 최근 변화부터 살펴보자. 호모사피엔스는 자정이 되기 몇 초 전, 즉 지금으로부터 약 30만 년 전에 등장했다. 우리가 방향을 잡는 데 필요한 모든 주요 지형지물은 지질학적 시간 관점에서 보면 눈 깜짝할 사이 생겼다. 히말라야산맥과 알프스산맥은 오후 약 11시 45분 이후, 즉 지금으로부터 수백만 년 전부터 존재했다. 지구 역사에 걸쳐 대륙들은 서로 충돌하고 찢어지기를 반복했고, 그 결과 아주 어린 지구에서는 관측은커녕 상상조차 불가능한 산맥이 형성되었다(그 모습이 오늘날 알려진 산맥과는 사뭇 달라 인간 시간 여행자는 아마 여전히 길을 헤매야 할 것이다).

공룡은 오후 10시 40분 무렵, 지금으로부터 불과 2억 5,000만 년 전 지구를 돌아다니기 시작했다. 삼엽충은 오후 9시경, 지금으로부터 5억 3,000만 년 전부터 공룡 시대까지 지구에 서식했다. 그렇다면 여러분은 바다에서 헤엄치는 삼엽충을 보고 지구를 식별할 수 있을까? 아니면 낯선 지구 생물들을 외계 생명체로 착각할까? 지구에 널리 분포한 녹색 육상식물조차 오후 9시 30분경, 지금으로부터 약 4억 5,000만 년 전까지는 존재하지 않았다. 이 식물들이 등장하기 전의 육지는 황량했던 까닭에 현대인이라면 당시 풍경을 보고 지구임을 눈치챌 수 없을 것이다. 우리에게 익숙한 별자리조차 없었으므로 하늘을 보며 위안을 얻을 수도 없다.

카멜레온 지구

가상의 외계인 천문학자가 지구를 향해 망원경을 돌린다면 과거의 지구가 보일 것이고, 그가 지구에서 멀리 떨어져 있을수록 지구는 더 어린 모습으로 관측될 것이다. 시간 흐름에 따라 변화하는 지구 모습을 색으로 표현하려면 화가의 팔레트가 필요하다.

최초의 지구는 검은색이다. 까맣게 식은 마그마 지각, 수증기로 가득 차 습한 대기, 하늘에 뜬 낯설고 거대한 어두운 달… 어린 지구는 과학 영화에나 등장하는 세계처럼 보인다. 거대한 화산은 엄청난 양의 독성 기체를 대기로 방출하며 연무와 구름으로 뒤덮인 세계를 만든다.

온도가 내려가고 바다가 지표면을 뒤덮자 지구는 우주에

서 푸른 점처럼 보이기 시작한다. 지구의 커다란 회색 동반자인 어린 달도 차갑게 식고, 지구 주위를 돌며 강력한 조석 현상을 일으키기 시작한다. 광활한 바다에서 육지 덩어리가 처음 솟아오른다. 수십억 년에 걸쳐 많은 대륙이 바다에서 점점 솟아오르며 파란 바다에 회색 무늬를 그린다.

25억 년 뒤 산소가 대기 중에 축적되기 시작한다. 육지는 여전히 황폐하고, 자유 산소가 증가하자 산화가 시작된다. 산소는 지표면의 광물과 반응해 지구 일부분을 붉은색으로 변화시킨다. 한동안 지구는 파란 바다가 붉은 대륙을 가로지르는 거대하고 습한 화성처럼 보일 것이다.

지구는 지질 역사상 여러 번 얼어붙는다. 그 증거는 24억 년 전과 6억 5,000만 년 전, 두 차례 암석 기록에 남아 있다. 이때 일시적으로 지구는 얼음과 슬러시로 이뤄진 하얀색 구체로 변하며, 극지방부터 적도까지 얼음에 둘러싸인다. 과학자들은 대규모 화산 분출로 새로 생성된 따뜻한 화산암 주위 대기에서 이산화탄소가 급격히 제거되었고, 그로 인해 온실효과가 약해져 전 세계에 빙하가 생성되었다고 추정한다. 지구가 얼어붙자 화산암의 풍화작용이 느려진다. 하지만 이산화탄소는 화산에서 계속 유출되며 심각한 지구온난화와 해빙을 초래하는 수준에 도달한다. 지구는 온화한 환경으로 돌아온다.

마침내 지구는 우리에게 익숙한 창백한 푸른 점의 모습이 된다. 약 4억 5,000만 년 전 생명체가 육지를 정복하기 시작했을 때, 파란 바다에 묻혀 있던 생물권이 대륙을 녹색으로 물들이며 지구는 다시 변화했다. 지구의 드넓은 바다와 하얀 구름, 대기에서 산란한 푸른빛이 어우러지며 현대 지구는 아름답고 섬세하고 창백한 푸른색으로 물든다. 지구는 광활한 우주라는 검은색 캔버스에서 빛나는 한 점이다. 우주에서 우리가 지니는 위치를 생각하면 칼 세이건의 말이 나의 머릿속을 울린다. "저 점을 다시 생각해보자. 저 점이 우리가 있는 이곳이다. 저 점은 우리의 집이자 우리 자신이다."

우리는 지구에서 그랬듯 생명체가 행성을 바꿀 수 있다는 것을 안다. 지구 역사는 지구에 일어난 중대한 변화를 기록하고, 암석으로 이뤄진 지구의 다양성과 지구에 서식하는 생명체를 어렴풋이 보여주며, 우주에서 생명체를 탐색할 때는 어떤 흔적을 찾아야 하는지 단서를 제시한다.

4장

우주에서 생명체를 찾는 방법

태양과 지구의 크기 비교

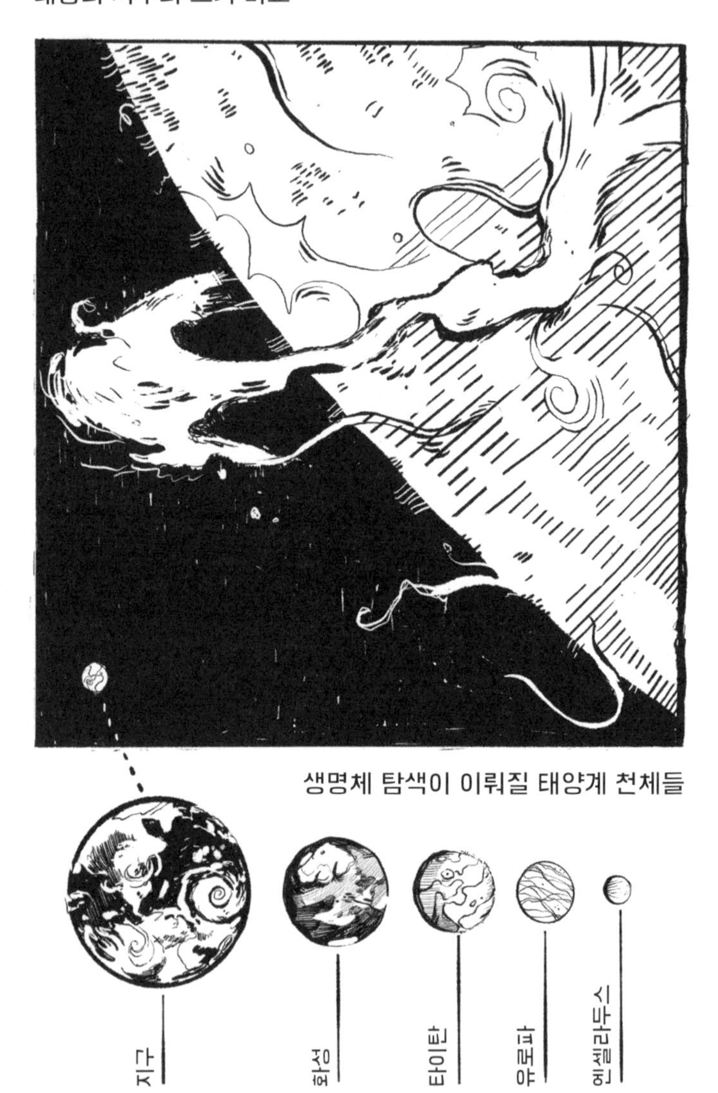

생명체 탐색이 이뤄질 태양계 천체들

나는 밤을 두려워하기에는 별을 너무도 사랑했다.
— 사라 윌리엄스, 〈늙은 천문학자가 그의 제자에게〉

생명의 색을 찾는 탐정단

뉴욕 북부는 계절에 따라 다양한 색으로 변한다. 봄은 녹색 풀밭에 분홍색과 흰색 꽃이 드문드문 피고, 여름은 옥수수밭이 노란색으로 물들고, 가을은 나뭇잎이 울긋불긋해지고, 겨울은 풍경이 온통 새하얘지며, 이후 다시 봄이 시작된다. 가장 눈에 띄는 색은 1년 내내 어디에나 있는 녹색이다. 특정 표면에 빛을 비추면 빛의 일부는 반사된다. 식물은 녹색 빛을 반사하므로 녹색으로 보인다.

지구에서 산소를 생산하는 식물은 대부분 녹색을 띤 엽록소를 함유하며, 엽록소는 녹색 빛을 반사하고 빨간색과 보라색 빛을 광합성에 이용한다. 지구 광합성의 거의 절반을 담당하는 육상식물 40만 종은 지구 대륙을 아름다운 녹색으로 물들인다. 그런데 어린 지구에 살던 생명체는 달랐다. 엽록소가 아닌 다른 색소는 지구 역사에 걸쳐 진화했다. 다양한 색을 띠는 조류, 세균, 이끼가 태양에너지를 수확했다. 다른 항성을 공전하는 행성에서 녹색 나무가 발견된다면 마음에 위안이 되겠지만, 지구에서 녹색 식물이 육지에 널리 퍼진 것은 불과 4억 5,000만 년 전이다. 다양한 색은 지구에서 생명체를 발견하는 데 중요한 열쇠를 제공한다. 인류는 앞으로 오랜 시간 어느 외계 행성에도 발을 들일 수 없겠지만, 망원경으로 행성과 위성의 빛을 포착할 수는 있다. 외계 행성과 위성도 지구와 같은 모습일까?

나의 실험실에서 가장 먼저 눈에 띄는 것은 사방에 어지럽게 놓인 플라스크와 실험 용기이고, 그다음으로 아름다운 색들이 눈길을 사로잡는다. 각 배양접시에는 노란색, 녹색, 빨간색을 띠는 생명체가 산다. 조류가 담긴 용기는 분홍색, 빨간색, 주황색, 녹색으로 물들어 있다. 바다가 빨간색 조류로 뒤덮여 불타오르듯 보이는 새로운 행성을 상상해보자.

천문학자인 내가 생물학 실험실에서 다양한 미생물을 키우는 이유는 무엇일까? 나는 탐정과 같은 일을 한다. 탐정은 도둑을 어떻게 잡을까? 도둑이 남긴 지문을 찾는다. 생명체도 고유의 지문을 지닌다. 다양한 색으로 행성을 덮는다. 과학자들이 우주에서 녹색 식물만을 찾다가 생명체의 흔적을 놓친다면 무척 안타까울 것이다. 하지만 인간이 망원경으로 볼 수 있는 생명체의 색에 관한 데이터베이스는 존재하지 않았다.

그래서 나는 발견할 수 있는 한 많은 생물종의 색이 수록된 목록을 만들기로 결심했다. 여기서 '발견'이란 생물학을 연구하는 동료들이 다른 목적으로 수집한 생물 시료를 나에게 제공하도록 설득하는 일을 의미한다. 생물 시료는 태양빛이 내리쬐는 건조한 사막, 얼어붙은 북극 빙상, 펄펄 끓는 유황 온천, 우리 집 현관 바깥 등 다양한 장소에서 사는 생물군을 대표한다. 지구에 사는 생명체가 얼마나 다양한지는 간과되기 쉽다. 생명체는 서식지에서 생존하기 위해 적응하며, 그 결과 해파리부터 대벌레에 이르는 다채로운 생명체가 탄생한다. 미생물만 해도 아주 놀라운 다양성을 보여준다.

미생물은 동물보다 키우기 쉽지만, 특히 천문학자에게는 그 일이 말처럼 쉽지 않다. 나는 학생 시절 존스홉킨스대학교의 여름 프로그램에 참여해 실험실에서 뇌세포를 배양했는데, 배양한 세포를 새로운 용기로 옮기자마자 세포의 96퍼센트가 죽어버렸다. 이는 초보자에게 당연한 결과다(이듬해 존스홉킨스대학교로부터 프로그램 참여를 한 번 더 허가받고는 그때 일을 긍정적으로 여기고 있다). 어쨌든 나는 여름 무렵 외계 행성과 우주 생명체를 탐색하는 연구에 마음을 빼앗겼다. 실험실에서 생명체 키우는 법을 이해하면 다른 행성에서 생명체를 탐색할 때 도움이 된다. 그렇다면 이처럼 다양한 생물군 표본을 죽이지 않는 방법은 무엇일까?

먼저 나는 미생물학과와 원격탐사학과 소속 동료들에게 천문학자와 함께 일하면 도움이 될 것이라 설득했다. 이는 내가 코넬대학교에 학제 간 연구를 진행하는 칼 세이건 연구소를 설립한 이유이기도 하다. 천문학자 혼자서는 우주에서 생명체를 찾을 수 없다. 천문학자는 다른 학과 동료로부터 귀중한 자원을 얻고 있으며, 동료들은 이따금 천문학자가 정확하게 무엇을 원하는지 알아내기 위해 노력하는 한편 몹시 당황한다. 하지만 과학자와 천문학을 사랑하는 사람들로 구성된 연결망 덕분에 놀랍고 독특한 협업이 이뤄진다. 이러한 협업을 통해 전 세계에 서식하는 다양한 생명체가 조사되고 그들이 보이는 빛의 지문, 즉 우주에서의 초상이 밝혀지면 우리는 망원경에서 관측된 생명체를 식별할 수 있다. 다양한 형태의 생명체를 죽이지 않고 대부분 성장시키는 탁월한 우주생물학 연구팀에 진심으로 감사드린다. 나는 그것이 얼마나 힘든 일인지 잘 안다.

생명체를 배양한 다음에는 그것이 망원경에서 어떻게 보이는지 알아내야 한다. 나와 동료들은 다채로운 생명체가 담긴 유리병 10여 개를 배낭(값싼 운송 장비)에 넣고 캠퍼스를 가로질러 토목공학과의 원격탐사 실험실로 걸어간다. 이 두 번째 실험실에서는 금도금된 매직 8구(숫자 8이 적힌 장난감 공으로 운세를 볼 때 쓴다-옮긴이)처럼 생긴 흥미로운 구체가 장착된 분광계를 설치하고, 다양한 생명체를 구체에 넣어 행성 표면에서처럼 빛이 사방에서 생명체 시료에 닿도록 한다.

그런 다음 생명체 시료에서 반사되는 빛을 측정한다. 우리가 실험에 활용하는 분광계는 빛을 구성 색으로 분리하고 각 색의 강도를 분석해 빛이 시료 표면에서 어떻게 반사되는지 정확하게 알려준다. 이러한 정보, 즉 반사된 빛의 지문을 데이터베이스에 저장한다. 그러면 예컨대 다른 행성에 분홍색, 주황색, 빨간색, 녹색을 띤 조류가 광범위하게 형성된 경우 우리는 망원경으로 관측한 대상이 조류임을 식별할 수 있다.

지구 중심 세계관 탈출하기

인간은 아름다운 지구에 존재하는 무수한 생명체 중 하나다. 지구 생명체는 무궁무진하게 다양하다. 바다천사sea angel, 크로소타해파리crossota jelly, 핑크시스루판타지아pink see-through fantasia, 단지해파리deepstaria, 덤보문어dumbo octopus, 흡혈오징어vampire squid 등 흥미로운 이름을 지닌 해저 생물들을 떠올려보자. 이들은 기괴한 아름다움과 다양성으로 놀라움과 영감을 안긴다. 심해는 생명체의 고향이라 불리는 수많은 장소 중 하나일 뿐이다. 지구에는 동식물 800만 종이 살고 있으며, 이것은 보수적인 추정치다. 각 생물종을 1쪽 분량으로 설명한 글을 1분간 대강 훑어본다고 할 때, 모든 종에 관한 글을 읽으려면 중간에 쉬지 않아도 15년 넘게 걸린다.

지구에 존재하는 다양한 생명체는 탄소와 에너지 공급원에 따라 크게 네 가지 범주로 분류된다. 식물이 대기 또는 물에서 이산화탄소를 얻듯이, 생명체는 환경에서 직접 탄소를 얻을 수 있다. 이러한 생명체를 독립영양생물이라고 한다. 동물과 인간처럼 유기화합물을 섭취해 탄소를 얻는 생명체도 있다. 이는 종속영양생물이라고 부른다.

생명체는 식물처럼 햇빛에서 에너지를 얻거나, 동물과 인간처럼 유기 및 무기 화합물을 분해하는 화학반응에서 에너지를 얻는다. 인간은 먹이에서 에너지와 탄소를 모두 얻는 화학종속영양생물이다. 식물은 햇빛에서 에너지를 얻고, 이산화탄소에서 탄소를 얻는 광독립영양생물이다. 일부 세균은 햇빛에서 에너지를 얻고, 먹이에서 탄소를 얻는 광종속영양생물이다.

지구에는 빛도 먹이도 불필요한 생명체, 즉 화학독립영양

생물도 있다. 화학독립영양생물에 속하는 세균은 화학반응에서 에너지를 얻고, 이산화탄소에서 탄소를 얻는다. 따라서 인간이 생존할 수 없는 환경에서도 생존할 수 있다.

생명체는 세포, DNA, 단백질 등의 구조가 철저히 보호되어도 온도와 압력을 받으면 분해된다는 궁극적 한계가 있다. 하지만 이러한 한계에도 생명체는 지구의 다양한 환경에서 번성한다. 화이트 스모커, 블랙 스모커 같은 황화물 광물로 구성된 굴뚝 지형은 황화철을 함유해 어두운색을 띠면서 섭씨 약 300도에 달하는 뜨거운 물을 차가운 바다로 뿜어댄다. 이러한 굴뚝 지형은 고농도 황화수소가 존재하는 수심 2킬로미터 심해에서 풍부한 생태계를 지탱한다. 남극의 슬러시 형태 바다에서는 단세포 조류가 얼음을 통과해 들어온 햇빛에서 에너지를 수확하고, 얼음 아래의 바닷물에서 영양분을 흡수한다. 뜨거운 유황 온천과 소다호(탄산나트륨이 많이 함유된 호수-옮긴이)에서도 생명체는 활발히 성장한다.

그런데 종의 다양성과 별개로, 지구상 모든 생명체는 과학자가 아는 원소 백여 가지 가운데 스물네 가지로 이뤄졌다. 이론적으로 존재 가능한 아미노산은 500종이 넘지만, 생명체를 이루는 모든 단백질은 아미노산 22종으로 구성된다. 그리고 우리가 아는 모든 생명체는 DNA(또는 RNA)를 사용한다. 생명체가 다른 행성에서 진화한다면, 지구 생명체와 다른 구성 요소와 조합으로 생성될 수 있을까? 우리는 언급한 화합물들이 지구에서 우연히 선택받았는지 아니면 그런 특정 조합에 중요한 요소가 내재하는지 알지 못한다. 이 분야는 활발히 연구되고 있다. 다른 아미노산과 용매로 구성된 외계 생명체를 발견하면 해답이 도출될 것이다.

다른 생명체는 어디서부터 찾아야 할까? 생명체는 생존에 필요한 항성 빛의 색에 엄격한 제약을 받을까? 노란색 항성부터 찾아야 한다고 말하기는 쉽다. 지구 또한 주위에 노란색 태양이 있기 때문이다. 다만 이번 논의를 통해 생명체가 속한 다양한 범주를 알게 된다면, 여러분은 지구 중심 세계관에서 벗어나기를 바란다.

행성이 공전하는 항성이 다른 색이라면 어떨까? 예를 들어 적색 항성을 살펴보자. 식물은 에너지 생성에 사용하지 않는 빛을 반사하므로 녹색으로 보인다. 빛이 느닷없이 바뀌면 지구 식물은 큰 곤경에 처할 것이다. 주방 조리대에서 향긋한 냄새를 풍기며 쑥쑥 자라는 녹색 바질을 빨간색 빛이 가득한 행성으로 가져가면, 바질은 힘들어하다가 곧 죽을 것이다(빨간색 빛은 노란색 빛보다 에너지가 적다).

하지만 이러한 결과의 원인은 식물이 지구에서 노란색 태양의 빛을 받으며 광합성을 하도록 진화했기 때문이다. 광합성과 유사한 과정이 다른 행성에서 진화했다면, 식물은 해당 항성의 빛을 써서 에너지를 생산했을 것이다. 노란색 항성 아래에서는 식물이 녹색을 띠지만, 적색 항성 아래에서는 들어오는 에너지를 모두 흡수하기 위해 더욱 어두운색을 띨 것이다. 그 결과 식물은 고딕풍의 검은색으로 보일 것이며, 생명체는 적색 항성 아래에서도 번성할 것이다.

심지어 지구에서도 빨간색 빛에서 에너지를 얻는 생명체가 발견된다. 미생물 군집은 미생물 매트를 이뤄 함께 산다. 이때 일부 미생물은 매트 표면에 있어 노란색 햇빛이 닿지만, 다른 일부 미생물은 노란색 햇빛이 닿지 않는 깊은 층에 있다. 따라서 깊은 층에 묻힌 미생물은 남은 빛, 즉 빨간색 빛을 효과적으로 사용하도록 진화했다. 더욱이 앞에서도 살펴봤듯 몇몇 생명체(세균 등)는 햇빛이 필요하지 않다. 이들은 색의 변화와 빛의 상태에 무관심할 것이다.

다른 행성의 생명체가 어떤 모습일지 상상하는 일은 고도로 창의적인 활동이다. 그래서 인간 상상력이 외계 생명체의 지극히 일부분이라도 파악할 수 있을지 의문이 든다. 최근에 밝혀진 심해 생물을 볼 때면 그들의 놀랍고 낯설며 기괴한 아름다움을 예측할 수 없었다는 사실을 인정할 수밖에 없다. 다른 행성에서 생명체가 발견된다면 그들은 놀라움으로 가득한 또 다른 아름다운 모습을 나타낼 것이다.

우리는 외계'인'을 찾지 않는다

옐로스톤공원의 유황 온천은 코를 찌르는 썩은 달걀 냄새가 나지만, 선명하고 아름다운 색이 불쾌한 냄새를 상쇄한다. 옐로스톤공원은 풍경을 화려하게 수놓은 색 덕분에 지구상 유일무이한 장소가 되었으며, 이러한 독특한 풍경이 매년 방문객 수백만 명을 끌어들인다.

나는 2008년 NASA 우주생물학 연구소 회의에 참석하기 위해서 옐로스톤공원을 처음 방문했다. 방문하기 몇 년 전에 이미 박사 과정을 마쳤지만, 팀장들이 모두 출장 중이어서 내가 연구팀을 대표해 옐로스톤공원에 갔다. 다른 연구팀의 팀장들 앞에서 우리 팀의 연구 성과를 발표하는 일은 설레는 동시에 두려웠다. 하지만 신비로운 장소에서 해당 분야의 최고 전문가들로부터 지식을 얻을 수 있는 좋은 기회였다. 극한 환경에 사는 생명체를 연구하는 우주생물학자가 옐로스톤공원을 방문한다면, 그는 생물로 알록달록 물든 이곳저곳을 가리켜 생명체가 지닌 독특하고 기묘하며 믿기지 않는 능력을 사례로 들며 설명할 것이다.

뜨거운 유황 온천에 형성된 주황색 테두리는 단순히 아름다운 지형 이상의 의미를 지닌다. 주황색 테두리에는 그곳을 주황색으로 물들인 생명체, 해당 생명체를 발견한 사람, 해당 생명체의 성장 과정, 해당 생명체가 할 수 있는 것과 없는 것, 그리고 해당 생명체를 채집하기 위해 떠난 모험에 관한 이야기가 생생하게 살아 있다.

나는 늦은 밤 옐로스톤공원에 도착했다. 항공편은 공원에서 가까운 공항으로 가는 가장 저렴한 비행기였다. 내가 탄 비행기는 밤 10시쯤 착륙했고, 밖은 아주 어두웠다. 덕분에 멋진 하늘을 볼 수 있었지만, 도로를 배회하는 와피티사슴elk 등 잠재적 장애물을 발견하기가 어려웠다. 와피티사슴의 짝짓기 철이니 조심하라는 주최 측 이메일을 읽기 전까지, 나는 옐로스톤공원과 와피티사슴을 함께 떠올리지 못했다. 나는 값싸고 작은 차를 빌렸는데, 차의 크기가 돌아다니는 와피티사슴보다도 작았다.

내 차는 옐로스톤공원으로 향하는 캄캄한 도로를 달리는 유일한 차였다. 나는 와피티사슴이 도로에 나타나면 브레이크를 밟을 수 있도록 서행했다. 나는 와피티사슴이 이 작은 차에 관심을 보이면 실제로 어떻게 행동해야 할지 몰랐다. 주최 측 이메일은 와피티사슴과 그의 짝 사이에 끼어들지 말라고, 설령 차에 타고 있더라도 끼어들어서는 안 된다고 조언했다. 와피티사슴의 위치를 모르는 상황에서 특별히 유용한 조언은 아니었다.

공항에서 렌터카 업체 직원은 나에게 어디로 가는지 질문한 뒤, 상해보험 가입을 거절할 것인지 두 번이나 물었다. 나는 내가 속한 회사 지침에 따라 보험 가입을 거절했다. 짙은 어둠 속에서 무수한 별빛을 받으며 느릿느릿 운전하는 동안 커다랗고 움직이는 형상이 나타날까 두리번거린 그 시간은 내가 과학자로서 겪은 모험으로 마음에 남아 있다. 이 모험에서 나는 별빛(그리고 구글 지도)의 도움으로 길을 찾아 야생으로(실제로는 옐로스톤공원에 자리한 숙소로) 떠났다.

몇 시간이 지난 뒤 숙소에 도착했다. 숙소 프런트 직원은 내가 아주 작은 차를 몰고서 몹시 늦은 시각에 도착했다는 점을 재미있어했다. 도로에서는 목격하지 못했으나, 도착한 다음 날 새벽 와피티사슴의 섬뜩한 울음소리에 잠에서 깼다. 와피티사슴의 짝짓기 의식은 꽤 인상적이었지만, 옐로스톤공원의 숨 막히는 자연경관과는 상대가 되지 않았다. 뜨거운 유황 온천의 아름다운 테두리는 파란색에서 녹색으로, 빨간색에서 노란색으로 변했다. 테두리 가운데의 짙은 파란색을 제외한 나머지 대부분의 색은 평범한 지구 생명체라면 목숨을 잃는 환경에서 번성하는 다양한 생명체를 나타낸다.

온천 테두리의 알록달록한 색을 보며 나는 생명체가 띠는 색의 범위가 무척 넓다는 것을 알았다. 뜨거운 유황 온천이 표면을 덮은 가상 행성에 생명체가 무지갯빛 세계를 연출한다고 상상해보자. 이때 나는 천문학자가 망원경으로 외계 행성에서 발견하는 대상과 비교하기 위한 생물체 색상 목록, 구체적으로 말하면 다양한 지구 생물군의 정보와 생물군이 지구로 들어오는 빛을 반사하는 방식에 관한 정보가 담긴 데이터베이스가 필요하다고 생각했다. 그 결과 나의 실험실에는 제각기 고유한 색을 띠는 생물군이 담긴 유리병이 생겼다. 나와 연구팀이 만든 색상 비교표에는 녹색 식물을 비롯해 다양한 색을 나타내는 생명체가 수록되었다.

지구에서는 다양한 형태의 생물군이 특별하고 제한적인 틈새를 차지한다. 그런데 다른 행성에서는 그런 틈새의 조건이 보편적일 수 있으며, 생명체는 지구에서 그랬듯 그 독특한 환경에서 진화할 수 있다. 가상 행성을 뒤덮은 유황 온천에는 그곳에 완벽히 적응한 다세포생물이 출현할 것이다.

극한 환경 미생물은 극단적 환경에 사는 생명체를 말한다. 이러한 생명체는 대부분 극한 조건에서 번성하는 작은 미생물이다. 극한 환경 미생물은 인간이 생존할 수 없는 조건에도 적응한다. 극단적 환경은 지구에도 많다. 다만 '극단적'이라는 조건은 보는 관점에 따라 달라진다. 만약 극한 환경 미생물이 말을 할 수 있다면, 이들은 인간에 관해 어떤 이야기를 할까? 아마도 인간이 견뎌야 하는 끔찍한 조건을 두고 탄식할 것이다. 극한 환경 미생물이 사는 뜨거운 유황 온천과 비교하면, 인간이 마시는 물은 너무 차갑고 산성도가 낮다.

'누가 그런 조건을 견딜 수 있겠는가?'라고 그들은 생각할 것이다. 여러분이 어떤 환경에서 진화하든, 그 환경은 '여러분 관점에서' 정상이다.

그러므로 서식지라는 용어에는 나와 여러분이 생존할 수 없는 조건이 포함된다. 실제로 지구 역사 대부분 시간 동안 인간이 지구에서 생존할 수 없었다는 사실을 깨달으면 정신이 번쩍 든다. 시간을 되돌려 지구 역사를 다시 시작한다면, 지구에서 인간이 다시 탄생할 가능성은 거의 없어 보인다. 더욱이 출발 조건과 진화 경로가 지구와 다른 행성은 호기심 많은 인간은커녕 지구 생물과 비슷한 생명체조차 지탱할 의무가 없다.

지구에 서식하는 수백만 가지 생물 가운데 하나를 고르고, 그 생물의 서식 환경이 어떤지 살펴보자. 아주 작은 영웅이 있다. 여러분도 한 번쯤은 그 생명체를 발로 밟은 적이 있을 것이다. 완보동물은 과학 영화에 나올 법한 외형이지만 길이가 1밀리미터에 불과하다. 흔히 물곰water bear 또는 이끼새끼돼지moss piglet로 불리는 완보동물(느리게 걷는 동물을 의미하는 영문명 타디그레이드tardigrade는 이 작은 동물의 느린 움직임에서 유래했다)은 히말라야산맥의 해발 6킬로미터가 넘는 고지부터 수심 4.5킬로미터가 넘는 심해 그리고 열대우림과 단단한 얼음층 아래까지 액체 상태의 물이 있는 거의 모든 곳에서 발견된다. 완보동물의 다리는 4쌍이고 다리 끝에 발톱 또는 흡입판이 있다. 완보동물은 현미경으로 관찰 가능하다.

완보동물은 지구에 일어난 다섯 번의 대멸종, 특히 공룡이 사라진 마지막 대멸종에서도 살아남았다. 완보동물의 수명은 대략 2년이며, 이는 휴면 상태가 포함되지 않은 기간이다. 완보동물은 인간과 달리 휴면 상태에서 수백 년을 살다가 깨어나 다시 활발하게 살아간다. 일부 완보동물은 절대영도에 근접한 섭씨 영하 272도부터 영상 150도까지 생존한다. 팔팔 끓여도 꽁꽁 얼려도 완보동물은 개의치 않는다! 이들은 지표면 기압의 1,000배 이상, 인간에게 치명적인 방사선량의 수백 배 이상, 우주 공간의 진공상태에서도 살아남을 수 있다.

나는 연례 우주 비행사 학회인 우주탐험가협회Association of Space Explorers에 참석해 2016년 비엔나에서 강연했다. 사진이 아닌 현실에서 우주로 나가 지구를 관찰한 사람들을 만나니 무척 신기했다. 몇몇 우주 비행사는 끝없이 펼쳐진 황량한 우주의 어둠을 보며 새삼 지구와 유대감을 느꼈다고 말했다. 지구 대기는 별이 반짝이는 것처럼 보이게 하며 상을 왜곡한다. 그런데 지구 대기를 벗어나면 별은 더는 반짝이지 않고 꾸준히 빛을 내며, 우주 비행사는 고향인 창백한 푸른 점이 얼핏 보이는 것만 제외하면 완벽히 고요한 우주 속에 홀로 남겨진 자신을 발견하게 된다.

나는 학회에서 새로운 행성에서의 생명체 탐색을 주제로 강연했다. 지구 밖으로 날아가 놀라운 업적을 달성한 인간 우주 비행사보다 작은 완보동물이 더욱 완벽한 우주 비행사라고 언급하는 동안, 청중이 나의 의견을 다소 오해할 수도 있겠다고 생각했다. 다행히 우주 비행사들은 나의 발언에 분노하지 않았다(적어도 오래 분노하지는 않았다). 내 이야기의 핵심은 우주에서 완보동물은 보호 장비나 먹이가 필요 없으므로, 우주여행이 훨씬 수월하리라는 것이었다.

완보동물은 생명유지시스템이 없는 허술한 우주선에 타 먹이도 먹지 않고 화성까지 날아간 다음, 물 몇 방울만 보충하면 정상적으로 활동할 수 있다. 인간 우주 비행사도 이런 방식으로 우주여행을 해보자(진지한 제안은 아니다). 안타깝게도 인간은 완보동물과 소통할 방법이 없다. 완보동물에게 화성 탐사선을 운전하게 지시하거나 가르칠 수 없다. 따라서 생존 장비에 드는 비용을 절약하는 것 이상의 성과가 필요하다면, 인간 우주 비행사가 완보동물보다 훨씬 유능하다.

완보동물은 다른 세계에서 온 생명체처럼 보이고, 어떤 측면에서는 실제로 그렇다. 완보동물의 세계는 현미경에서 잠시 관측되는 짧은 순간을 제외하면 인간이 방문할 수 없는 작은 우주, 물 한 방울이다.

완보동물은 사실 극한 환경 미생물이 아니다. 이들은 극단적 조건에 적응해 번성하지 못하며 단지 그런 조건을 견딜 뿐이다. 완보동물은 신진대사를 멈추고 물이나 먹이를 먹지 않아도 최대 100년, 때때로 더 오래 생존할 수도 있다. 나는 한 학회에서 파리 국립자연사박물관장 옆자리에 앉아 완보동물에 관한 흥미로운 이야기를 나누다가 그 사실을 알았다. 박물관장은 250년 동안 휴면 상태였던 완보동물에게 물을 뿌리자 그들이 깨어나 움직였다고 설명했다. 이것이 학회 참석이 중요한 이유다. 최신 연구에 관한 강연 이외에 많은 사람과의 대화에서도 정보를 얻을 수 있다. 그런데 프랑스 연구팀이 연구 결과를 아직 발표하지 않은 까닭에 여러분은 이 내용을 일화로만 접할 수 있다.

알려진 바에 따르면 완보동물이 휴면 상태로 생존 가능한 기간은 100년이다. 완보동물은 휴면 상태에 들어가기 전에 체내 수분량을 줄인다. 이처럼 다른 세계에나 있을 법한 생존 방식은 물 부족이라는 지극히 현실적인 문제를 해결하는 방안이다. 이들은 공 모양으로 쪼그라들며 신진대사를 낮추고 일종의 정지 상태를 유지하다가, 다시 물을 공급받으면 아무 일도 없었다는 듯 삶을 이어간다. 이러한 능력 덕분에 완보동물은 우주의 가혹한 환경을 견딜 수 있다.

2007년 유럽의 한 연구팀은 완보동물의 회복력을 검증했다. 이들은 완보동물 3,000마리를 로켓 외부에 태우고 12일간 지구 궤도를 돌게 했다. 이 프로젝트의 이름은 '우주의 완보동물Tardigrades in Space'로, 짧게 줄여 '타디스TARDIS'라고 부른다. 타디스라는 약칭은 BBC에서 방영되는 유명 과학 드라마 시리즈 '닥터 후'의 팬들에게 특별한 의미를 지닌다. '닥터 후'에서 타디스는 '시간과 상대적 차원의 공간Time and Relative Dimensions in Space'을 뜻하는 동시에, 주인공 닥터가 속한 타임 로드 종족이 사용하는 타임머신의 이름이다. 프로젝트 타디스는 성공적이었다. 완보동물은 사람을 약 90초 만에 죽일 수 있는 우주 공간에 노출되었다가 살아남은 최초의 동물이다. 완보동물의 우주여행은 타디스 프로젝트가 마지막이 아니었다. 몇몇 완보동물은 아무런 의심 없이 달을 향해 편도 여행을 떠났다(이에 관해서는 나중에 더 이야기하겠다).

화성이 인류에게 주는 깊은 교훈

태양계에서 생명체가 번성할 수 있는 장소는 우리 주변의 아름다운 녹색 풍경과 사뭇 다르게 보일 수 있다. 지구에서 가장 가까운 이웃 행성은 금성과 화성이다. 금성은 두꺼운 이산화탄소 대기에 덮이고 황산 구름으로 둘러싸여 생명체 탐사에 적합하지 않다. 태양 반대 방향으로 눈을 돌리면 이웃 행성인 화성이 눈에 띄는데, 이 행성은 기후가 극도로 춥지만 금성보다 유망한 환경이다. 화성은 지구와 비교하면 크기가 작고 중력이 약 3분의 1에 불과하다. 이 붉은 행성은 중력이 약하기 때문에 대기가 지구보다 훨씬 얇다.

대기는 온도가 높을수록 더 빠르게 움직이는 원자와 분자로 구성된다. 중력은 기체가 탈출속도에 도달해 우주로 빠져나가지 않도록 막아 기체를 행성이나 위성에 머무르게 한다. 탈출한 기체의 이야기는 화성 토양에 색으로 남아 있다. 화성은 표면 근처의 물이 대부분 사라진 까닭에 붉은색을 띤다. 물이 수소와 산소로 분해되자, 가벼운 수소는 화성의 약한 중력에서 벗어나 우주로 탈출했다. 이 과정에서 생성된 소량의 산소는 화성 표면을 붉게 물들였다. 기본적으로 화성 표면은 녹이 슨 상태다. 그런데 화성의 붉은색은 표면 두께에서 극히 일부에 해당한다. 표면을 긁어내면 산소가 닿지 않은 토양이 드러난다. 화성 토양은 실제로 밝은 갈색이다.

화성은 지구보다 대기가 매우 희박해서 낮과 밤의 온도가 안정적이지 않다. 낮과 밤의 온도가 비슷한 지구와 다르게, 화성은 낮 온도가 섭씨 영상 20도까지 상승하고 밤 온도가 섭씨 영하 150도까지 하강한다.

화성에서는 모래 폭풍이 행성 대부분을 오랫동안 집어

삼킨다. 그리고 대략 5년에 한 번씩 화성은 몇 주간 지속되는 모래 폭풍에 행성 전체가 휩싸인다. 그런데 화성의 폭풍은 지구의 폭풍과 다르다. 화성의 얇은 대기권에서는 시속 160킬로미터로 부는 강한 폭풍도 부드러운 산들바람처럼 느껴질 것이다.

화성의 폭풍은 우주선이나 미래 인류가 화성에 건설할 구조물을 무너뜨리지 못할 것이다. 하지만 가상의 폭풍은 멋진 이야기를 만들어낸다. 앤디 위어Andy Weir가 집필한 흥미진진한 소설 《마션》(2011)의 첫 장면에서 우주선은 대규모 모래 폭풍으로 인해 전복될 위기에 처한다. 이는 실제로 불가능할 것이다. 하지만 앤디 위어는 화성의 세부 조건을 의도적으로 변경했고, 그 덕분에 첫 장면에서 흥미진진한 생존 서사가 인상적으로 전개되었다.

약 40억 년 전의 화성은 지구처럼 강과 바다로 덮인 따뜻하고 푸른 행성으로, 생명체에 필요한 모든 요소를 갖춘 장소였을지도 모른다. 그런데 지구와 다르게 화성은 크기가 너무 작아 행성 내부의 열이 중심핵을 녹여 움직이기에 충분하지 않았다. 행성 내부가 냉각되면 표면이 더는 아래로 밀려 들어가지 못하므로, 약 35억 년 전 지각운동과 화산활동을 통해 기체가 화성 대기에 공급되는 과정은 중단되었다.

기후 순환이 멈추고 화성은 갈수록 냉각되었다. 어린 태양에서 방출되어 지구 너머 화성 궤도에 가닿는 희미한 빛은 화성의 표면 온도를 섭씨 0도 이상으로 끌어올리지 못했다. 화성의 대기는 효과적인 온실 기체인 이산화탄소로 대부분 이뤄져 있지만, 이산화탄소의 양 자체가 많은 것은 아니기에 온난화가 활발히 일어나지 않는다.

오늘날 화성의 물은 극지방 얼음과 영구동토층 속에 갇혀 있다. 액체 상태의 물은 지하에 존재할지 모르나, 표면에는 더 이상 존재할 수 없다. 현재 화성은 추운 사막이지만 표면 기압이 낮아 액체 상태의 물이 몇 초 만에 증발한다.

화성은 또한 지구의 자기장이나 오존층 같은 우주 방사선 보호막이 없다. 그러므로 화성에 생명체가 존재했거나 지금 존재한다면, 그 생명체는 우주 방사선을 피하기 위해 토양 아래로 숨어든 미생물일 가능성이 가장 높다. 그래서 화성 탐사대는 지하로부터 생명체의 흔적을 찾으려 시도한다. 화성은 인류에게 깊은 교훈을 준다. 거주 가능성은 일시적일 수 있다는 것이다.

태양에서 멀리 떨어진 태양계 거대 행성들은 화성 궤도 너머의 극도로 추운 영역에 존재하며 아주 희미한 햇빛이 도달한다. 미약한 햇빛으로는 행성 표면의 강이나 바다가 지속될 수 없으므로 거대 행성에 존재하는 모든 물은 차가운 빙상 아래 갇혀 있다. 특히 얼음에 덮인 작은 암석형 위성 2개는 생명체를 찾아볼 만한 흥미로운 장소다. 이들 위성은 제각기 거대하고 웅장한 행성 주위를 돈다. 위성 유로파Europa의 얼음 표면에 서 있으면 목성을 가까이서 관찰할 수 있다. 위성 엔셀라두스Enceladus에서는 빛나는 고리를 지니는 아름답고 거대한 토성의 숨 막히는 광경을 감상할 수 있다. 두 위성의 얼음 지각에는 잠재적으로 생명체가 거주할 수 있는 바다가 숨어 있다. 두 위성에 바다가 있다는 사실은 천문학자들에게 어마어마한 충격을 안겼다.

얼어붙은 두 위성은 크기가 작다. 유로파는 크기가 달과 비슷하고, 엔셀라두스는 지름이 캘리포니아 길이의 절반인 약 500킬로미터로 달보다 작다. 위성 표면은 커다란 얼음 지각판에 덮여 있지만, 위성 전체가 단단히 얼었다면 존재하지 않았을 균열이 있다. 물이 얼면 밀도가 낮아지므로, 얼음은 바다 위를 떠다닌다는 것을 기억하자. 균열이라는 수수께끼의 열쇠는 근면한 우주 설계자 중력으로 밝혀졌다. 두 위성은 행성 주위를 홀로 돌지 않는다. 두 얼음 위성은 중력의 영향을 받아 늘어나거나 압축되며, 다른 위성과 행성의 중력이 가해지면 마치 빵 반죽처럼 반죽된다. 빵 반죽을 힘껏 치대면 반죽이 따뜻해지듯 중력 에너지는 위성의 두꺼운 얼음 지각 아래쪽 물이 얼지 않게 한다. 이처럼 두껍고 균열이 발생한 얼음 지각은 어두운 바다에 숨은 생명체에게 은신처를 제공한다.

유로파는 목성에서 가장 큰 위성군에 속한다. 유로파가 품을 수 있는 물의 양은 지구 전체 바닷물의 2배가 넘는다. 유로파의 평균 표면 온도는 매우 낮으며 적도에서도 섭씨 영하 160도를 넘지 않는다. 유로파는 1610년 갈릴레오 갈릴레이Galileo Galilei가 처음 발견했다. 갈릴레이는 망원경을 통해 갈릴레이 위성Galilean moons 4개가 목성을 중심으로 공전하고 있음을 밝히며 관심을 모았다. 이들 위성의 이름은 이오Io, 유로파, 가니메데Ganymede, 칼리스토Callisto다. 우리도 수백 년 전 갈릴레이가 그랬듯 망원경으로 작지만 밝은 4개의 빛을 관측할 수 있다. (밸런타인데이에 하늘을 바라보며 낭만적인 시간을 보내고 싶은 독자를 위해 설명하자면, 언급한 목성 위성 4개는 로마의 신이 사랑한 연인 4명의 이름을 따 명명되었다.)

갈릴레이 위성이 지구 주위를 돌지 않는다는 관측 결과는 모든 천체가 지구 주위를 도는 것은 아니라는 가설을 증명하며 기존 이론을 흔들었다. 목성 위성은 지구가 우주의 중심이 아니라는 사실을 밝히면서 인류의 세계관을 재구성하는 과정에 도움을 줬다. 이 위성들은 태양계에서 생명체가 거주할 수 있는 또 다른 천체 역할을 하며 한 번 더 인류의 세계관을 재구성할 수 있을까? 아직은 모른다. 그러나 2023년 ESA가 발사한 목성 위성 탐사선Jupiter Icy Moons Explorer, JUICE은

2031년 목성에 도착할 것이고, 2024년 NASA가 발사할 예정인 유로파 클리퍼Europa Clipper는 2030년 유로파에 도착할 것이다. 두 탐사선의 비행시간이 다른 이유는 천체의 중력을 서로 다른 방식으로 이용하며 비행하기 때문이다.

토성과 토성의 위성 엔셀라두스는 목성보다 태양에서 훨씬 멀리 떨어져 있으므로, 엔셀라두스의 평균 표면 온도는 놀랍게도 섭씨 영하 200도다. 그런데 이 작은 위성에도 차가운 표면 아래 깊숙이 액체 상태의 바다가 존재한다. NASA와 ESA가 공동 개발한 카시니-하위헌스호Cassini-Huygens는 토성과 토성에 속한 얼음 위성의 숨 막히는 풍경을 10년 넘게 촬영한 뒤 토성 고리를 분석하기 위해 고리를 뚫고 들어갔다. 이후 탐사선은 엔셀라두스의 얼음 표면 아래에서 바다를 발견했다.

엔셀라두스는 표면 위로 물줄기를 높이 분출하며 아름다운 광경을 연출한다. 분출된 물줄기는 우주의 차가운 어둠 속에서 얼어붙어 반짝이는 물 입자 기둥을 생성한다. 이 얼어붙은 물 입자를 분석하면 엔셀라두스의 바다가 무엇으로 이뤄졌는지 알 수 있다.

카시니-하위헌스호는 엔셀라두스의 물 입자 기둥을 통과하며 구성 성분을 분석하고 흥미로운 결과를 얻었다. 그 물에는 엔셀라두스의 바다에 생명체가 존재할지도 모른다는 것을 암시하는 특정 유기물이 포함되어 있었다. 그러나 아직은 과학자들에게 엔셀라두스 물줄기에 담긴 수수께끼를 해결할 방법이 없다. 전 세계 우주 기관은 분석 장비를 실은 탐사선을 엔셀라두스로 보내 물줄기 시료를 채취하고 생명체의 흔적을 찾는 계획을 추진하고 있다. 태양계의 얼음 위성에는 많은 수수께끼가 내재하며, 그 가운데 일부는 머지않아 해결될 것이다.

유력한 제2의 지구

태양계에는 강과 바다로 덮인 장소가 하나 더 있지만, 이곳의 강과 바다는 물로 이뤄지지 않았다. 이 장소는 주황색 연무로 덮인 위성이다. 이 위성은 표면 온도가 너무 낮아 물이 흐르지 못한다. 그런데 위성의 극히 낮은 온도에서 물은 얼지만, 다른 화학물질들은 액체 상태를 유지한다. 토성 위성 타이탄은 표면에 도달하는 햇빛이 지구보다 약 100배 약한 탓에 표면 온도가 섭씨 영하 180도로 혹독하게 춥다. 그런데 타이탄은 유기물로 가득하다. 메테인과 에테인ethane은 강줄기를 내고 드넓은 호수와 바다를 채우며 위성의 표면을 조각한다. 어쩌면 타이탄의 얼어붙은 땅 아래에는 물이 바다를 이뤄 보이지 않도록 흐르고 있는지도 모른다.

토성과 타이탄은 태양에서 약 15억 킬로미터 떨어져 있다. 타이탄은 토성과 동주기 자전을 하며, 지구를 도는 달과 마찬가지로 토성에게 늘 같은 얼굴을 보여준다. 타이탄에서의 하룻밤은 달에서보다 약간 짧고, 지구 시간으로 따지면 약 8일에 해당한다. 토성이 태양을 1바퀴 도는 데 걸리는 시간인 토성 1년 또는 타이탄 1년은 지구 시간으로 약 29년이다. 내가 타이탄에 있다면 아직 두 번째 생일 파티를 기다리겠지만, 연무가 낀 하늘을 올려보며 아름다운 토성을 관찰하는 일에는 생일을 몇 차례 지나칠 만한 가치가 있다.

카시니-하위헌스호는 승객을 태우고 토성계로 갔다. 여기서 승객이란 인간이 제작한 물체로는 최초로 태양계 외행성의 위성에 착륙한 하위헌스 착륙선을 말한다. 2005년 하위헌스 착륙선은 짙은 연무가 낀 대기를 뚫고 타이탄 표면으로 빠르게 하강하는 동안 관측한 내용을 기록하고, 이 흥미로운 위성을 촬영한 최신 사진을 전송했다.

타이탄은 많은 부분이 검은색 탄화수소 알갱이로 덮여 있으며, 이는 커피 가루로 이뤄진 모래언덕처럼 보인다. 타이탄의 탄화수소 바다는 신화 속 바다 괴물의 이름을 따 '크라켄 마레Kraken Mare'라고 명명되었다. 타이탄의 산은 J.R.R. 톨킨J.R.R. Tolkien이 창조한 가상 세계인 '가운데땅Middle-Earth'(이는 또 북유럽신화에서 인간계를 의미하는 '미드가르드Midgard'에 어원을 둔다)에서 이름이 유래했다. 여러분이 타이탄에 있다면 '모리아 몬테스Moria Montes'라는 산맥에 오를 수 있다. 타이탄의 표면을 걷는 것은 지구의 수심 15미터 해저를 걷는 것처럼 느껴지리라 추정된다.

타이탄은 크기가 엔셀라두스는 물론 행성인 수성보다도 크다. 하지만 질량이 수성 절반에 불과하므로 표면 중력이 달보다 훨씬 약하다. 따라서 과거 달에서 점프한 우주 비행사보다 미래 우주 탐험가가 타이탄에서 더 높이 점프할 수 있다. 더욱이 타이탄의 차가운 대기는 밀도가 지구 대기의 약 1.5배로 조밀하다. 그러므로 타이탄에서는 팔에 날개를 달면 공기 중에서 날아다닐 수 있다. 표면 온도가 섭씨 영하 180도이고 연무가 낀 타이탄에서 인간은 호흡할 수 없지만 높이 날 수 있다.

NASA는 회전날개 8개로 구동되는 회전익 탐사선을 타이탄에 보낼 계획이다. 탐사선의 이름은 '드래곤플라이Dragonfly'로 2027년 발사되어 2034년 타이탄에 도착할 예정이다. 그리고 과학 장비를 갖춰 타이탄의 여러 지점을 드론처럼 돌아다니며 표면을 탐사하고 유기물을 찾을 것이다. 연무가 낀 타이탄은 지구와 사뭇 다른 환경이지만 생명체의 거주 가능성이 있다고 여겨지는 흥미로운 장소다.

외계의 원주민과 이주민

이미 우주선과 착륙선은 토양 시료를 채취해 미생물과 화석을 분석할 만큼 정교한 탐사선과 헬리콥터를 활용해 화성 표면을 탐색하고 있다. 이러한 탐사 활동은 작지만 강력한 위험을 수반한다. 무심코 우주선에 무임승차 승객을 태울 수 있다는 것이다. 지구가 아닌 태양계의 다른 장소에서 생명체가 발견되면, 우선 인간이 그곳에 생명체를 데려다놓은 것은 아닌지 자문해야 한다. 우주선을 발사하기 전 무임승차한 생명체를 전부 제거하는 것은 무척 어려운 일이다.

만약 화성에서 지구 생명체와 닮은 생명체가 발견된다면, 그것이 화성 원주민인지 지구에서 온 무임승차 승객인지 어떻게 구별할 수 있을까? 그것이 완전히 다른 유형의 생명체가 아니라면, 즉 다른 형태의 DNA를 지닌 생명체가 아니라면, 우리는 발견한 생명체가 원주민인지 무임승차 승객인지 확신할 수 없을 것이다.

그런데 지구 생명체와 닮은 외계 생명체가 발견되는 원인이 오로지 우주선 무임승차 승객 때문만은 아니다. 태양계 모든 천체는 태초부터 물질을 공유했다. 소행성이 행성이나 위성과 충돌하면 암석은 천체의 중력에서 벗어나 우주로 날아간다. 화성은 1년에 100번 이상 운석과 충돌하고, 매년

1,000개가 넘는 작은 운석이 지구로 추락한다. 운석은 대부분 바다나 사람이 거주하지 않는 육지에 떨어지므로, 운 좋게도 혹은 운 나쁘게도 여러분 집 정원으로 운석이 추락할 가능성은 낮다. 이러한 우주 암석이 무임승차 승객을 태우고 왔다면 어떨까?

지름 1미터가 넘는 운석에 있는 미생물은 행성과 위성을 오가는 여행에서도 살아남을 수 있다. 운석은 지구로 떨어질 때 대기 마찰로 가열되어 빛나는 불덩어리처럼 보이지만, 운석 내부는 미생물이 생존할 수 있을 만큼 차가운 온도를 유지할 수 있다. 이론적으로는 그렇다. 1996년 미국 대통령 빌 클린턴Bill Clinton이 화성 운석에서 생명체의 흔적을 발견했다고 발표하는 등 화성에서 생명체를 발견할 가능성에 관한 논쟁은 있었지만, 아쉽게도 화성 생명체는 아직 발견되지 않았다.

미생물이 행성 사이를 이동할 수 있다는 가설은 상상력을 자극한다(지구 생명체의 기원이 지구 밖의 우주에서 유입되었다고도 주장하는 이 가설은 '판스페르미아설panspermia'이라고도 불린다). 생명체가 운석에 무임승차할 수 있다면, 지구 생명체는 화성에서 온 생명의 씨앗이 번성한 결과이며 지구인은 곧 화성인일 것이다. 이러한 아이디어는 호기심을 자극하지만, 화성과 지구를 서식지라는 기준에서 비교하면 지구가 승리한다(서식지는 단단한 표면으로 이뤄지고 에너지와 액체 상태의 물을 갖춰야 한다). 화성은 창백한 푸른 점과 비교하면 아주 짧은 시간 동안 표면에 액체 상태의 물을 유지했을 것이다.

이를 고려하면 생명체가 시작된 장소는 지구일 가능성이 높다. 그러므로 지구인은 화성인이 아니겠지만, 만일 화성인이 발견된다면 화성인은 고대 지구인일 수도 있다. 자기 자신을 화성인으로 여기고 싶은 사람이 있다면 지금은 그렇게 해도 괜찮다. 아무도 그 생각이 틀렸음을 증명할 수 없기 때문이다. 화성에서 생명체가 발견된다면 지구 생명체와는 별개로 진화한 진정한 외계 생명체이기를 바란다. 화성 생명체가 지구 생명체와 닮으면 과학자들은 화성 생명체의 기원에 의문을 품을 것이다.

달에는 생명체가 있을까?

태양계에는 생명체가 존재하는 천체가 하나 더 있다. 바로 달이다. 이 생명체는 수십만 킬로미터를 여행하고 달에 도착했다. 이스라엘 민간 착륙선 베레시트Beresheet는 앞서 언급한 몸집이 작은 우주 비행사 완보동물 수천 마리를 싣고 달로 향했다. 그런데 사고가 발생해 착륙선과 완보동물 수천 마리가 달에 불시착했다. 완보동물은 미래 세대를 위한 인류 유산 보존을 목표로 설립된 아치미션재단Arch Mission Foundation의 프로젝트 일부였다. 이미 2018년에 아치미션재단은 아이작 아시모프Isaac Asimov의 과학 소설 '파운데이션' 3부작을 석영 디스크에 저장하고, 팰컨 헤비Falcon Heavy(미국 민간 우주 기업 스페이스X에서 개발해 운용하는 초대형 발사체-옮긴이) 시험 비행에서 탑재물로 실린 테슬라 스포츠카에 그 디스크를 태워 우주로 보낸 적이 있었다. 발사된 스포츠카는 현재 인공위성처럼 태양 주위를 약 18개월에 1바퀴씩 돈다.

이러한 저장 장치를 태양계 전역에 더 많이 전파하기 위해 아치미션재단은 베레시트 달 착륙선에 DVD 크기의 타임캡슐을 추가로 실었다. 이 타임캡슐은 3,000만 쪽 분량의 데이터가 담긴 저장 장치로, 나노 단위의 고해상도 이미지가 니켈층에 새겨져 있다. 저장 장치에서 처음 4개의 층에는 위키백과 영문판에 수록된 거의 모든 문서와 고전 서적 수천 권 그리고 나머지 21개의 층을 판독할 수 있는 열쇠가 담겼다. 25개의 니켈층 사이에는 두께가 수 마이크로미터인 에폭시수지층이 삽입되었다. 에폭시수지는 고대 곤충이 보존된 나무 진액과 동등한 합성수지다. 에폭시수지층에는 인간 DNA 시료와 휴면 상태에 들어간 완보동물도 포함되었다. 완보동물은 타임캡슐에 비밀스레 추가된 것이었다.

휴면 상태에 들어간 완보동물은 회복력이 뛰어나다. 이들은 펄펄 끓여도, 꽁꽁 얼려도, 바싹 말려도, 우주로 보내도 생존한다. 어쩌면 달 불시착에서도 살아남았을지 모른다. 2021년 영국 과학자들은 완보동물이 불시착 충격에서 살아남을 수 있는지 확인하기 위해 실험을 진행했다. 먼저 완보동물을 48시간 동안 얼리고 신진대사를 거의 100퍼센트 낮춰 생명 활동을 일시적으로 중단하는 툰tun 상태에 빠지게 했다. 그다음 완보동물을 속이 빈 나일론 총알에 넣고 모래 더미에 발사하면서 속력을 점차 올렸다. 완보동물은 최대 시속 약 3,000킬로미터의 충격에서도 살아남았다. 과학자들의 발표에 따르면 그보다 더욱 빠른 속력에서 완보동물은 "완전히 뭉개졌다".

지구에 마지막으로 전송된 측정값에 따르면 베레시트 착륙선은 시속 약 500킬로미터로 이동하고 있었지만, 최종 충돌 속력은 불분명했다. 착륙선에 탑승한 완보동물은 생존했을까? 이를 확인하는 유일한 방법은 달에 가서 잔해를 수색하는 것이다.

그런데 달에 완보동물이 흩뿌려져도 문제없는 것일까? NASA의 행성보호사무국Office of Planetary Protection을 비롯한 우주 기관은 태양계에서 생명체가 거주 가능한 장소가 오염되지 않도록 방지하는 규약을 마련했다. 그런데 달은 생명체의 거주 가능 장소 목록에 포함되지 않은 탓에 규약으로 보호받지 못했다.

완보동물은 달에 흩뿌려진 최초의 유기물이 아니었다. 우주 비행사들은 지구로 귀환하기 전 짐을 줄이기 위해 카메라, 부츠 같은 쓰레기와 배설물이 담긴 봉투 100여 개를 달에 남겼다. 미래 인류나 외계에서 온 방문객은 쓰레기봉투의 내용물을 분석하며 현 인류의 식생활과 역사를 이해할 것이다. 우주 비행사들은 달에 쓰레기를 남긴 덕분에 달의 암석을 더 많이 가져올 수 있었다. 지구과학자는 연구에 필요한 암석 시료를 더 많이 얻었고, 외계 고고학자는 미래에 인류를 조사할 자료를 더 많이 얻을 것이다. 비록 쓰레기봉투가 어떻게 달에 갔는지, 쓰레기를 배출한 생명체가 어디로 갔는지를 두고는 어리둥절하겠지만 말이다.

지금으로부터 수백만 년 뒤, 외계 생명체가 달에서 휴면 상태인 완보동물을 발견하고는 지구 중력에서 벗어나는 데 성공한 생물종으로 오해하지 않을까? 혹은 태양계를 정찰하는 탐험가로 판단하지 않을까? 나는 달을 올려다볼 때면 '잠자는 숲속의 미녀'처럼 잠든 완보동물 수천 마리가 키스가 아닌 물 한 방울로 다시 깨어날 때까지 시간을 멈추고 누워 있는 모습을 상상한다.

서로 다른 행성의 하늘색

지구 하늘이 파란색인 이유는 공기를 구성하는 화학 성분이 빨간색 빛보다 파란색 빛을 많이 산란시키기 때문이다. 빛은 핀볼 기계의 공처럼 공기 분자 및 입자에 부딪혀 튕겨 나간다. 고에너지인 파란색 빛은 비교적 많은 공기 입자에 부딪혀 튕겨 나가므로 사방으로 산란된다. 저에너지인 빨간색 빛은 비교적 적은 공기 입자에 부딪혀 튕겨 나가므로 방해를 덜 받으며 앞으로 곧게 나아간다. 따라서 우리 눈에는 빨간색 빛보다 파란색 빛이 더 많이 들어오고, 하늘 전체에 파란색 빛이 감도는 것처럼 보인다.

그런데 일몰 때는 다르다. 해가 지평선으로 내려오면 하늘 높이 있을 때보다 빛이 더 많은 공기 입자와 부딪혀 우리 눈에 들어온다. 그런데 빛의 산란 효과는 변함없이 작용하므로, 파란색 빛이 대기를 통과하는 도중 지나치게 산란되어 빨간색 빛이 우리 눈에 더 많이 도달한다. 그래서 일몰 때의 하늘은 빨간색으로 보인다.

하늘의 색은 변할 수 있다. 2023년 캐나다에서 발생한 산불이나 2020년 샌프란시스코 인근에서 난 산불과 같은 대형 산불은 대기의 구성을 충분히 바꿀 수 있다. 그러한 경우 빨간색 빛을 산란시키는 먼지와 그을음 입자가 대기에 추가

된다. 산불로 대기에 더해진 먼지와 그을음은 세상의 종말을 다루는 과학 영화처럼 하늘을 주황색으로 만든다.

여기서 의문이 생긴다. 하늘은 어떤 색이 될 수 있을까? 하늘의 색은 공기가 무엇으로 구성되어 있는지, 공기 중에 먼지 같은 입자가 있는지에 따라 달라진다. 다른 행성은 지구와 공기의 화학적 구성이 완전히 다를 것이며, 따라서 빛의 산란 효과도 다르게 나타날 것이다. 외계 하늘을 무슨 색으로 칠할지 골라보자. 분홍색 하늘 또는 보라색 석양을 상상해보자. 새로운 천체에 그런 하늘이 존재할 수도 있다.

나는 새로운 천체에서 하늘을 보고 싶지만, 먼저 우주선이나 밀폐된 기지 등 안전한 장소에 들어갈 수 있는지 확인해야 한다. 기묘한 색으로 물든 하늘 아래에서 공기를 호흡했다가는 목숨을 잃을 수도 있기 때문이다. 그러니 미래의 우주 비행사는 낯선 색의 하늘을 조심하자! 물론 파란색 하늘도 여러분을 죽일 수 있다. 어린 지구는 하늘이 파란색이었지만 호흡할 산소가 없었다. 이러한 점에서 낯선 색의 하늘을 조심하자는 조언은 완벽하지 않다.

모든 천체의 하늘에 색이 있는 것은 아니다. 달 표면에서 촬영한 사진을 보면 하늘이 항상 검은색이다. 달은 중력이 너무 약해 많은 기체를 붙잡을 수 없다. 대기가 희박하면 빛이 산란되지 않아 하늘이 검게 보인다.

많은 사람이 '반짝반짝 작은 별'이라는 사랑스러운 동요를 안다. 그런데 별을 반짝이게 하는 것은 지구의 공기다. 별은 실제로 반짝이지 않는다. 지구 대기의 뜨겁고 차가운 공기 흐름은 우리 눈에 별이 보이기 전에 그 형상을 왜곡한다. 달처럼 대기가 없는 천체에 있다면, 하늘은 검고 별은 반짝이지 않을 것이다. 미래에 인류가 달에서 살게 된다면 부모는 아이를 위해 동요 가사를 수정해야 할 것이다.

빛의 암호를 풀어라

천체가 대기에 둘러싸여 있으면, 우리는 그 천체에 생명체가 존재하는지 대기를 통해 확인할 수 있다. 빛과 물질은 상호작용한다. 별빛은 분자를 진동시키고 회전시킨다. 빛은 파장마다 고유한 에너지를 지니며, 분자를 움직이려면 너무 많거나 부족하지 않게 딱 알맞은 양의 에너지를 지녀야 한다.

산소와 물이라는 서로 다른 분자를 상상해보자. 산소 분자는 산소 원자 2개가 연결되어 있고, 물 분자는 수소 원자 2개와 산소 원자 1개가 연결되어 있다. 원자가 결합하는 방식 때문에 각 분자는 고유한 구조를 가진다. 산소 분자를 진동시키려면 특정한 상호작용과 에너지가 필요하고, 물 분자를 진동시키려면 그와 다른 상호작용과 에너지가 필요하다.

빛은 우주를 통과하는 동안 원자와 분자를 만난다. 이후 빛이 지구에 도달하면, 우리는 빛에서 사라진 부분을 근거로 빛이 이동 중에 어떤 화학물질과 만났는지 확인할 수 있다. 빛에서 사라진 부분, 즉 과학자들이 스펙트럼 특징spectral feature이라 일컫는 부분은 특정 인물이 목적지에 도착하기 전 어느 나라를 경유했는지 알려주는 여권 출입국 도장과 같다.

빛의 사라신 부분은 빛이 통과한 천체 대기의 화학적 구성을 암시한다. 그러한 단서를 해석하기 위해, 과학자들은 특정 에너지(빛의 색)가 어떤 분자를 움직이게 하는지 또는 원자의 전자를 어떤 식으로 들뜨게 하는지 측정한다. 그런데 모든 물질을 측정할 수는 없다. 과학자들은 실험 장비를 녹이거나 얼릴 만큼 온도 조건이 가혹하거나 기체 혼합물이 실험자를 중독시킬 수 있는 경우 실험 대신 계산을 한다.

나는 공학과 천문학 복수 학위를 취득한 뒤, 수 광년 떨어진 우주에서 생명체를 탐색하는 우주 망원경을 최적으로 설계하는 일을 맡았다. 이 우주 망원경의 이름은 '다윈Darwin'으로, ESA는 외계 행성에서 생명체 흔적을 찾는 망원경 함대를 구상하며 다윈 우주 망원경을 후보로 선정했다(미국에는 '지구형 행성 탐사기Terrestrial Planet Finder'라는 유사한 후보가 있었다). 다윈 우주 망원경 덕분에 과학자들은 지구와 유사한 외계 행성의 대기를 최초로 조사할 수 있었다.

하지만 심각한 문제가 있었다. 우주에 지구와 같은 행성이 얼마나 많이 존재하며, 그러한 행성을 발견하려면 우주 망원경으로 얼마나 많은 항성을 관측해야 하는지 아무도 모른다는 것이었다. 그래서 내가 속한 망원경 설계팀은 논리적으로 추정했다. 만약 항성 10개 중 1개가 지구와 같은 행성을 지니며 우주 망원경으로 그러한 행성을 3개 정도 식별하고 싶다면, 다윈 우주 망원경은 항성을 최소 30개 관측해야 한다. 만약 항성 100개 중 1개가 지구와 같은 행성을 지닌다면, 다윈 우주 망원경은 항성을 최소 300개 관측해야 한다. NASA의 '케플러Kepler' 우주 망원경을 통해 지구와 같은 행성이 얼마나 많은지는 밝혀졌으나, 우리가 다윈 우주 망원경을 설계한 것은 2001년이었고, 케플러 우주 망원경은 그보다 8년 뒤에 발사되었다. 우리 팀은 항성 10개 중에 1개가 지구와 같은 행성을 지닌다고 추정했고, 이를 토대로 다윈 우주 망원경을 설계했다.

그런데 나를 괴롭히는 문제가 하나 더 있었다. 생명체 탐사를 위한 우주선을 설계할 때 쓰이는 표준은 현대 지구였다. 하지만 지구는 초기부터 변화해왔고, 지구 대기의 화학적 구성도 바뀌었다. 그래서 나는 지구의 스펙트럼, 다른 말로 '빛 지문'도 변화했으리라 확신했다. 과학은 지구의 빛 지문이 시간 흐름에 따라 어떻게 변화했는지 밝히지 못한 채 퍼즐의 커다란 조각을 놓치고 있었다. 지구의 빛 지문이 어떻게 변화했는지 모르면, 외계 행성의 환경이 현대 지구와 같지 않을 경우 우주 망원경으로는 외계 행성에서 생명체의 흔적을 감지하지 못할 것이었다.

내 동료는 인생에서 겪은 모든 경험이 세상을 보는 방식, 다음에 해야 하는 중요한 일, 문제 해결에 접근하는 방식을 결정한다고 말했다. 나는 지구가 형성된 순간부터 현재까지 (심지어 미래까지) 지구의 빛 지문이 어떤 형태인지 예측하는 모형을 개발해야 한다고 많은 과학자를 설득했다. 그런데 이러한 모형을 개발하는 일은 지극히 복잡했다. 연관된 수많은 질문에 답을 구해야 하고 지질학과 생물학, 천문학과 공학 등 여러 분야의 의견이 필요했기 때문이다. 당시, 서로 다른 전문 분야의 과학자가 함께 일하는 학제 간 과학은 이제 막 시작한 단계에 불과했다. 과학자가 당대 모든 과학 지식을 알 수 있었던 시대는 이미 오래전에 지나갔다. 이는 좋은 소식이다. 인간 1명이 배울 수 있는 것보다 훨씬 방대한 지식이 밝혀지고, 매일 새로운 정보가 데이터베이스에 추가된다는 의미이기 때문이다. 하지만 이는 더 이상 개인이 모든 것을 혼자서 할 수 없다는 의미이기도 하다.

과학 분야에서 우리는 거인의 어깨 위에 서 있다. 거인이란 우리보다 앞서 지식을 축적한 모든 사람을 뜻한다. 이들이 지식으로 향하는 지름길을 제시한 덕분에, 우리는 같은 결론에 도달하기 위해 모든 논문을 읽거나 모든 실험을 반복할 필요가 없다. 그런데 이러한 지식에는 부정적인 측면도 있다. 서로 다른 전문 분야의 사람들을 한데 모아서 답을 찾기가 무척 어렵다는 것이다. 이는 과학자들이 협력을 원하지 않아서가 아니라, 각 분야가 독립적으로 발전해 주요 목표가 다르기 때문이다. 단어의 의미 같은 간단한 것조차 분야마다 다르다. 지질학자는 대기 구성이 100만분의 1 다를 때 차이가 크다고 말하고, 천문학자는 별까지의 거리가 수조 킬로미터 다를 때 차이가 크다고 말한다. 지질학자와 천문학자가 말하는 대상의 의미를 정확하게 명시하지 않고 대화한다고 상상해보자.

시간 흐름에 따라 변화하는 지구의 빛 지문을 모형으로 개발하려면 수많은 질문에 답을 구해야 한다. 지구가 형성된 이후 태양은 어떻게 진화했을까? 지구 대기의 화학적 구성은 어떻게 달라졌을까? 대륙은 언제 등장했을까? 생명체는 언제 어떻게 지구의 대기와 표면을 변화시켰을까? 이러한 질문 하나를 해결하기 위해 과학자가 일생을 바쳐야 할 수도 있다. 그리고 질문에 답을 구한 뒤에는, 질문에 대한 논쟁은 여전히 진행 중이겠지만, 밝혀진 모든 지식을 종합해 먼 행성의 빛 지문을 생성하는 컴퓨터 프로그램을 개발해야 한다.

모형 개발은 중대한 문제였지만, 이 문제를 해결한 사람은 없었다. 그런데 내가 2001년 학회에서 한 과학자와 우연히 마주친 뒤 상황이 바뀌었다. 나는 지구 진화에 따른 빛 지문 변화를 알아야 지구와 다른 진화 단계에 있는 행성의 생명체 흔적을 놓치지 않을 것이라고 설명했다. 항성은 모두 나이가 같지 않으므로, 항성에 속한 행성도 마찬가지일 것이라는 말도 덧붙였다. 그러자 하버드-스미스소니언 천체물리학 센터 소속 미국 천문학자 웨슬리 트라우브Wesley Traub는 "이 일이 진정 가치 있다고 생각한다면 직접 해야 할 것입니다"라고 말했다. 사람들의 세계관을 바꾸기 위해서는 아직 눈에 보이지 않는 대상의 중요성을 보여줘야 한다.

나는 필요한 답을 전부 얻는 일이 얼마나 어려운지 모르는 게 다행이었다고 이따금 생각한다. 만약 알았다면 시도조차 하지 않았을 것이다! 행성의 환경을 탐사하는 컴퓨터 코드를 생성하려면 다양한 분야의 수많은 과학자와 소통하며 그들의 세계관을 배워야 했다. 나는 그런 일을 했다. 나와 협업한 과학자 대부분은 천문학자의 질문 공세에 깜짝 놀랐다. 나는 우주에서 생명체를 찾는 과정에 따르는 복잡한 문제를 해결하기 위해 다양한 지식, 통찰력, 기술을 보유한 사람들의 아이디어를 연결해야 했다.

지구의 빛 지문이 말해주는 것들

시간 흐름에 따라 변화하는 지구의 첫 번째 빛 지문을 생성하는 모형을 개발하는 데 3년이 걸렸다. 개발 과정에서 생명체가 언제, 어디서, 어떻게 시작되었는지 등 지구 진화에 관해 우리가 모르는 지식이 많다는 것을 깨달았다. 지구와 같은 천체를 찾는 데 중대한 도움이 된다는 점에서 나는 지구 진화에 깊은 흥미를 느꼈다.

화석 기록을 바탕으로 지구가 지금보다 어렸던 시절 어떤 모습이었는지 추정할 수 있지만, 시간을 거슬러 올라갈수록 불확실성은 커진다. 나는 지구 진화에 관한 지식을 토대로 어린 지구가 어떤 모습이었는지 알아냈고, 어린 지구의 빛 지문을 생성하는 컴퓨터 프로그램을 개발했다.

생물 발생 이전에는 지구 대기 중 다량의 이산화탄소가 담요처럼 지표면을 감싸고 있었다. 이 시기의 대기는 공룡이 산소를 호흡하며 돌아다니는 시기의 대기와 다른 빛 지문을 생성했다. 이러한 빛 지문은 지구가 성숙하고, 생명체가 대기와 표면에 흔적을 남기며 큰 폭으로 변화했다.

수년간의 연구 결과는 흥미로웠다. 지구의 역사에서 절반에 해당하는 약 20억 년 동안, 지구 대기는 생명체의 흔적을 빛 지문으로 명백히 드러냈다. 대기에 남은 생명체의 흔적은 메테인과 같은 환원성 기체(대기 중 산소와 반응하는 화합물) 그리고 산소에서 유래한다.

그런데 생명 유지에 필요한 원소, 이를테면 산소를 검출하는 것만으로는 생명체의 존재를 입증할 수가 없다. 온도가 높은 천체에서는 물이 강한 방사선을 받아 두 가지 구성 원소로 분해되고 산소가 대량 생성된다. 이는 희망에 찬 과학자를 오해하게 만든다. 우리는 특히 생명체의 흔적을 발견하려 한다는 점에서 관측 결과를 해석할 때 신중해야 한다. 그래서 과학자는 자신이 소중히 여기는 아이디어를 비판적으로 평가하도록 경력 초기부터 훈련받는다.

지구와 닮은 천체가 생명체를 지닌 상태와 지니지 않은 상태에서 망원경에 보이는 모습을 신중하게 모형화하면, 우리는 신뢰할 수 있는 징후와 신뢰할 수 없는 징후를 구별할 수 있다. 그러면 탐사 결과에 성급히 흥분하기 전에 오해를 일으킬 만한 행성을 가려낼 수 있다. 그뿐만 아니라 생명체 이외로는 설명할 수 없는 조건을 식별할 수도 있다. 현재 생명체 존재 가능성이 높다고 여겨지는 조건은 항성의 골디락스 영역에 속하는 행성인 동시에 행성 대기에 산소와 메테인이 모두 존재하는 것이다. 그렇게 천문학자는 망원경으로 골디락스 영역을 겨냥한다.

지구가 나타내는 생명체 흔적에 대한 해석은 현재 양가적이다. 지구의 빛 지문으로 생명체 흔적이 겨우 수십만 년 동안만 감지되었다면, 다른 행성에서 생명체를 탐색하기 무척 어려웠을 것이다. 따라서 지구의 빛 지문에서 20억 년 전부터 생명체 흔적이 감지된 결과는 상당히 긍정적이다.

그런데 가장 오래된 화석 기록인 약 35억 년 전보다 훨씬 더 오랜 기간 빛 지문으로 생명체 흔적이 감지되었다고 가정해보자. 이는 생명체 흔적이 더 일찍부터 감지된다는 의미이므로 다른 행성에서 생명체를 탐색하기도 더 수월할 것이다. 그에 비하면 짧은 시간이지만, 지구의 빛 지문이 20억 년 전부터 생명체 흔적을 보인다는 사실은 외계 천체에서 생명체를 탐색할 수 있는 기간이 충분하다는 것을 의미한다.

그리고 과학자들은 어린 지구일수록 산소가 희박하다는 점에서, 망원경으로 아주 오랫동안 어린 행성을 관측하며 작은 변화라도 포착해야 한다는 것을 잘 안다. 또한 나의 연구 결과는 지구의 빛 지문이 지난 20억 년간 번성한 생물권을 보여줬다는 점에서, 외계인 천문학자가 이미 지구 생물권을 발견했을 가능성을 암시한다.

태양계에는 수많은 행성과 위성이 존재하고, 나는 그들의 빛 지문이 어떤 형태인지 궁금했다. 화성은 금성이나 목성과 비교하면 빛 지문이 다르다. 어떻게 다를까? 이를 확인하기 위해 우리 연구팀은 태양계의 다양한 행성과 위성, 이를테면 웅장한 목성, 얼어붙은 유로파, 눈부신 고리를 지닌 토성, 차갑지만 붉은색을 띤 화성, 지옥 같은 금성, 지구에 속한 달 등을 대상으로 빛 지문 목록을 작성했다.

빛 지문 목록이란 범죄 현장에서 발견된 지문과 대조하는 지문 데이터베이스와 같다. 태양계 빛 지문 데이터베이스는 태양계에 속한 천체 19개의 빛 지문을 포함하며, 먼 우주에서 발견한 다른 천체와 비교하는 기초 자료로 쓰인다. 제2의 지구를 발견하는 것만큼 제2의 화성을 발견하는 것도 무척 흥미로운 일이다. 거대한 엔셀라두스나 작은 토성을 발견하는 것은 어떨까?

태양계 빛 지문 데이터베이스를 참고하면 멀리 떨어진 천체를 이웃 행성과 비교할 수 있다. 그런데 지금까지 발견된 외계 행성은 태양계 행성의 복사본이 아니다. 발견한 결과를 해석하려면 우리는 상상의 경계를 허물고 태양계에 없는 유형의 행성, 즉 숫자열과 문자열의 조합으로 생성되는 행성을 떠올려야 한다.

나의 컴퓨터 화면은 어두운 배경에 흰색 문자와 숫자로 구성된 간결한 코드를 줄지어 표시한다. 코드 수천 줄로 구성된 프로그램은 다른 항성 주위를 도는 천체에 에너지가 도달하면 그 천체가 어떻게 변화하는지 보여준다. 온도가 상승하거나 하강하고, 화학반응으로 기체가 분해되거나 생성되고, 열이 흡수되거나 방출되면서 눈앞에 새로운 세계가 나타난다. 키보드를 두드리면 행성이 항성 가까이 이동하고, 항성의 색이 바뀌고, 중력이 상승하고, 천체 전반에 모래언덕이나 바다 또는 정글이 생성되고, 생명체가 추가되거나 제거된다. 나는 존재 가능한 천체를 예측하고, 그러한 천체를 실제 망원경으로 탐색할 때 참고하는 빛 지문을 생성한다.

생명체는 행성을 바꿀 수 있다. 그런데 약 20억 년간 외계인 관찰자는 생명체의 흔적, 즉 메테인과 산소를 지구 대기에서 발견하며 지구 생명체의 존재를 감추고 싶었던 인류의 희망을 깨뜨릴 수는 있었어도, 지구에 어떤 생명체가 존재하는지는 알 수 없었을 것이다.

생명체의 흔적을 발견하더라도 그 생명체가 무엇인지 알 수 없다는 점은 생명체 탐색의 흥미로운 요소다. 미생물부터 산소를 호흡하는 식물과 동물까지 다양한 생명체가 존재할 수 있지만, 이를 명확히 확인할 방법은 없다. 일단 생명체의 흔적이 발견되면 다음 모험은 그 생명체가 무엇인지 식별하는 일이 될 것이다.

자외선과 형광색 바다

적색 항성이 뜨는 행성의 표면에 거주하는 생명체는 혹독한 조건을 견뎌내야 한다. 일부 크기가 작은 적색 항성은 특히 어린 시절에 플레어를 일으켜 고에너지 자외선을 행성에 방출한다. 고에너지 자외선은 세포와 유전물질을 파괴하므로 의료 장비 살균에 쓰인다. 나는 지난번 치과에 갔을 때 자외선으로 장비를 살균한다는 것을 알게 되었다.

나는 적색 항성 아래 서식지를 상상하고 모형화하기 시작하며, 지구 생명체가 어떻게 자외선에서 자신을 보호하는지 진정 궁금해졌다. 생명체들은 제각기 다른 전략을 구사한다. 일부 생명체는 자외선이 유발하는 손상을 복구하고, 다른 일부 생명체는 물속이나 지하에서 자외선을 피하고, 또 다른 일부 생명체는 색소 등 방어 도구를 갖춘다. 인간은 자외선 차단제를 바른다. 오늘날 지구는 고에너지 자외선이 지상에 많이 도달하지 않는다. 그래서 인간은 극심한 자외선에 대처하는 방법을 진화시킬 필요가 없었다.

대산화 사건으로 지구 대기가 변화하고 지표면을 보호하는 오존층이 생성되기 전, 생명체는 은신처인 바다에서 번성했다. 물은 강렬한 자외선을 흡수해 생명체를 보호한다. 그런데 놀랍게도 몇몇 생명체는 심지어 바다에서도 강한 자외선에 대항하는 효과적이고 우아한 방법을 고안했다. 바로 빛을 발산하는 것이다.

이들은 생체 형광으로 빛을 낸다. 생체 형광은 생물 발광과 다른 현상이다. 생물 발광이란 생명체가 특정 목적을 위해 화학반응으로 빛을 내는 현상이다. 반딧불이로 가득한 정원을 상상해보자. 반딧불이는 생물 발광을 이용해 서로 소통한다. 푸에르토리코, 자메이카, 베트남, 일본, 몰디브의 일부 해안은 생물 발광의 영향으로 바닷물이 이따금 밝은 네온 청록색으로 빛난다. 이러한 바닷물은 10억 년이 넘는 시간 동안 지구의 일부 해안선을 빛낸 단세포 플랑크톤인 와편모충류dinoflagellates로 가득하다.

생체 형광은 그와 다른 현상이다. 생체 형광을 일으키는 생명체는 자외선을 방출하는 블랙라이트 전등 아래에서 빛을 낸다. 다음에 깊은 바다로 잠수하게 된다면 블랙라이트 전등을 가져가자. 블랙라이트 전등 빛을 받은 몇몇 물고기와 산호가 빛날 것이다. 생체 형광을 일으키는 생명체는 고에너지 광파를 흡수한 다음 파란색, 녹색, 분홍색, 주황색, 빨간색 등을 띠는 밝은 형광성 빛을 다시 방출한다.

놀랄 만큼 다양한 생물종이 자외선을 받으면 빛을 내며, 여기에는 균류와 식물 심지어 동물도 포함된다. 물고기, 해마, 도롱뇽, 개구리, 바다오리, 전갈, 주머니쥐opossum, 올빼미

등 다양한 동물이 빛을 방출한다. 중국붉은배영원Chinese fire belly newt은 적황색, 오리너구리는 자녹색, 웜뱃은 네온 파란색, 날다람쥐는 아름다운 분홍색 빛을 낸다.

과학자들은 일부 생명체가 어떤 이유로 자외선 아래에서 빛을 내는지 여전히 연구하고 있다. 의사소통 수단이라는 가설부터 강한 자외선을 무해한 가시광선으로 분해해 공생생물을 보호한다는 가설까지, 다양한 가설이 도출되었다.

생체 형광 산호는 전 세계의 수족관에 전시되어 있다. 2020년 나는 샌프란시스코에 자리한 캘리포니아 과학 아카데미에서 우주 생명체 탐색을 주제로 강연한 뒤, 영업을 마친 수족관에 데려가달라고 박물관 큐레이터에게 청했다. (나는 과학자로서 수많은 흥미로운 사람, 이를테면 박물관 열쇠를 지녀 영업시간 후에도 방문할 수 있는 큐레이터를 만난다.) 조명은 전부 꺼져 있었다. 새카만 어둠 속에서 은은한 빛만 보였다. 나는 거대한 유리창 앞에 홀로 서는 순간, 아름답게 빛나는 수중 세계를 발견하고 넋을 잃었다.

플레어를 일으키는 적색 항성 주위를 돌며 강한 자외선을 받는 행성을 떠올려보자. 자외선이 행성에 도달하고, 생명체가 자신을 보호하기 위해 강한 에너지를 분해하면, 바다는 은은하게 알록달록 빛나며 아름다운 풍경을 연출할 것이다. 나는 어둠 속에서 그런 놀라운 진화의 풍경을 상상했다.

5장

천문학자의 예상을 완전히 빗나간 행성들

수천 개의 새로운 세계 발견

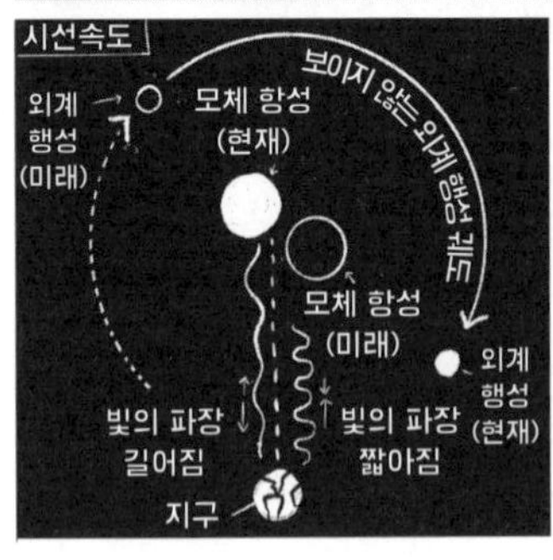

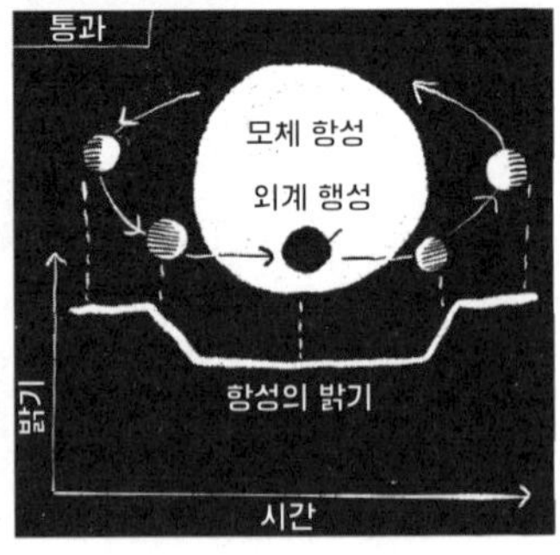

숲속에 두 갈래 길이 있었다.
나는 사람이 적게 간 길을 택했고,
그 선택으로 내 운명이 바뀌었다.
— 로버트 프로스트, 〈가지 않은 길〉

누구나 외계 생명체를 탐사할 수 있다

나는 과학자 경력을 시작한 이후부터 인류가 다른 행성에서 생명체를 발견할 수 있을지, 그리고 그런 흥미진진한 연구에 내가 어떻게 기여할 수 있을지 질문하면서 연구에 매진했다. 그런데 과학적 발견으로 향하는 여정에는, 특히 여자에게는 장애물이 없지 않다. 때로는 장애물이 너무 커서 길을 완전히 막아버리므로 꿈을 추구할 새로운 방법을 발견하려면 창의적인 해결책을 도출해야 한다. (나는 정당성을 의심받거나 무시를 당한 사건을 끝없이 나열할 수 있다. 이러한 나의 경험은 성별에 상관없이 많은 사람에게 공감을 불러일으키고, 비슷한 장애물에 직면한 사람에게 조금이나마 도움이 될 것이다.)

"말도 안 돼요." 내가 지도하는 박사 과정 학생인 사라Sarah가 나의 연구실에 불쑥 들어와 분노하며 외쳤다. 사라는 버스 안에서 두 남자가 확신하며 대화하는 내용을 우연히 듣고 나를 대신해 분노했다. 두 남자는 내가 '여자'라는 이유만으로 권위 있는 연구 기관인 막스 플랑크 천문학 연구소Max Planck Institute for Astronomy에서 경쟁이 치열한 에미 뇌터Emmy Noether 연구팀의 리더를 맡을 수 있었다고 이야기했다. 하지만 나는 하버드대학교에서 연구원으로 근무하는 동안 많은 사람이 선망하는 연구 보조금을 받았고, 이를 계기로 다시 유럽으로 돌아왔다. 누군가는 두 남자의 말을 농담으로 받아들이겠지만, 두 남자는 결코 농담 삼아 그런 발언을 하지 않았다. 이런 부당한 비판은 심지어 해당 분야에서 최고 영예인 노벨과학상을 수상한 여자에게도 똑같이 적용된다.

독일 연구재단German Research Foundation이 약 50만 유로를 지원하는 에미 뇌터 프로그램은 독일의 탁월한 여성 수학자 에미 뇌터의 이름을 따 명명되었다. 이러한 사실은 그 남자들도 간과하고 있었을 것이다. 수개월 전 이 연구소로 자리를 옮기고 참여했던 첫 커피 모임에서 한 남성 동료는 내가 '여성 연구 보조금'을 받았다고 일방적으로 발언했다.

에미 뇌터 연구 보조금은 명칭이 여성 과학자의 이름에서 유래했지만, 모든 과학 분야에서 성과와 미래상을 기준으로 엄격한 선발 과정을 거친 소수의 '특별한 자격을 갖춘 신진 남성 및 여성 과학자' 모두에게 수여된다. 지원자가 1차 심사를 통과하면, 대규모 과학 위원회의 위원들이 1시간 동안 지원자를 직접 면접한다. 지원자가 제안한 연구에 실질적 문제 또는 사소한 결함이 있는지 상세히 평가한다. 과학 위원회의 임무는 프로그램을 통해 지원하는 막대한 연구 보조금이 적절히 사용되도록 관리하는 것이다.

나는 그 남성 동료에게 어떻게 반응했을까? 독일에서는 남성 과학자의 이름을 딴 모든 상이 남자만을 위한 것인지 큰 목소리로 천진난만하게 물었다. 그러자 그 자리에 있던 다른 과학자 대부분이 웃음을 터뜨렸다.

나는 버스 사건을 겪고 복잡한 감정을 느꼈다. 사라의 응원에 자부심과 고마움을 느꼈고, 공개된 장소인 버스에서 동료들이 연구소의 몇 안 되는 선임 여성 과학자를 두고 거리낌 없이 그런 발언을 했다는 사실에 슬픔을 느꼈다.

또 한편으로는 그런 부당한 발언을 듣고 더 이상 경악하지 않게 되었다. 나는 어느 정도 체념한 상태였지만, 사라가 나를 대신해 분노하는 모습을 보고 희망을 품었다. 사라는 그들의 발언에 분노하지 않을 사람은 없다고 확신했다.

그 자체로 놀라운 과학자이자 현재 천문학 교수인 사라는 나의 지도를 받고 하버드대학교 박사과정을 마친 뒤, 몇 달간 내가 근무하는 연구소를 방문해 함께 프로젝트를 마쳤다. 사라는 새로운 세대의 일원으로서 나에게 앞으로 상황이 나아지리라는 기대를 안기고, 우리가 과학계에서 모두가 소속감을 느끼는 환경을 조성하고 있다는 희망을 제시한다.

나는 과학계에서 나를 비롯한 여성들이 역할의 정당성을 의심받은 수많은 사건을 기억한다. 과학계 고위직 면접에서 내가 받은 첫 번째 질문은 "자녀가 있나요?"였다. 자녀 문제는 과학 위원회가 아직 알지 못하는 나의 직무 경험 또는 미래상보다 더욱 유의미한 것 같았다. 나는 "네"라고 대답했다. 비밀이 아니었기 때문이다. 다음 질문은 "결혼은 했나요?"였다. 나에게 아이가 있다는 사실을 확인한 면접관들은 그 아이가 어떤 과정으로 생겼는지 궁금한 것 같았다.

나는 질문의 방향을 종잡을 수 없었다. 만약 내가 결혼하지 않았다면(실제로는 결혼했다), 면접관은 아이 아빠의 자세한 신상 정보를 질문했을까? 이 게임에는 양측 모두 참여할 수 있으니 나는 유머러스하게 대응하기로 했다. "네." 그리고 답변을 이어나갔다. "내 노트북이랑 했어요!" 어느 과학 위원회가 일 중독자를 마다할까? 임신 여부와 향후 임신 계획에 관한 후속 질문이 필연적으로 던져지기 전에 다른 면접관이 서둘러 흐름을 끊었다.

이와 비슷한 상황에 부딪힐 때면 나는 독일 속담을 떠올린다. 이 속담은 오래된 친구가 알려줬는데 마땅한 영어 번역문을 찾기 어렵다. "속상해하지 말고, 그 이유를 생각해보라Nicht äergen, nur wundern." 본능적인 방식은 아니지만, 나는 타인의 동기에 관심을 집중하며 사람들이 세상을 바라보는 관점에 어떻게 도달하는지를 탐구한다.

내가 관점을 전환하면 적어도 한동안은 심각하게 좌절하지 않을 수 있다. 인구 절반을 차지하는 여성을 바라보는 시각이 여전히 구시대에 머무르는 과학자는 소수에 불과하지만, 그러한 과학자 가운데 몇몇은 경쟁적 환경에서 누군가의 앞길을 막을 만한 강력한 권력을 지닌다. 재능 있는 젊은 여성이 연구를 지속하는 기회를 얻기 위해 대부분의 에너지를 투쟁에 소모하면서 얼마나 많은 참신한 아이디어와 발견이 사라졌을까?

나는 이 책에서 외계 생명체를 찾는 일이 무척 어려우며, 심지어 외계 생명체가 우리 얼굴을 응시하고 있어도 그러한 상황조차 깨닫지 못할 수 있다는 사실을 전달하고자 한다. 인류가 이 장대한 탐사에서 성공하는 가장 좋은 방법은 폭넓고 다양한 스펙트럼의 사람들이 모여 각양각색의 관점을 공유하고, 사고와 전문 지식을 확장해 필요한 돌파구를 마련하는 것이다.

따라서 모든 사람이 외계 행성 및 생명체 탐사를 비롯한 과학 분야 전반에서 성공 기회를 얻을 수 있으려면, 우리는 공정한 경쟁의 장을 마련하는 과정에 적극적으로 개입해야 한다. 적극적인 개입이란 간단한 행위로, 정중하게 반대 의사를 표현하는 것이다. 침묵은 실제로 다수의 사람이 동의하지 않는데도 모든 사람이 동의한다고 오해하게 만든다. 그러나 이들은 단지 자신이 발언할 자리가 아니라고 생각할 뿐이다. 이러한 악순환을 끊으려면 침묵하지 않는 태도가 매우 중요하다.

나는 나의 가치를 폄하하는 사람들을 대부분 우연히 피할 수 있었다. 이것은 오스트리아 작은 마을 출신 소녀가 현재 최고의 국제적인 연구팀에 소속되어 우주 생명체를 탐사하고 있다는 결과로 설명된다.

내가 고등학교에서 적성검사를 치른 뒤, 검사관은 나에게 자연과학 연구는 여자가 할 수 있는 일이 아니니 멀리하라 조언했다. (당연하지만 첫 번째 장애물을 넘지 못하면 발견으로 인정받기는커녕 해당 분야에 진입조차 할 수 없으므로, 역사에서 과학적 혁신을 일으킨 인물로 꼽히는 여성은 많지 않다.) 부모님은 분노하면서 검사관의 조언을 완전히 무시했다. 누군가가 여러분 곁에서 무엇이든 원하면 배울 수 있다는 사실을 상기시켜 주는 것은 무척 중요하다. 나는 어렸을 적 부모님이 그러한 사실을 끊임없이 일깨워줬고, 나중에는 점점 더 많은 친구와 동료가 격려해줬다. 혹시 자기 자리를 찾기 위해 고군분투하는 사람이 있다면, 자신을 응원하는 동료를 찾아 그의 조언에 귀를 기울이기를 바란다.

나는 대학교에 다니는 동안 구시대적 시각을 지닌 사람들과 마주쳤고, 그들의 수는 내가 예상한 것보다는 적었지만 바란 것보다는 많았다. 교수진은 여자가 공학, 물리학, 천문학 분야에서 일할 수 있는지를 두고 견해가 엇갈렸다. 연로한 공학 교수는 수업에서 여학생 2명을 완전히 무시하고, 수업을 시작할 때마다 오로지 남학생만을 환영하며 여성에 대한 농담을 던졌다. (이 교수는 첫 수업에서 물리학이란 헌신적인 아내일 뿐 내연녀가 될 수는 없으며, 실생활에서 내연녀를 두지 않는 것은 좋은 생각이 아니라고 자신의 지혜를 공유했다.)

나는 이 교수를 구시대 유물로 여기며, 그러한 부류는 내가 기말고사를 보기 전에 사라질 것이라고 확신했다. 나의 확신은 젊은이 특유의 낙관론으로 판명되었지만, 그 덕분에 수업을 수료할 수 있었다. 그리고 구시대적 견해를 공유하지 않는 여러 다른 교수가 나에게 희망을 줬다. 일부 교수는 여학생이 수업을 수강한다는 사실에 기뻐하기도 했다. 그들이 학기 초부터 내 이름을 기억하고 열심히 불러준 덕분에 나는 늘 수업 준비를 철저히 해야 했다.

대학교를 졸업하고 입사한 첫 직장에서, 나는 직장 생활에 도움이 되는 깊은 교훈을 상사에게서 배웠다. 당시 나는 ESA에 막 입사해 우주 생명체 탐색에 쓰일 다윈 우주 망원경을 설계하는 일을 맡았다. 그때 나는 23살로 팀에서 가장 어린 팀원이었고, 미래 임무 부서의 유일한 여자였다. 이곳의 국제적인 동료들은 나를 동등하게 대해줬다.

내가 입사한 첫 주에 우리 팀은 대형 엔지니어링 업체와 회의했다. 스웨덴 출신의 직장 상사 안데르스 칼손Anders Karlsson은 약 50장 분량으로 강연 자료를 준비했다. 그런데 회의실에 들어가기 직전, 그는 회의 참석자를 위한 강연 자료 복사본을 준비하지 않았음을 깨달았다. 나는 안데르스가 회의를 시작하는 사이에 복사해 오겠다고 말했다. 그러자 그는 나를 보며 다음과 같이 대답했다. "리사, 지금 네가 강연 자료를 복사해 오면 영원히 비서로 남을 것이고, 그러면 무슨 일을 할 수 있든 공학자로 인식되지 못할 거야."

우리는 회의실로 들어갔다. 안데르스는 참석자들에게 강연 자료 복사본 준비를 깜빡 잊었으니 지금 바로 준비해 10분 뒤에 회의를 시작하겠다고 설명했다. 나는 남자 동료들 사이에 앉아 방금 안데르스가 팀에서 나의 역할에 관해 모두에게 강조했음을 알아차렸다. 강연 자료를 복사해 오겠다는 나의 제안을 그가 받아들이지 않은 것은 사소해 보였지만 큰 영향을 미쳤다. 그리고 작은 행동이 커다란 영향을 불러올 수 있으므로, 신중하게 행동하다가 필요한 경우 능동적으로 대처해야 한다는 교훈을 얻었다.

나는 이따금 어린 시절의 나에게 어떤 조언을 하고 싶냐는 질문을 듣는다. 나는 다음과 같이 조언하고 싶다. "타인의 의견을 선택적으로 받아들이는 법을 익혀라. 신뢰할 수 있는 사람들을 찾아 그들의 조언에 귀를 기울여라. 존경받지 못하는 사람의 말은 귀담아듣지 마라." 나는 버스 안의 어리석은 남자들이 아닌 연구실의 다정하고 용감하고 분노에 찬 젊은 과학자를 기억하기로 했다. 이 젊은 과학자를 통해 나는 여성 과학자를 둘러싼 환경이 점차 개선되고 있음을 확신하게 되었다.

아직은 갈 길이 멀다. 나는 가끔 어려움을 겪었지만, 서유럽의 부유한 환경에서 풍요로운 문화를 경험하며 가족의 전폭적 지원과 무료 교육 혜택을 받았다. 이러한 혜택을 받지 못하는 사람에게 이 길이 얼마나 더 힘들지 알고 있다.

하지만 상황은 점차 나아지고 있다. 일부 구시대적 과학자는 세상을 떠났고, 지식의 최전선에서 과학을 탐구하는 기회가 모두에게 열려 있어야 한다는 것을 증명하는 여성 고위직 과학자는 점점 늘어나고 있다. 그리고 다수의 남성 동료도 변화에 동참하고 있다. 이들은 내연녀 농담을 경멸할 뿐만 아니라, 흔히 그래왔듯이 최근 맥주를 함께 마신 동료 중에서 강연자를 선정해 학회가 남성 발표자 중심으로 진행되는 결과가 발생하지 않게 주의한다. 게다가 다양한 팀원과 함께 일하는 상황에 이미 익숙하고, 각양각색 경험을 참고하면 문제를 훨씬 빠르게 해결할 수 있음을 배운 젊은 과학자들도 있다.

나의 연구 성과가 아닌 나라는 사람을 의심하는 동료 과학자를 여전히 만날 때마다, 나는 한 선배 과학자가 들려준 대단히 유용한 조언을 떠올린다. "이렇게 생각하라. 누군가가 당신을 무너뜨리려 한다면, 그것은 당신이 주목할 만한 일을 성취했음을 의미한다." 남성과 마찬가지로 여성 과학자들도 이목을 집중시키는 수많은 연구를 해왔다. 여기에는 우주 생명체 존재에 관한 수수께끼를 해결하는 열쇠에 한층 가까이 다가가는 연구가 포함된다.

행성 사냥꾼이 사냥감을 발견하는 법

거대한 파란색 폭풍과 연한 회색 공기의 흐름은 행성에서 눈에 보이는 표면을 대부분 덮은 채 뒤엉켜 서로를 밀어낸다. 무자비한 태양에 뜨거워진 바람은 지구에서 속력이 가장 빠른 토네이도를 능가한다.

광대한 기체 덩어리는 활활 타오르는 열기에 팽창하다가 강렬한 빛을 받아 행성에서 탈출한다. 거대 행성의 중력도 우주의 깊은 어둠으로 돌진하는 뜨거운 분자의 속력에는 상대가 되지 않는다.

혹독한 항성풍에 강타당하며 뜨거워진 행성의 바깥층은 기체를 잃는다. 행성에서 탈출하는 기체는 혜성과 비슷한 꼬리를 생성해 화려한 빛의 쇼를 연출한다. 토네이도는 맹렬히 몰아치며 항성풍에 대항하지만 패배한다. 결국 행성은 서서히 빛을 잃고 우주의 심원한 어둠 속으로 사라진다.

태양계 밖에서 새로운 천체를 발견하는 것은 미세 진동이라는 수수께끼에서 시작되었다. 앞서 소개한 스위스 천문학자 디디에 쿠엘로와 미셸 마요르는 1995년, 항성 페가수스자리 51^51 Pegasi^에서 이상한 신호를 감지했다. 지구에서 대략 50광년 떨어져 있고, 우리 태양과 쌍둥이에 가까운 페가수스자리 51은 궤도운동을 하며 돌연 앞뒤로 진동했다. 그런데 항성은 아무 이유 없이 진동하지 않는다.

태양계에서 가장 거대한 행성인 목성은 태양이 생성되고 남은 물질을 대부분 함유하며, 페가수스자리 51의 진동 원인을 암시하는 첫 번째 단서를 제공했다. 목성은 태양을 아주 조금 진동시킨다. 목성은 어마어마하게 큰 구체로, 지구 10여 개 크기의 암석형 중심핵이 소용돌이치는 기체에 둘러싸여 있다. 이처럼 웅장한 기체 덩어리인 목성은 태양계 다섯 번째 행성으로 화성 너머에 있으며, 표면 전체가 폭풍의 인상적인 무늬에 뒤덮여 장관을 이룬다. 목성의 극악무도한 날씨의 영향으로 기체가 휘저어지면, 빈센트 반 고흐의 '별이 빛나는 밤'(1889) 같은 무늬가 목성 표면에 형성된다.

목성이 비어 있는 상자라면, 다른 태양계 행성을 전부 그 상자에 담아도 공간이 남을 것이다. 목성은 지구를 왜소해 보이게 한다. 목성이 허리에 두를 벨트를 만들려면 지구 70개를 줄지어야 한다(참신한 할로윈 의상 아이디어다!). 목성에 부는 시속 600킬로미터가 넘는 강한 바람은 태양계에서 가장 막강한 폭풍을 일으킨다. 그러한 폭풍 중 하나인 목성의 대적점Great Red Spot은 한 세기가 넘게 관측되었으며 지구를 쉽게 집어삼킬 만큼 규모가 크다. 태양계 밖으로 골든 레코드를 운반하는 탐사선인 보이저 1호는 1979년 이 거대한 폭풍을 촬영한 상세 사진을 최초로 지구에 전송했다.

그런데 목성은 태양과 비교하면 가볍다. 목성이 물 한 숟가락이라면, 태양은 15리터짜리 주전자다. 여기 우주 규모의 양팔 저울이 있다고 상상해보자. 한쪽 접시에 태양(15리터짜리 주전자)을 담는다면 다른 한쪽 접시에는 목성 한 무더기(약 1,000번의 순가락질)를 담아야 균형을 맞출 수 있다. 목성 및 태양과 비교하면 지구는 물 한 방울이다. 방금 사용한 양팔 저울에 태양과 지구를 담는다면, 한쪽 접시에 지구로 쌓아 올린 거대한 산(약 30만 방울)을 담아야 균형을 맞출 수 있다. 태양계 행성을 전부 한 접시에 올려도 우주 양팔 저울은 아주 미세하게 태양이 올라간 접시 쪽으로 기울어진다. 그만큼 태양은 엄청나게 거대하다. 초기 항성을 둘러싸는 원반은 항성을 만드는 물질을 중심부에 극히 일부분 포함하며, 그러한 원반에서 모든 행성이 생성된다.

태양 지름을 가로지르려면 지구가 대략 100개 필요하다. 이를 상상하고 싶다면 바닥에 통후추 100개를 일렬로 늘어놓아보자. (유용한 정보: 바닥과 색이 다른 통후추를 사용해야 편리하다. 나는 첫 번째 실험에서 어두운 바닥 위에 검은색 통후추를 늘어놓았는데, 돌이켜 생각하니 그리 현명한 선택은 아니었다.) 통후추 100개로 이뤄진 선은 창백한 푸른 점보다 훨씬 방대한 태양의 크기를 보여준다. 태양 내부를 채우기 위해서는 지구가 100만 개 넘게 필요하다(부피는 반지름의 세제곱에 비례한다).

그래서 광대한 우주에서 외계 행성을 찾기는 매우 어렵다. 만약 다른 항성 주위를 도는 행성을 찾고 싶다면, 어떤 유형의 행성을 찾는 쪽이 가장 쉬울까? 천문학자들은 태양계를 둘러보고, 태양계에서 가장 거대한 행성인 목성을 본보기 삼아 외계 행성을 찾기 시작했다.

목성은 태양으로부터 굉장히 멀리 떨어져 있어 태양이 가하는 중력의 영향을 덜 받는다. 그래서 태양의 중력에 대항하기 위해 지구만큼 빠르게 이동할 필요가 없다. 중력과 속력의 균형은 행성이 항성 주위를 1바퀴 공전할 때 걸리는 시간을 결정한다. 태양 주위를 1바퀴 공전하는 데 지구는 1년이 걸리지만, 목성은 느긋하게 이동하며 지구 11년이 걸린다. 천문학자들은 목성처럼 거대한 행성을 찾는 것이 지구처럼 작은 행성을 찾는 것보다 수월하다고 판단하고 10년에 걸쳐 외계 행성을 탐색했다.

태양계의 다른 거대 행성과 마찬가지로 목성은 대부분 기체와 얼음으로 이뤄졌다. 이는 앞에서도 살펴봤듯 목성이 뜨거운 태양에서 멀리 떨어져 형성된 덕분에 얼음과 기체가 증발하지 않고 상당량이 행성 구성 물질로 남았기 때문이다. 얼음 선 너머는 춥다. 지구에 광자 25개가 도달할 때, 목성에는 광자 단 1개가 도달한다.

행성은 크기뿐만 아니라 여러 측면에서 항성과 다르다. 행성은 중심핵에 핵융합로가 없어 에너지를 생산하거나 빛을 내지 못한다. 지구의 달처럼, 행성은 자신을 비추는 항성의 빛을 반사하기만 한다. 이처럼 행성은 작고 희미한 천체이므로 크고 밝은 항성 옆에서 발견하기가 무척 어렵다. 우주에서 관측되는 태양은 우리 눈에 보이는 지구보다 10억 배 넘게 밝다. 10억 초는 약 31.5년이다. 밝기가 아닌 시간으로 숫자를 비교하면, 우리가 지구의 빛을 1초 동안 관측하려면 지구는 태양의 빛을 31.5년 넘게 축적해야 한다. 지구의 빛은 지구가 속한 항성의 빛에 가려진다.

하지만 행성 사냥꾼에게는 사냥감을 발견하는 영리한 방법이 있다. 밤하늘을 올려다보면, 항성 수천 개가 하늘을 가로지르면서 움직인다. 우리 눈에 보이는 항성의 움직임은 대부분 지구가 자전축을 중심으로 자전하며 태양을 공전하는 결과다. 그런데 때로는 뜻밖의 독특한 움직임이 관측될 때가 있으며, 이는 특별한 무언가가 존재함을 암시한다. 독특한 움직임은 가벼운 행성이 무거운 항성을 약간 끌어당기는 현상에서 유래한다. 항성과 행성은 이동하는 동안 서로에게 중력을 약간 가하며 상대 천체의 중력에 대항한다. 항성은 행성보다 훨씬 더 거대하므로 행성이 끌어당겨도 미세하게 진동할 뿐이다. 그런데 그 작은 진동이 중요한 차이를 만든다. 미세한 진동 덕분에 천문학자는 우주 해안에서 새로운 행성을 최초로 발견할 수 있었다.

누군가가 공원에서 개를 산책시킨다고 상상해보자. 주인과 개가 가려는 방향이 일치하지 않으면 개는 주인을 앞으로 당기고, 주인은 몸을 뒤로 젖히며 균형을 잡는다. 목줄은 주인과 개를 묶는 중력으로 생각하면 된다. 개가 클수록 주인은 방향을 결정하기 위해 더욱 강하게 목줄을 당겨야 한다. 덤불이 무성한 공원 구석에서 이들의 산책을 관찰한다면, 개가 보이지 않아도 주인이 특정 힘을 받아 특정 방향으로 끌려가고 있음을 알 수 있다. 이와 마찬가지로 천문학자는 행성이 항성을 당길 때, 항성이 진동하는 모습을 관측할 수 있다. 개가 주인 주위를 빙빙 도는 상황을 떠올려보자. 주인은 똑바로 서 있기 위해 몸을 앞뒤로 빠르게 움직일 것이다. 호기심 많은 눈에 행성은 여전히 보이지 않지만, 천문학자는 그러한 움직임을 참고해 다른 항성 주위에서 외계 행성을 최초로 탐지했다.

그런데 밤하늘을 살펴도 진동하는 항성은 보이지 않는다. 행성의 약한 중력은 측정하기 무척 어렵다. 하지만 항성이 진동하는지 알아내는 비결이 있다. 항성이 내는 빛의 패턴은 정밀한 측정 도구가 된다. 모든 뜨거운 천체는 다양한 색으로 빛난다. 항성은 널리 알려진 흑체 곡선blackbody curve의 형태에 맞춰 고유한 빛을 방출한다. 항성이 방출하는 빛은 특정 색에서 가장 밝고, 그 특정 색에서 멀어질수록 어두워진다. 그리고 항성의 온도에 따라 특정 색은 달라진다.

천문학자가 태양 표면의 온도를 어떻게 알아냈는지 궁금

한 적이 있는가? 섭씨 약 5,500도로 어마어마하게 높은 온도를 어떻게 측정했을까? 어떤 온도계도 태양의 표면 온도를 측정할 수 없다. 설령 측정 가능한 온도계가 있더라도 인간이 태양에 보낼 수 있는 모든 물체는 태양 온도에 녹아버린다. 그러므로 항성처럼 뜨거운 천체의 온도를 측정할 다른 방법이 필요하다. 이 문제를 흑체 곡선이 해결한다. 천체가 방출하는 빛의 색은 과학자에게 그 천체가 얼마나 뜨거운지 가르쳐주므로, 항성의 빛은 우주 온도계 역할을 한다. 예를 들어 우리는 적색 항성이 태양과 같은 노란색 항성보다 표면이 더 차갑다는 사실을 안다.

그런데 항성의 에너지가 모두 방출되는 것은 아니다. 항성은 표면에 얇고 뜨거운 기체층이 있다. 우리는 항성이 내는 빛으로 이 뜨거운 기체의 화학적 구성을 밝힐 수 있다. 더욱 정확하게 설명하자면, 우리는 누락된 빛을 통해 그 화학적 구성을 알아낼 수 있다. 항성의 얇은 표면층은 방출되는 에너지 가운데 일부를 포착하는데, 이는 빛과 물질이 상호작용하기 때문이다.

무엇이 항성을 진동시킬까?

모든 원소는 독특한 구조를 지니고 우주라는 거대한 악보에서 고유한 음을 낸다. 원자 내 전자는 특정한 에너지 준위만 차지할 수 있다. 1열에서 2열로, 또는 1열에서 4열로 이동할 수 있지만 2.5열로는 이동할 수 없는 경기장 관중석을 상상해보자. 전자는 알맞은 에너지의 빛을 받으면 다른 에너지 준위로 도약할 수 있다. 그런데 아주 특정한 색의 빛만이 전자를 다른 에너지 준위로 도약시킬 수 있는 알맞은 에너지를 지닌다. 따라서 서로 다른 원소의 전자는 각기 고유한 색의 빛을 흡수한다. 이러한 상호작용은 각 화학원소에 고유의 바코드 같은 패턴을 만든다. 이 패턴은 빛이 지나가는 경로에서 어떤 화학물질과 마주쳤는지 알려주고, 항성의 미세 진동을 정확하게 감지할 수 있도록 돕는다.

바코드를 참고하면 항성 빛에서 다양한 화학물질의 패턴을 식별할 수 있지만, 바코드가 항상 기존 위치에 있는 것은 아니다. 바코드는 이따금 빨간색 쪽으로 이동한다. 가끔 기존 위치보다 짧은 파장(빨간색은 파란색보다 파장이 더 길다) 쪽으로 이동하기도 한다. 그리고 때때로 우리가 같은 항성을 아주 오랫동안 바라볼 때면 바코드는 흥미로운 움직임을 보인다. 먼저 적색편이(바코드 파장이 빨간색 쪽으로 이동)가 일어났다가 원래 위치로 돌아오고, 그다음 청색편이(바코드 파장이 파란색 쪽으로 이동)가 일어났다가 원래 위치로 돌아오고 또다시 적색편이가 일어나는 식이다. 하늘에서 관측한 바코드와 실험실에서 측정한 바코드 위치를 비교하면 항성이 앞뒤로 진동하고 있음을 깨닫는다. 그러면 다음 질문이 떠오른다. 무엇이 항성을 진동시킬까?

고유의 바코드 패턴이 다른 색(또는 파장)으로 변하는 것은 도플러 효과 때문이다. 이 효과는 일상에서도 쉽게 경험할 수 있다. 구급차가 지나갈 때의 사이렌 소리를 생각해보자. 다가오는 구급차의 사이렌 소리는 높은 음으로 들리지만, 멀어지는 구급차의 사이렌 소리는 낮은 음으로 들린다. 이러한 현상이 발생하는 이유는 우리가 정지해 있는 동안에 구급차가 상대적으로 움직이기 때문이다.

파동을 발생시키는 파원과 관측자의 상대적 운동에 의해, 관측자가 파동의 진동수(또는 색)를 왜곡시켜 인식하게 되는 것이 도플러 효과다. 파원이 움직일 때, 운동 방향과 파동의 진행 방향이 같으면 해당 방향의 파장이 짧아진다. 정지해 있는 관측자에게 구급차가 다가온다는 것은 압축된 파동, 파장이 짧아진 소리(음파)가 다가온다는 것이다. 반대로 멀어지는 구급차의 뒤편은 어떨까? 구급차는 한 방향으로 계속 나아가지만, 소리는 둥근 파문을 만들며 퍼져 나가기 때문에 이때 둘의 방향은 다르다. 따라서 뒤편의 관측자는 파장이 길어진 소리를 듣게 되는 것이다.

그런데 도플러 효과는 소리에 국한되지 않는다. 도플러 효과는 눈에 보이는 빛, 피부로 느끼는 적외선 복사열 등 폭넓은 파장 범위에 걸친 전자기파에 적용된다. 오스트리아 물리학자 크리스티안 도플러Christian Doppler는 파동의 진동수가 실제와 다르게 관측되는 현상을 발견하고 1842년 연구 결과를 발표했다. 그리고 도플러의 고향인 잘츠부르크에서 생산되는 아주 맛있는 샴페인 바닐라 트러플(송로버섯과 비슷하게 생긴 초콜릿-옮긴이)은 도플러 효과Doppler Kon(Ef)feckt라고 명명되었다. 이는 물리 현상을 다루는 도플러 효과와 유형은 다르지만 시대를 초월한 기념물이다.

항성이 관측자에게서 멀어지면 바코드 패턴은 빨간색 쪽으로 이동한다. 이는 실험실에서 측정한 결과보다 빨간색 쪽으로 치우친 위치에서(긴 파장으로) 바코드 패턴이 관찰된다는 의미다. 이러한 기본 개념이 이해되자 수많은 혁신이 이어졌다. 이를테면 1929년 미국 천문학자 에드윈 허블Edwin Hubble은 바코드 이동을 참고해 우주가 팽창한다는 것을 발견했다. 그런데 어느 쪽일까? 은하가 보이는 바코드는 원래 위치와 비교하면 빨간색 쪽으로 이동했을까, 아니면 파란색 쪽으로 이동했을까? 인류가 탐사하는 이웃 은하를 제외한 우주 대부분 은하는 적색편이 바코드를 보인다. 따라서 은하는 평균적으로 우리에게서 멀어지며, 이는 은하가 우리와 충돌하지 않으리라는 것을 암시하므로 행운이다. 은하가 우리에게서 점점 더 멀어지며 적색편이를 보이는 현상은 우주 팽창을 입증하는 명백한 증거다.

그런데 항성이 적색편이를 보인 다음 청색편이를 보이는 현상은 무엇을 뜻할까? 적색편이는 항성이 우리에게서 멀어지고 있음을 뜻한다. 청색편이는 항성이 우리에게 접근하고 있음을 뜻한다. 적색편이-청색편이-적색편이-청색편이로 변하는 패턴은 항성이 우리에게서 멀어지다가 가까워지고, 다시 멀어지다가 가까워짐을 알려준다. 이러한 진동은 공원에서 개가 주인을 당기듯이 무언가가 항성을 당기고 있음을 나타낸다. 항성의 진동 강도는 항성을 끌어당기는 행성의 크기에 달려 있다. 끌어당기는 힘이 강한 거대 행성은 천문학자의 눈에 쉽게 띈다.

우주 교향곡에서 빛은 머나먼 항성과 행성과 은하 그리고 이들의 온도와 구성 성분과 움직임에 관한 이야기를 색이나 파장으로 전한다. 천문학자는 빛의 파장이나 스펙트럼을 탐구할 때 단순한 현상을 관찰하는 대신, 빛의 언어로 아름답게 적힌 우주의 음악적 서사를 듣는다.

나는 이번 장 도입부에서 역사상 최초로 발견된 외계 행성을 언급했다. 페가수스자리 51 b51 Pegasi b는 모체 항성인 페가수스자리 51을 강하게 끌어당긴다. 페가수스자리 51 b라는 명칭에서 페가수스자리 51은 행성의 성姓으로, b는 행성의 이름으로 생각하면 된다. 그런데 페가수스자리 51 b는 원래 있어야 할 곳에 있지 않았다. 천문학자들은 탐색 기간을 수십 년으로 예상했지만, 그보다 훨씬 빠르게 페가수스자리 51 b를 발견했다. 목성과 닮은 이 거대 행성은 뜨겁게 타오르는 항성에 가까이 붙은 채로 돈다. 페가수스자리 51 b가 항성에 닿지는 않지만, 이 행성과 항성 사이에는 항성 4개만 들어갈 수 있다. 다른 사례와 비교하자면 수성과 태양 사이에는 태양 40개, 지구와 태양 사이에는 태양 100개가 들어갈 수 있다. 따라서 페가수스자리 51 b는 수성보다 모체 항성에 10배 더 가깝다.

우리는 일상생활을 하거나 과학 연구를 할 때 기존 지식(이번 경우는 목성)을 본보기로 삼고 그에 맞춰 행동한다. 그런데 생명과 자연은 이따금 우리를 놀라게 한다. 목성은 11년에 걸쳐 진동 신호(적색편이-청색편이-적색편이-청색편이)를 일으킨다. 쿠엘로와 마요르는 그들의 관측 장비가 이처럼 거대한 행성만 감지할 수 있으리라고 생각했다. 천문학자는 항성 주위를 도는 행성의 궤도를 절반 이상 관측해야 행성을 식별할 수 있으므로, 또 다른 목성을 식별하려면 수년간 탐색해야 했다. 그런데 두 과학자는 불과 4일 반 만에 앞뒤로 진동하는 항성을 발견했다. 심지어 태양과 가장 가까운 수성도 1바퀴 공전하는 데 약 3개월이 걸린다.

새로 발견한 행성은 수성보다 훨씬 빠르게 움직였다. 이 행성은 모체 항성 주위를 1바퀴 돌기까지 지구 기준으로 4일 반밖에 걸리지 않았다. 월요일 아침에 시작해 금요일 오후가 되면 페가수스자리 51 b의 1년이 끝났다. 이 행성은 항성에 근접해 온도가 매우 높으므로 액체 상태의 물이 존재할 수 없다. 실제로 펄펄 끓는 열기가 대기를 뜨겁게 데운다. 페가수스자리 51 b의 바깥층은 일부 떨어져 나가 우주의 차가운 어둠으로 던져진다. 떨어져 나간 기체는 추운 진공상태에서 얼음으로 냉각되어 반짝이는 꼬리를 생성한다.

페가수스자리 51 b는 항성에 너무 가까워 바깥층 일부가 떨어져 나갈 만큼 뜨겁고 거대한 행성이다. 이 행성은 천문학자의 예상을 완전히 빗나갔다. 여러분이 진동 신호를 발견한 천문학자라고 상상해보자. 여러분은 거대 행성이 모체 항성에 그토록 가깝게 형성될 수 없음을 알기에, 그런 웅대한 행성은 그 위치에 존재할 수 없다고 예상했을 것이다. 하지만 진동 신호는 4일 반마다 규칙적으로 반복되었다.

1일 1 외계 행성 발견 중

외계 행성이 발견되기 전에 우리가 아는 행성계는 태양계뿐이었으므로, 우리는 태양계가 전형적이며 모든 행성계가 이러한 모습이리라 예상했다. 다른 행성계가 태양계보다 크기가 조금 더 크거나 작을 수 있으며 행성 수가 조금 더 많거나 적을 수 있지만, 태양계와 거의 비슷하리라 기대했다. 태양계가 우리가 아는 전부라면 그것은 좋은 출발점이다. 하지만 우주의 모습은 전혀 그렇지 않았다.

페가수스자리 51 b의 발견은 흥분을 불러일으켰지만 심각한 문제가 하나 있었다. 이치에 맞지 않는다는 것이었다. 태양계 어느 요소도 거대 기체 행성이 항성에 매우 가깝게 존재할 수 있음을 암시하지 않았다. 일주일 안으로 항성 주위를 1바퀴 도는 행성은 시속 약 50만 킬로미터라는 놀라운 속력으로 쏜살같이 움직여야 한다. 이는 목성보다 대략 10배 빠르다. 이 행성은 지구에서 가장 빠른 전투기의 기록보다 70배 빠르다. 지구는 시속 약 10만 킬로미터로 태양 주위를 1바퀴 도는데, 이는 페가수스자리 51 b와 비교하면 달팽이 속도다.

발견한 진동 신호는 정말 행성이 일으켰을까? 어쩌면 페가수스자리 51은 낯설고 새로운 방식으로 움직이고 있었는지 모른다. 새로운 움직임이 마치 진동하는 것처럼 보였을 수 있다. 다양한 추측을 기반으로 활발한 토론이 일어났다. 진동 신호는 진짜였을까? 만약 진짜였다면, 이러한 항성은 우주에서 페가수스자리 51만이 유일할까? 관측 장비는 제대로 작동하고 있었을까?

페가수스자리 51 b의 발견으로 새로운 질문의 물꼬가 트였다. 전 세계 연구팀은 망원경으로 페가수스자리 51과 다른 항성들을 관측했고, 며칠 지나지 않아서 뜨거운 행성의 영향으로 진동하는 모체 항성을 많이 발견했다. 하지만 이들 항성이 진동하는 이유에 관해서는 여전히 수수께끼로 남아 있었다. 천문학자들은 거대한 기체 행성이 항성에 그토록 가깝게 형성될 방법이 없다고 믿었기 때문이다.

이는 페가수스자리 51 b가 거대한 암석형 행성이라는 의미일까? 그렇다면 항성 가까이에 그런 장엄한 암석을 형성할 만한 다량의 암석 물질은 어디서 얻을 수 있었을까? 천문학자들은 다른 항성과 어린 행성이 형성되는 원반을 조사해 봤지만, 거대한 암석형 행성을 만들기에 충분한 암석 물질을 발견하지 못했다. 따라서 페가수스자리 51 b는 목성과 같은 기체 행성이어야만 했다. 그러면 이 행성은 모체 항성에 어떻게 가까워졌을까?

페가수스자리 51 b의 신호는 시계처럼 반복되었지만, 인류의 세계관을 바꾸는 데는 많은 증거가 필요했다. 페가수스자리 51 b와 그 후에 발견된 수백 개의 외계 행성은 태양계의 구성이 수천 가지 가능한 구성 중 하나에 불과하다는 점을 밝혔다. 이로써 인류의 세계관은 흔들렸다. 외계 행성 발견 전에는 태양계가 표준이라 가정했기 때문이다. 목성은 태양에서 안정된 중력을 느끼며, 현재의 궤도를 포기하고 태양에 더 가까이 다가갈 만큼 강한 중력을 느끼지 못한다. 이것이 목성과 페가수스자리 51 b의 차이점이다. 대다수의 과학자는 10여 개의 외계 행성이 발견된 뒤에야 페가수스자리 51 b의 신호가 진짜라고 확신했고, 행성계 형성 과정에서 중요한 부분을 놓치고 있음을 깨달았다.

천체가 형성되는 과정에서 과학자들이 놓친 부분은 무엇일까? 그 행성이 형성될 수 없는 위치에서 관측되었다면, 뜨거운 목성은 형성 이후에 그 위치로 이동했을 것이다. 몇몇 행성은 분명 떠돌아다닌다. 어떻게 그럴 수 있을까? 항성의 중력은 변화하지 않으므로, 떠도는 행성은 항성과 충돌하거나 우주의 어둠으로 튕겨 나갈 것이다. 그런데 페가수스자리 51 b는 떠도는 행성이 모두 길을 잃는 것은 아님을 가르쳐준다. 일부 행성은 항성과 가깝지만 충돌하지는 않을 정도의 위치에서 떠돌기를 멈춘다. 이후 행성은 안정적인 궤도를 찾고 항성 주위를 조용히 연속적으로 돈다. 그리고 훗날 항성이 팽창하면 모든 상황은 다시 변화한다.

항성 멀리에서 형성되었다가 결국 항성과 가까워진 행성이 실제로 존재한다면, 행성은 형성 이후에 떠돌아다닐 수 있어야 한다. 행성은 원반에서 물질이 충돌하며 형성된다. 원반의 중력은 새로 형성된 행성을 끌어당기며 행성의 이동 속력을 변화시킨다. 그런데 원반은 겨우 수십만 년간 존재하며, 이는 보편적 항성의 수명인 수십억 년에 비하면 그리 길지 않다. 원반은 그 짧은 시간에 둥근 체스판 위에서 말을 움직이듯 행성을 형성된 위치에서 다른 궤도로 옮길 수 있다.

행성의 속력이 느려지면 항성의 중력이 행성을 더욱 가까이 끌어당긴다. 행성의 속력이 빨라지면 행성은 항성에서 멀어진다. 이것이 행성이 처음 형성된 위치에서 완전히 다른 궤도로 이동하는 방법이다. 행성은 떠돌아다닌다. 그런데 거대 행성이 초기 행성계를 휘젓고 다니면 다른 행성에 큰 혼란을 초래할 수 있다. 목성 같은 웅장한 행성이 항성을 향해 행성계 안쪽으로 이동하면, 지구처럼 비교적 작은 행성들은 궤도에서 밀려날 것이다. 밀려난 행성은 태양계 밖으로 튕겨 나가 우주 어둠 속에서 외로운 떠돌이가 되거나, 항성과 충돌해 영광의 불길 속에서 최후를 맞이할 것이다.

항성이 중심핵에서 핵융합을 일으키면 강한 항성풍이 원반을 날려버리고 행성들이 자리 잡는다. 예외적으로 한 행성이 다른 행성과 충돌하는 경우도 있지만, 이러한 충돌은 초기에 행성과 암석이 항성 주위의 비슷한 궤도에 존재할 때 발생한다. 다른 항성 주위를 도는 행성 수천 개를 목록으로 작성하면, 이러한 행성계 진화 과정이 담긴 스냅사진을 볼 수 있다. 우리를 주위 만물과 연결하는 거대한 그물망과 같은 지식을 상상해보자. 이 그물망은 페가수스자리 51 b처럼 우리가 예상하지 못한 것을 발견하고 지식 구조에 추가할 때마다 확장된다.

현재 인류는 외계 행성을 5,000개 넘게 안다. 이는 1995년 외계 행성을 최초로 발견한 뒤부터 이틀에 1개씩 발견하고 있다는 의미다. 그 밖에 1만 개 외계 행성 후보가 신호를 보이면 전 세계 연구팀은 해당 신호가 측정 오류인지 아니면 실제 신호인지 검증한다. 그 결과, 외계 행성 후보 10개 중 8개는 실제 행성으로 밝혀졌다. 그러므로 같은 신호를 보인 후보들까지 발견한 외계 행성에 포함한다면, 마요르와 쿠엘로가 페가수스자리 51 b의 흥미로운 신호를 발견한 이후로 인류는 하루에 적어도 1개씩 외계 행성을 발견한 셈이다.

과학은 우여곡절 끝에 발전한다. 어제 불가능했던 일이 오늘 현실이 되고, 내일은 인류가 성취할 대상이 변화한다. 마요르와 쿠엘로의 발견은 과학 발전을 한 단계 끌어올렸다. 이들은 외계 행성을 발견한 공로로 노벨상을 받았다. 과거 어느 날까지 천문학자는 먼 항성 주위를 도는 행성의 존재를 추측만 할 수 있었지만, 그다음 날부터는 그러한 행성이 실제 존재함을 알았다. 확인된 외계 행성 5,000여 개는 대다수가 우리 우주의 뒷마당에 존재하는데, 모체 항성이 지구에 가까울수록 행성의 존재 여부를 더욱 쉽게 파악할 수 있기 때문이다. 새로 발견된 행성은 미래 우주 탐사를 위한 지도에서 첫 번째 목적지다.

기상천외한 행성 열전

페가수스자리 51 b는 지금까지 발견된 외계 행성 중에서 가장 가깝지도, 뜨겁지도, 기묘하지도 않다. 2008년 SuperWASP라는 외계 행성 탐사 프로젝트에서 발견된 또 다른 외계 행성 WASP-12 b를 예로 들겠다(WASP는 광역 행성 추적Wide Angle Search for Planets을 줄인 말로, 일련의 소형 로봇 망원경으로 행성을 탐색하는 방식이다). WASP-12 b는 지구 1일보다 조금 더 긴 시간 동안 항성 주위를 1바퀴 돌면서 항성에 점점 더 가까이 끌려가고 있다. 이 행성은 앞으로 300만 년 안에 모체 항성 표면에 충돌해 소멸할 것이다. 2017년 케플러 연구팀이 발견한 뜨거운 행성 K2-137 b는 항성 주위를 1바퀴 도는 데 지구 4.3시간밖에 걸리지 않으므로, 지구 기준으로 매일 이 행성은 모체 항성을 5바퀴씩 공전한다. 따라서 지구 24시간 동안 K2-137 b는 5년이 흐른다.

가장 뜨거운 외계 행성과 비교하면, 태양계에서 가장 뜨거운 행성인 금성은 미지근하다. 금성은 표면 온도가 섭씨 약 480도로, 지구에서 약 700광년 떨어진 행성 KELT-9 b의 타는 듯 뜨거운 대기가 섭씨 약 4,500도인 것에 비하면 서늘하다. KELT-9 b는 2016년에 광역 극소형 망원경Kilodegree Extremely Little Telescope, KELT 연구팀이 발견한 행성으로, 지금까지 발견된 가장 뜨거운 외계 행성이다. 새롭게 발견된 외계 행성 대부분이 거대하고 온도가 극도로 높다는 점에서, 온화한 지구는 진정 특별한 행성이라고 믿게 된다.

과학에서 발견 가능한 대상과 발견 불가능한 대상을 파악한 다음, 실제 발견 결과와 비교하는 일은 무척 중요하다. 작은 행성은 큰 행성보다 발견하기 훨씬 어렵다는 점을 고려하면 지금까지 발견된 행성은 다른 이야기를 들려준다. 새롭게 발견된 뜨거운 행성은 아직 밝혀지지 않은 다양한 외계 행성의 존재를 암시하지만, 이는 천문학자가 발견할 수 있는 행성의 일부에 불과하다.

천문학자는 앞뒤로 진동하는 항성을 며칠 간격으로 끊임없이 발견한다. 진동의 원인이 실제로 항성을 끌어당기는 행성임을 확신하려면 과학자에게는 무엇이 필요할까? 같은 행성의 존재를 확인하는 또 다른 방식이다. 과학자에게는 독립적 확인이 필요하다.

두 가지 독립적 방법에서 동일한 결론이 도출되면 그 결과는 확증된다. 2000년 캐나다계 미국인 천문학자 데이비드 샤르보노David Charbonneau와 그의 동료 그레고리 헨리Gregory Henry가 각각 이끄는 두 연구팀은 관측 결과를 통해 새로운 행성의 존재를 두고 벌어진 논쟁의 판도를 뒤집었다.

HD 209458 b는 지구에서 약 160광년 떨어진 외계 행성으로 페가수스자리에 속한다. 이 행성의 모체 항성은 진동하는 동시에 빛이 희미해지는데, 진동을 측정한 결과 행성이 항성 주위를 이동하다가 우리의 시선에 들어오는 정확한 시점에 항성의 빛이 희미해졌다. 술집에서 친구를 찾다가 눈이 부실 때 가장 쉽게 시야를 확보하는 방법은 밝은 조명을 차단하는 것이다. 눈과 조명 사이에 손을 두면 눈부심을 막을 수 있다. 술집에서는 빛을 가려야 앞이 더욱 잘 보인다. 손을 내리면 조명이 다시 밝게 보인다.

지구와 모체 항성의 사이에서 움직이는 행성은 몇 분에서 몇 시간 동안 모체 항성의 빛 일부를 차단한다. 이 두 번째 확인 방식에서 천문학자는 항성의 진동이 아닌 항성 밝기의 변화를 관측한다. 현재 항성은 이전과 비교해 밝기가 감소해 보이는가? 밝기의 감소는 시계처럼 반복되는가? 천문학자는 항성의 밝기가 감소하는 정도를 기준으로 항성 표면의 일부를 가리는 천체가 얼마나 큰지 알아낼 수 있다.

행성 HD 209458 b는 진동하는 항성 주위에서 최초로 발견된 행성 10여 개 가운데 하나였다. 이 뜨거운 목성들은 모체 항성과 매우 가까우므로, 항성 주위를 도는 과정에서 우리 눈에 보이는 항성의 일부분을 가릴 확률이 약 10분의 1로 높다. 그러나 모든 행성이 우리 시야에서 항성 빛을 차단하는 것은 아니다. 지구에서 우리가 보는 시선에 행성이 들어와야 하기 때문이다. 따라서 뜨거운 거대 행성의 모체 항성 10개 중에서 9개는 변함없이 빛나고, 나머지 1개는 주기적으로 희미해지며 동반자를 드러낸다. 지구에서 볼 때 이 나머지 1개의 항성에 속한 행성은 벽 앞에서 그림자놀이를 할 때처럼 밝은 항성에 어두운 그림자를 드리운다.

HD 209458 b가 속한 항성은 시계처럼 정확하게 3시간 주기로 밝기가 2퍼센트씩 아주 미세하게 감소한다. HD 209458 b는 이 항성의 뜨거운 표면 일부분을 매년 약 백 번 가로막는다. 이처럼 항성 밝기가 적게 감소하려면, 항성 빛을 차단하는 천체는 크기가 항성에 훨씬 못 미치는 행성만큼 작아야 한다.

그리고 항성의 진동을 파악하면 새로운 행성의 정체를 알리는 퍼즐 조각을 하나 더 가지게 된다. 항성의 진동은 행성의 질량을, 항성의 밝기 감소는 행성의 크기를 가르쳐준다. 우리는 여전히 행성 자체를 실제로 볼 수 없지만 확보한 정보를 토대로 행성의 질량과 형태를 추정한다.

이 행성은 지구나 바위처럼 밀도가 클까? 아니면 목성처럼 푹신한 기체 덩어리일까? 두 가지 확인 방식에서 얻은 정보를 결합하면 HD 209458 b는 목성처럼 뜨겁고 푹신한 기체 덩어리라는 것을 알 수 있다. HD 209458 b를 우주 규모의 욕조에 넣으면 물에 떠오를 것이다. 이 행성은 밀도가 토성의 절반 정도밖에 되지 않는다. 밀도가 마시멜로에 가깝다. 표면이 뜨거우니까 구운 마시멜로다. 그런데 HD 209458 b는 마시멜로가 아닌 수소로 대부분 이뤄져 있다. 게다가 근처 항성에서 전달되는 뜨거운 열기가 이 행성을 더욱 부풀린다. HD 209458 b는 소설보다 낯설지만, 외계 행성의 존재를 묻는 질문에 현실적인 답을 제시한다.

HD 209458 b는 페가수스자리 51 b의 정체까지 밝혔다. HD 209458 b가 뜨거운 기체 덩어리라면, 페가수스자리 51 b도 마찬가지다. 두 행성은 뜨거운 기체 덩어리가 항성 가까이에 존재한다는 사실을 확증한 행성 수백 개 가운데 첫 사례다.

천문학자들이 천체를 명명할 때 창의력을 발휘하지 않는

이유가 궁금한 사람도 있을 것이다. HD 209458은 대규모 폭풍이 휘몰아치는 뜨겁고 기상천외한 천체를 연상시키지 않는다. 천체 이름은 순전히 실용적이다. 문자 b는 이 행성이 HD 209458 주위에서 발견된 최초의 행성임을 의미한다(문자 A는 다중성계의 동반 항성에 붙인다). 문자 b, c, d, e, f는 행성계에 행성이 몇 개 속하고, 어느 행성이 더 뜨거우며 항성에 가까운지 쉽게 파악하도록 돕는다. 이는 항성에 가까운 행성이 일반적으로 먼저 발견되기 때문이다.

항성의 이름은 글자와 숫자의 다소 무작위적인 조합처럼 보이지만 여기에도 나름 이야기가 담겨 있다. 항성 HD 209458을 예로 들겠다. 이 항성은 1920년대에 조사한 인접 항성 22만여 개가 수록된 헨리 드레이퍼 목록Henry Draper Catalogue, HD에서 이름을 따왔다. HD 209458이라는 이름은 이 항성이 밝고(HD 목록은 밝은 항성들의 목록이다-옮긴이), HD 목록에서 209,458번째 항목에 있다는 것을 알려준다. 천문학자는 이를 통해 해당 항성에 관한 상세 정보를 찾을 수 있다.

행성 HD 209458 b는 이집트 저승의 신 이름에서 유래한 오시리스Osiris라는 별명도 얻었다. 그런데 모든 외계 천체에 별명이 붙는 것은 아니다. 특히 고대 신에서 유래한 별명은 불가능하다. 외계 행성만 해도 5,000개가 넘기 때문이다.

모든 외계 천체에 별명을 붙이다가는 신의 이름이 금세 소진될 것이다.

나는 2015년 호놀룰루에서 개최된 국제천문연맹 총회에서 NameExoWorlds라는 외계 행성 이름 짓기 공모전을 영광스럽게 시작했다. 여러분도 이 공모전에 참여해 외계 행성의 이름을 제안하며 명명을 도울 수 있다. 여러분은 새롭게 발견된 천체에 어떤 이름을 붙이고 싶은가?

천문학자들은 갈수록 더 많은 외계 행성을 발견했지만, 오랫동안 새로운 행성을 촬영한 사진은 없었고, 그 행성의 모습을 상상한 예술적인 인상만 있었다. 그런데 2008년 캐나다 천문학자 크리스천 마루아Christian Marois는 항성 HR 8799 주위를 도는 어린 행성의 가족사진을 찍었다. 작고 빛나는 점 4개가 담긴 이 사진은 외계 행성 가족을 촬영한 첫 번째 스냅사진이다.

항성 이름 HR 8799는 개정 하버드 광도측정성표Harvard Revised Photometry Catalog, HR의 8,799번째 항성이라는 점에서 유래한다. 이 항성은 태양보다 질량이 약 1.5배 무겁고 밝기가 약 5배 밝다. 대략 3,000만 년 전에 형성되었고, 지구에서 130광년 정도 떨어져 있으며, 페가수스자리의 큰 사각형Great Square 서쪽 모서리에 자리한다.

어린 행성은 행성을 형성한 조각들의 충돌로 여전히 온도가 높다. 이러한 행성들은 모체 항성이 내뿜는 찬란한 빛 아래에서도 관측될 만큼 뜨겁다. 그리고 나이가 들수록 냉각되고 빛이 희미해져 결국 우리 시야에서 사라진다. 그래서 어린 외계 행성 4개가 담긴 사진은 영원히 간직되는 아기 사진처럼 소중한 추억으로 남는다.

새로운 천체를 발견하려면 우주에서 적절한 순간을 포착해야 한다. 그러한 발견은 항성과 행성이 태어나 움직이다가 죽음을 맞이하는 공간으로서 끊임없이 진화하는 우주의 특정한 순간을 포착한 스냅사진이다.

감당하기에 너무 뜨거운 용암 행성

당신은 달린다. 지칠 대로 지쳤지만 조금이라도 더 빠르게 나아가기 위해 자신을 채찍질한다. 머리 뒤로 태양이 떠오르고, 태양은 대기를 과열해 마지막 숨을 앗아가고 뼈를 새카맣게 태울 만큼 뜨거운 열기를 내뿜는다. 당신은 달린다. 땅거미가 깔린 좁은 영역에 머무르며 행성 1바퀴를 돌아 일출을 앞지른다. 행성의 한쪽 면은 낮의 열기가 뜨겁게 끓어오르고, 다른 한쪽 면은 밤공기가 얼어붙어 대지에 내려앉는다. 당신은 달린다. 생존 가능한 좁은 온도 범위를 사수하기 위해… 영원히 일출을 앞질러 달린다.

이런 일이 일어날 수 있을까? 이 아이디어는 데이빗 토히David Twohy 감독이 연출한 영화 '리딕'(2004)의 핵심이다. 감독은 주인공 리딕이 가상의 행성 크리마토리아 지하 감옥에서 탈출한 뒤, 치명적인 일출을 앞지르며 달리는 장면을 상상했다. 이 과학 애호가는 외계 행성 시나리오를 탄탄하게 구성했다. 리딕은 크리마토리아에서 일출을 뒤로하고 달리며 강한 인상을 남긴다. 리딕이 달리는 동안 정확하게 무엇을 호흡했는지 내가 뻔뻔스럽게 궁금해하자, 감독은 리딕이 계속 방독면을 썼다면 영화의 재미가 떨어졌을 것이라고 우아하게 인정했다. 예비 우주 여행자를 위해 유용한 정보를 알리자면 주위에서 암석이 증발할 때 호흡해서는 안 된다.

리딕이 지옥 같은 풍경을 뒤로하고 달리는 장면을 보고 있으면, 우리는 외계 세계에 흠뻑 빠져들어 어딘가에 존재할 법한 기이하고 매혹적인 환경을 살짝 엿보게 된다. 현재로서는 이처럼 새로운 세계를 상상하는 것이 우리가 그곳을 방문하는 가장 그럴듯한 방법이다. 그런데 천문학자들은 현실의 크리마토리아가 될 수 있을 정도로 굉장히 뜨거운 암석형 행성을 이미 발견했다.

지름 27센티미터 망원경을 탑재한 프랑스-유럽 소형 우주 탐사선인 '대류, 회전과 행성 통과Convection, Rotation et Transit Planétaires, CoRoT'는 2009년 뜨거운 암석형 행성을 최초로 발견했다. 행성의 이름은 CoRoT-7 b로, 이는 충격적인 발견이었다. 행성의 모체 항성인 CoRoT-7은 노란색 항성인 태양보다 약간 더 밝으며, 지구에서 약 500광년 떨어진 외뿔소자리Monoceros에 있다. 지구에서는 태양이 자그만 원반처럼 보이지만, CoRoT-7 b에서는 CoRoT-7이 하늘에 크게 떠 있다.

CoRoT-7 b는 지구보다 약간 더 큰 암석형 행성으로, 지구와 크기가 비슷한 데다 암석형 행성이라는 점에서 지구형 행성이라고 불린다. 그런데 CoRoT-7 b는 지구와 완전히 다르다. CoRoT-7 b는 표면 온도가 섭씨 약 2,000도로 엄청나게 뜨겁다. 온도가 너무 뜨거운 나머지 암석이 녹아 증발한 뒤 비가 되어 이 용암 행성에 다시 내린다.

이는 온화한 지구에서 관찰되는 물 순환과 비슷하다. 하지만 물로 된 빗방울이나 눈송이가 우리 몸에 내리는 상황과 비교하면, 암석 빗방울이 우리 몸을 강타하는 것은 차원이 다른 자연재해다. CoRoT-7 b에 폭풍이 몰아치면 우산을 능가하는 도구가 필요하다. 더글러스 애덤스Douglas Adams가 집필한 고전 과학 소설《은하수를 여행하는 히치하이커를 위한 안내서》에는 이런 조언이 적혀 있다. "용암을 타고 카이트 서핑(대형 연이 끄는 수상 보드 스포츠-옮긴이)을 하기에 완벽한 장소이지만, 암석 빗방울을 맞지 마시오."

낮과 밤이 전환되는 영역은 어떨까? CoRoT-7 b에는 일출을 앞질러 달릴 만한 따뜻한 온대 지역이 있을까? 우선 대기는 유독 기체로 가득 차 있으니 호흡하면 안 된다. 산소마스크는 예비 탐험가에게 필수품이다. 그렇다면 이제 문제는 대기가 얼마나 두꺼운지다.

지구에서 낮인 한쪽 면과 밤인 반대쪽 면은 온도가 거의 비슷하다. 밤이 더 춥기는 하지만, 몹시 춥지는 않다. 지구에서는 대기와 바다가 전 세계 곳곳으로 열을 전달하므로, 태양이 하늘을 비추든 비추지 않든 온도가 거의 비슷하다. 다른 천체에도 바람과 바다가 있다면 낮과 밤의 온도가 비슷할 것이다.

CoRoT-7 b는 바다가 물이 아닌 용암으로 이뤄져 있지만 어쨌든 강한 폭풍에 힘입어 행성 곳곳으로 열을 전달할 것이다. 천문학자들이 CoRoT-7 b를 처음으로 발견했을 때, 이 최초의 암석형 외계 행성에 생명체가 존재할 수 있느냐는 논쟁이 일어났다. 그리고 리딕이 크리마토리아에서 달리는 영역처럼 온화한 지대의 존재 가능성이 논쟁에서 중점적으로 다뤄졌다.

그렇게 뜨거운 행성에 온대가 존재할 수 있을까? 내가 동료들을 실망시킨 견해를 밝히자면, 이 행성에 호흡할 대기가 있다면 바람이 불 것이며, 바람은 강렬한 열기를 행성 전체에 퍼뜨릴 것이다. 이보다 덜 흥미로운 문제가 하나 더 있는데, 생명체가 온대에 계속 머물기 위해서는 행성이 동주기 자전을 할 때까지 쉴 새 없이 달려야 한다. 하지만 동주기 자전 현상이 일어나도 바람과 용암 바다는 행성의 양쪽 면을 뜨겁게 유지할 것이다.

CoRoT-7 b는 생명체가 없어도 놀라운 외계 행성 여행지로 손꼽힐 것이다. CoRoT-7 b 하늘에는 작고 붉은 두 번째 태양이 떠 있어 기묘한 세상에 2개의 그림자를 드리운다. 2개의 태양 빛을 받으며 드넓은 용암 바다를 바라보는 여행은 상당히 가치 있을 것이다!

크리마토리아와 용암 행성에 관한 생각은 잠시 동안 접어두고 지구로 돌아와보자. 여러분은 일출을 앞질러 달릴 수 있을까? 나는 천문학개론 수업에서 학생들에게 이 문제를 풀어보게 한다(이는 훗날 성간 여행에서 유용할 것이며, 까다로운 문제에도 다양한 해결책이 있음을 가르쳐준다).

가장 빠른 사람을 예로 들겠다. 단거리경주에서나 가능한 속력이지만, 우사인 볼트Usain Bolt는 시속 약 45킬로미터로 달릴 수 있다. 이 속력이면 충분할까? 지구 반지름은 약 6,500킬로미터다. 지구 적도 둘레는 약 4만 킬로미터이고, 여러분은 24시간 안에 지구 적도 둘레를 완주해야 한다. 따라서 시속 약 1,600킬로미터로 달려야 한다. 이 속력은 일반 비행기보다 빠르고, 가장 빠른 전투기보다 조금 느리다. 하지만 여러분은 지구에서 일출을 앞질러 달릴 수 있다. 그러기 위해 최고의 운동선수가 될 필요도 없다. 모든 것은 여러분이 어디 있는지에 달려 있다.

여러분이 지구 적도를 달린다면 전투기가 필요할 것이다. 하지만 행성은 구체이므로 극지방에 가까울수록 달려야 하는 거리가 짧아진다. 즉, 극지방 가까이 간다면 여유롭게 산책하면서 일출을 앞지를 수 있다. (지구 자전축은 약 23.5도 기울어져 있어 이 가설은 완벽히 작동하지 않는다. 실제로 지구 극지방은 태양 빛이 비치는 위치에서 어긋나 있기 때문이다. 하지만 문제를 단순화하기 위해 지구 자전축 기울기는 무시하자.) 이 문제는 불리한 상황에서 확률을 어떻게 이길 수 있는지 고민하는 것이 중요하다는 교훈을 학생들에게 알린다.

실제 외계 행성으로 돌아가자. 용암 행성은 지구와 동일한 암석으로 이뤄졌을까? 아니면 구성 요소가 다를까? 과학자는 이를 확인하려면 행성의 구성 암석을 연구해야 한다. 하지만 우주여행을 떠나 용암 행성에 도착할 수 없는데 어떻게 시료를 얻을까? 나는 용암 행성에 갈 수 없다면 시료를 직접 만들어야겠다고 결심했다. 그런데 《은하수를 여행하는 히치하이커를 위한 안내서》 속 인물이 아닌 경우 어떻게 나만의 행성을 만들 수 있을까? (이 소설은 지구 멸망에서 살아남은 유일한 인간의 모험을 그린 흥미진진한 이야기로, 등장인물이 행성 공장을 방문하는 내용이 있다.)

내 손 안의 작은 행성 만들기

나는 이따금 재미있는 만화를 보여주며 천문학개론 수업을 시작한다. 바로 xkcd('위험한 과학책' 시리즈의 저자 랜들 먼로Randall Munroe가 만화를 연재하는 사이트-옮긴이)의 '차이The Difference'다. 이 만화에서 막대 인간은 정체불명의 레버를 당기고 벼락을 맞는다. 다음 상황은 둘로 갈라진다. 한쪽에서는 '평범한 인간'이 '레버를 당기지 말아야지' 하고 생각한다. 다른 쪽에서는 '과학자'가 '매번 벼락이 치는지 궁금하다' 하고 생각한다. 나는 이 만화를 좋아한다. 모든 사람이 매번 벼락이 치는지 궁금해하는 것은 아니라는 내용이 흥미롭기 때문이다(벼락에 맞아도 아픈 것 같지 않은데 왜 레버를 다시 당기지 않는 걸까?). 그런데 (나에게는) 놀랍게도 과학자가 아닌 친구들은 매번 벼락이 치는지 궁금해하지 않는다. 하지만 나는 나만의 용암 행성을 만들기 위해 올바른 레버를 찾아 당겨야 했다.

나와 동료는 오랜 논의 끝에 용암 행성 만드는 법을 알아냈다. 먼저 적당한 화학물질을 혼합해 다양한 암석을 만든 다음 그것을 녹인다. 그러면 멀리 떨어진 행성의 표면을 덮는 뜨거운 용암이 생성된다. 우리가 만든 용암은 먼 행성에서 직접 채취해 온 시료와 똑같지 않다. 하지만 인공 용암 행성은 당장 우리가 시료를 얻을 수 있을 만큼 가까이 있다. 이것을 위해 나와 나의 동료인 코스타리카 화산학자 에스테반 게이즐Esteban Gazel은 천문학과와 지질학과의 공동 연구를 추진하며 코넬대학교에 용암 행성 실험실을 마련했다.

새로 마련한 실험실에 들어섰을 때, 다행스럽게도 용암의 강이 나를 맞이하지는 않았다. 널찍한 실험실에는 레이저, 용광로 그리고 분광계를 보관하는 갈색 상자만 놓여 있다. 분광계는 시료의 빛 특성 변화를 측정하는 장비로, 백색광을 분리한 다음 각 색의 대역을 측정한다. 그리고 실험실에는 암석과 새로운 행성의 특성을 측정하는 크고 작은 현미경이 설치되어 있다.

이 실험실에서 우리는 새로운 행성을 만든다. 우리가 만드는 행성은 아주 작아 손바닥에 쏙 들어온다. 나는 행성을 손에 넣고 싶다고 늘 생각했는데, 이제는 행성 2개를 손에 쥘 수 있다. 이 작은 행성을 녹이기 위해서는 용암의 강을 생성할 필요가 없다(그랬다가는 매우 위험할 것이다). 암석 분말 혼합물과 뜨거운 금속 조각만 준비되면 암석 분말을 작은 용암 조각으로 만들 수 있다. 뜨거운 금속 조각은 암석 분말을 녹여 유리를 생성한다.

여기서 지질학자가 말하는 유리는 차가운 마그마를 의미한다. 그런데 천문학자가 말하는 유리는 액체를 담는 용기를 구성하는 투명한 물질을 의미한다. 이 때문에 처음에는 학제간 연구팀 회의에서 약간의 혼란이 있었다. 천문학자는 지질학자가 차가운 용암 행성의 표면에 유리가 있을 것이라고 계속 주장하는 이유를 이해하지 못했다. 내가 '신데렐라 유리구두 행성'이라 지칭하자 마침내 지질학자는 천문학자가 무슨 생각을 하는지 알아차렸다. 많은 놀림이 이어졌지만, 어쨌든 우리는 공통 언어에 도달했다.

모든 분야는 고유한 용어를 사용하므로, 비과학자는 물론 서로 다른 분야의 과학자들은 같은 단어를 다른 의미로 받아들일 수 있다. 우리가 효과적으로 의사소통하려면 과학 분야 어휘를 익혀야 한다. 같은 분야에 종사하는 동료끼리는 동일한 언어를 익혔기 때문에 서로의 말을 이해한다. 이는 오래 사귄 친구들이 전부터 자주 나눈 이야기를 하는 것과 같다.

여러분이 하는 말의 의미를 많은 사람이 이해했어도, 다른 과학 분야의 동료 등 새로운 사람이 그 자리에 있다면 홀로 어리둥절할 수 있다. 그런데 새로운 사람이 용기 부족으로 여러분에게 말의 의미를 묻지 못한다면, 그는 대화의 실마리를 순식간에 잃을 것이다.

핵심은 간단하거나 심지어 어리석은 궁금증일지라도 일찌감치 질문해야 한다는 것이다. 나는 전문가나 다른 분야의 과학자에게 간단한 질문을 할 만큼 용감하고 현명해지는 법을 익혔다.

캐나다계 미국인 생물학자이자 2009년 노벨생리의학상 수상자인 잭 조스택Jack Szostak은 노벨상 수상 당시에 하버드 대학교에서 생명의 기원을 연구했다. 잭은 대화를 나눈 뒤에 언제나 가장 먼저 질문했다. 많은 사람이 이미 답을 알 것 같지만 실제로는 잘 모르는 문제를 누구든 편안하게 질문할 수 있도록 잭은 의도적으로 단순한 질문을 던졌다. 선배 과학자가 단순한 질문을 던지면, 후배 과학자는 어리석어 보일까 걱정하지 않으며 똑같이 질문할 수 있다.

노벨상 수상자도 그토록 간단한 질문을 하는데, 우리가 왜 그런 질문을 할 수 없겠는가? 나는 기본적인 질문을 던지는 것이 잭이 노벨상을 수상한 이유의 일환이라고 생각한다. 잭의 질문은 기본을 제대로 이해하려는 바람에서 비롯하며, 그는 그러한 기본을 바탕으로 세상을 이해한다.

나만의 행성을 만드는 일은 굉장히 어려운 화학 실험과 비슷하다. 우리는 암석형 외계 행성을 이루는 암석 스무 가지를 선택하고 가능한 한 다양한 구성 성분을 조사했다. 그리고 분말 형태의 다양한 화학물질을 가져다 혼합해 우리가 만들고자 하는 암석(그리고 행성)에 알맞은 화학 성분을 획득했다. 암석은 지구에서 다양한 형태와 색을 드러내므로 실험실에서 만드는 행성의 원형, 즉 암석 혼합물을 보는 일이 무척 기대되었다.

루비 같은 붉은색부터 흑단처럼 새까만 검은색까지, 놀라운 색으로 가득한 시험관을 상상했다. 하지만 내가 발견한 것은 흰색 분말로 채워진 시험관들이었다(다행히도 이름표가 붙어 있었다). 암석 분말은 철을 섞지 않으면 모두 흰색으로 보였다. 나는 암석의 특성을 좀 더 이해하고 여전히 기대에 부풀어 풍경이 온통 하얀 행성을 상상했다.

암석 분말에 철을 넣고 녹이면 다양한 색을 띤 암석이 되고 이제 까다로운 과정이 시작된다. 용암 행성이 망원경에 어떻게 보일지 알아내기 위해 어떤 방법으로 용암 조각에서 빛을 모을 수 있을까? 이는 간단해 보이지만, 그러한 작업을 수행할 수 있는 장비가 아직 발명되지 않았다는 점에서 무척 어려운 일이다. 작은 용암 행성에서 나오는 빛을 측정하는 장비가 필요할 줄은 아무도 예상하지 못했다. 우리는 다양한 목적으로 설계된 장비를 활용하는 참신한 방법을 찾아야만 했다. 과학 연구에서 아무도 하지 않았던 일을 하다보면 대개 수많은 시행착오와 실패를 경험한다. 과학자가 돌파구를 발견하고 "유레카Eureka!"를 외치는 행복한 순간은 그들이 확신한 결과가 나오지 않아 머리를 쥐어뜯는 수백 시간 끝에 나온 결실이다.

우리도 과학자이기에 실패 사례가 있다. 작은 용암 행성에서 방출되는 열을 측정하기 위해 설정한 장비가 측정 대상과 무관하게 늘 똑같은 결과값을 도출할 수도 있고, 아니면 섭씨 수천 도에서 광학현미경이 녹을 수도 있다. 광학현미경은 그 정도로 뜨거운 조건에서 작동하게 설계되지 않았기 때문이다(지금은 이러한 문제점을 잘 알지만 복잡한 연구 계획을 세우던 당시에는 깜빡하고 이 점을 고려하지 않았다).

바로 이 지점에서 창의력과 끈기가 필요하다. 지식의 최전선에 있을 때는 끈기가 창의력만큼 중요하다. 끈기가 있어야 무엇을 시도했다가 실패하고, 다른 것을 시도했다가 더 크게 실패하고, 그런 다음에도 시도하고 또 실패할 수 있다. 우리는 고통스럽게도 실패를 통해 무엇을 하지 말아야 하는지 그리고 무엇을 해야 효과가 있는지 배운다.

매일 퇴근할 때면 한숨을 쉬고 잠시 포기한다. 하지만 다음 날 실험실 문을 열면 의문을 내버려둘 수 없어 처음부터 다시 시작한다. 가능성을 전부 소진하거나 실마리를 발견할 때까지 이 과정을 반복한다. 한 발 앞으로, 또 한 발 뒤로, 그러다 어느 날 실망스럽게 후퇴하는 과정에서 얻은 교훈으로 새로운 길을 구체화해 두 발 앞으로 나아간다.

우리는 본래 다른 목적으로 설계된 장비를 활용해 용암 행성에서 방출되는 빛을 측정한다. 우리 연구팀은 천문학자가 빛만 사용해 먼 거리에 있는 용암 행성을 탐사할 길을 여는 중이다. 작은 용암 행성은 우주의 뜨거운 암석형 행성과 최대한 비슷하게 재현되었다. 우리는 용암의 종류에 따라 망원경에 다른 모습으로 보인다는 것을 발견했다. 이는 인간이 용암 행성에 발을 들이지 않고도 용융된 행성 표면을 분석할 수 있음을 의미한다.

연구팀은 창의력을 발휘해 작은 용암 행성을 만들어 뉴욕 이타카Ithaca 실험실에서 우주 행성을 탐구한다. 우리는 인내심을 품고 수백 시간 동안 작고 새로운 행성을 만들어 녹이고 관찰한 끝에 문제를 해결할 열쇠를 발견했다. 이제 연구팀은 실제 용암 행성의 빛을 포착하고 실험실에서 만든 다양한 용암 조각의 빛과 비교해 일치하는 부분이 있는지 확인할 수 있다. 일치하는 부분이 발견되면, 우주 용암 행성이 무엇으로 구성되어 있는지 확인할 수 있다. 그러면 바로 이곳 실험실에서 용암 행성을 작게 구현해 우리 손에 넣을 수 있다.

우리는 아름다운 용암 행성을 뒤로하고 우주의 생명체를 찾아 나설 것이다. 용암 행성은 거리를 두고 안전하게 감상해야 한다. 그런데 우주 해안에는 인류를 탐사의 길로 유혹하는 훨씬 흥미로운 세계가 있다.

6장

우주는 머나먼 상상이 아니다

가능성의 한계를 발견하는 유일한 방법은
그 한계를 넘어 불가능으로 한 걸음 나아가는 것이다.
— 아서 클라크, 《미래의 프로파일》

끔찍한 커피가 불러온 행운

비엔나에도 맛없는 커피는 있다. 비엔나는 아름다운 카페가 유명한 도시로, 수백 년 동안 철학자, 시인, 과학자들이 환상적인 커피를 마시며 영감을 얻었다. 구체적으로 말하면 이는 오스만제국이 비엔나를 점령하려 시도한 1683년 이후의 일이다. 침략자들은 쫓겨나며 원두 1봉지를 남겼다. 이들은 도시 침공에 실패했지만, 커피는 비엔나를 정복하기 시작했다. 비엔나에서 커피의 인기는 황실 스파이가 도시에 처음으로 커피 가게를 열면서 시작되었다. 요즘 카페에 가서 보면 그의 전략이 탁월했음을 깨닫는다. 커피 가게에서 사람들이 활기차게 나누는 사적 대화를 들으면, 맛있는 커피를 즐기며 훨씬 수월하게 첩보 활동을 할 수 있었을 것이다. 커피는 여전히 비엔나 문화의 핵심이다. 카페는 친구를 만나거나 책을 읽는 거실의 연장선이다. 그리고 커피에는 맛있는 케이크와 파이가 늘 함께 제공된다.

그때 나는 비엔나에 자리한 회의장에 있었다. 유럽 지구과학연합European Geosciences Union, EGU에 참석하기 위해 전날 밤 비행기를 타고 보스턴에서 날아왔다. 나는 지질학자는 아니지만, 내가 개척한 주요 분야인 외계 행성과 지구 사이의 연결을 주제로 강연해달라고 요청받았다.

강연 날 아침, 과학자 약 1만 1,000명이 휴식 시간 20분간 커피를 찾으러 다녔다. 참석자들에게는 회의장 커피가 무료로 제공되지만, 나는 손에 들린 하얀색 플라스틱 컵에 담긴 회갈색 액체를 바라보면서, 오는 길에 커피 챙기기를 잊을 만큼 잠이 부족했는지 의아해했다.

포스터로 가득한 넓은 전시장에 서서 인생의 부당함을 곰곰이 생각하는데, 복도를 따라 발소리가 울려 퍼졌다. 커피를 사기 위해 엄청난 줄을 기다리다 다음 강연이 이미 시작되었고, 나는 빈 전시장에 거의 홀로 남았다. 강연장에 늦게 들어가면 내가 늦게 온 이유를 다들 추측할 것 같아 그 대신 새로운 과학 연구 포스터를 살펴보기로 했다.

과학 학회에 전시되는 포스터는 일주일간 1만 1,000명이 연구 발표를 해야 한다는 문제를 해결한다. 하루 8시간씩 모든 사람이 연구에 관해 10분간 대화한다면 학회는 1년 정도 걸릴 것이다. (긍정적인 면을 보자면, 이러한 경우 과학자들은 내년 학회까지 비엔나에 계속 머무를 수 있다. 하지만 그동안 다른 일을 할 수 없다.) 따라서 소수의 참석자만 강연하고, 대다수의 참석자는 연구 성과를 포스터로 전시하며, 모든 참석자는 쉬는 시간 동안 포스터 수천 장을 살펴보려 노력한다.

수백 장은 고사하고 수십 장의 포스터를 대강 훑어보기 위해서는 군중의 비좁은 틈을 헤집고 들어가는 능력이 필요하다. 이러한 기술을 완벽히 구사할 수 없다면 일찌감치 마음을 비우고 한 분야의 포스터에 집중한 다음, 여러 분야를 정찰한 동료를 찾아 커피를 함께 마시며 살펴본 포스터에서 핵심만 가르쳐달라고 부탁한다.

포스터 전시는 국제적인 학제 간 연구를 시작하는 좋은 방법으로 커피를 마시며 토론하는 과정에서 많은 돌파구를 발견할 수 있다. 각양각색 관점이 결합하면 참신한 아이디어와 지식이 도출되는 새로운 길이 열린다. 포스터 전시의 또 다른 장점은 전시자가 자기 지식을 바탕으로 포스터의 내용을 설명한다는 것이다. 여러분은 모든 정보를 회의장 무료(평범한 경우) 커피의 대가로 얻을 수 있다. 복도에 울려 퍼지는 발소리는 비어 있는 포스터 전시장으로 누군가 들어오고 있음을 알렸다. 그는 내가 아는 사람이었다.

NASA 에임스 연구 센터 소속 미국 천문학자 윌리엄 보루키William Borucki는 내 연구 분야의 거물로, 온갖 역경을 딛으며 케플러 우주 망원경을 발사하는 데 성공했다. 내가 언급한 온갖 역경이란 보루키가 NASA에 케플러 임무를 제안했다가 네 번 거절당한 일을 가리킨다. 하지만 그는 단념하지 않았다. 보루키는 다른 항성 주위를 도는 많은 행성의 수를 밝히는 중대한 임무를 자신이 맡았다고 생각했기 때문이다. 케플러 우주 망원경은 하늘에서 특정 영역을 관측하면서 항성 15만 개를 동시에 탐색하고 행성의 존재를 드러내는 항성의 미세한 밝기 변화를 감지하도록 설계되었다(그리고 케플러 우주 망원경은 새로운 행성 수천 개를 발견했다).

보루키는 과학자 10여 명으로 소규모 팀을 구성하고 케플러 임무를 거듭 제안했다. 해당 기술의 유용성을 입증하기 위해 수천 쪽에 달하는 문서를 작성하고 더욱 정교한 실험을 수행한 끝에 다섯 번째 제안을 승인받았다. 보루키의 사례는 과학 분야에서 성공하는 요건이 어떤 역경에도 굴하지 않는 끈기임을 증명했다. 지름 1.4미터 거울이 장착된 케플러 우주 망원경은 다른 항성 주위를 도는 행성 수천 개를 발견하며 행성에 대한 인류의 이해를 재정립했다.

보루키는 내가 아는 가장 친절한 사람에 속한다. 우리는 과거에 소규모 천문학 학회에서 마주친 적이 있는데, 그곳에서 나는 행성의 거주 가능성을 밝히는 방법에 관한 연구 결과를 발표했다. 그런데 2009년 케플러 우주 망원경이 발사된 이후 보루키는 케플러의 최신 소식을 궁금해하는 사람들에게 늘 둘러싸여 있었으므로, 그가 나를 기억할 것이라고는 생각하지 못했다. 놀랍게도 보루키는 나를 발견해 미소를 지으며 다가왔다. 나는 내가 힘들게 획득한 커피를 어디서 구했는지 알고 싶어서 그가 다가온다고 생각했다. 그래서 커피를 추천해도 괜찮을지 고민했다.

비엔나에서 보낸 그 추운 날은 비록 커피 맛은 끔찍했지만 내 인생에서 가장 신나는 날로 바뀌었다. 보루키는 다음 날 나의 강연에 참석할 계획이라고 말했다. 그러면서 우연히 만난 나에게 무척 흥미롭지만 철저히 비밀에 부친 정보를 공유했고, 나는 아름다운 제국 도시의 건물 옥상에서 비밀을 외치고 싶다는 충동에 사로잡혔다.

그가 들려준 비밀은 케플러 우주 망원경이 골디락스 영역에서 새로운 행성을 발견했다는 내용이었다. 사실 새로운 행성은 1개에 그치지 않았다. 케플러 우주 망원경은 항성 케플러-62 Kepler-62의 골디락스 영역에서 작은 암석형 외계 행성을 2개 발견했다. 보루키는 데이터를 검토하고 견해를 들려줄 수 있는지, 즉 행성의 생명체 거주 가능성을 알려줄 수 있는지 나에게 물었다.

나는 빛 지문을 모형으로 개발해 거주 가능 천체를 식별하는 연구에 헌신하는 동안, 언제 외계 행성이 최초로 발견될지, 그런 일이 내가 살아 있는 동안 일어날지 알 수 없었다. 나는 비엔나의 서늘한 포스터 전시장에서 가장 흥미로운 외계 행성 2개, 케플러-62 e[Kepler-62 e]와 케플러-62 f[Kepler-62 f]를 발견하는 과정에 참여하게 되었다. 나는 놀라운 비밀을 안 순간 세상이 멈춘 듯 느껴졌고, 지구와 비슷한 실제 행성을 아우르는 새로운 세계관을 지니게 되었다.

우주에는 정말 우리만 있는 걸까?

오늘날에는 지나치게 덥지도 춥지도 않아 생명체가 거주하기에 알맞은 거리에서 항성 주위를 도는 암석형 행성 수십억 개가 존재할 가능성이 높다는 사실이 알려져 있다. 천문학자들이 케플러-62를 발견하기 전에도 골디락스 영역에서 행성이 발견되었지만, 그 행성들은 모체 항성의 진동을 측정한 결과로 질량이 추정되었다.

그런데 이러한 방법으로는 지구와 같은 암석형 행성과 해왕성처럼 생명체가 거주 불가능한 기체형 행성을 구별하지 못했다. 과학자들은 지구처럼 따뜻한 암석형 행성이 존재한다고 생각했지만, 확신할 수는 없었다.

케플러 임무에 참여한 천문학자들은 그와 다른 방식인 통과법transit method을 활용해 케플러-62 주위를 도는 두 행성을 발견했다. 행성이 우리 시선을 가로막으며 이동할 때는 우리 눈에 보이는 뜨거운 항성 표면의 면적이 줄어든다. 이때 항성 밝기의 감소를 관측하면 행성 크기를 판단할 수 있다. 현재 질량과 반지름이 알려진 모든 행성 중에서 반지름이 지구 반지름의 2배보다 작으면 암석형 행성이다.

케플러-62 e와 케플러-62 f는 무척 작은 행성이었다. 다른 항성 주위를 도는 온화한 암석형 행성 2개가 존재한다는 것은 외계 행성에서 생명체가 발견되기를 기대하는 사람들이 의자에 앉아 간절히 기다리는 소식이었다.

우주에서 생명체를 찾는 나의 연구는 실현 불가능한 것에서 현실적인 것으로, 허무맹랑한 것에서 실용적인 것으로, 미래지향적인 것에서 당장 필요한 것으로 바뀌었다. 이런 까닭에 보루키는 나와 대화하기를 원했다. 나는 탐사해야 할 다른 행성이 발견되기 전부터 외계 행성에서 생명체를 찾는 방법이라는 매혹적인 주제를 연구했기 때문이다.

우주에는 우리만 있는 걸까? 그렇지 않다면 다른 생명체를 어떻게 찾을 수 있을까? 나에게는 이 두 가지가 과학에서 가장 흥미로운 질문이다. 그런데 내가 두 질문을 탐구하기 시작했을 때는 거주 가능한 다른 행성이 존재하는지 아무도 몰랐다. 몇몇 선배 과학자는 연구 주제가 잘못되었으니 바꿔야 한다고 강력히 권했다. 실제로 선배들은 같은 이야기를 여러 번 반복했다. 아마도 그들은 내가 귀가 잘 안 들린다고 생각했을 것이다. 선배들은 영원히 찾지 못할 수 있는 대상을 왜 연구하느냐며 계속 질문했다. 과학자들은 역사를 통틀어 늘 이런 질문을 받았을 것이다. 수년에 걸쳐 나는 회의론자들에게 긴장된 미소를 보이며 아무 말도 하지 않는 일에 능숙해졌다.

나는 생명체가 행성 대기를 어떻게 변화시키는지 밝히기 위해 날씨를 예측하는 기후 모형과 같은 컴퓨터 프로그램을 개발하고 지구와 비슷한 암석형 행성을 찾을 준비를 했다. 외계 항성에 속한 행성에 생명체가 존재한다는 징후는 우리 망원경에 어떻게 보일까?

내가 개발한 모형은 지구의 역사와 데이터를 기반으로 고안된 복잡한 수학적 구조체다. 이 모형은 지구와 같은 암석형 행성의 진화를 이해하는 통찰을 도출하고, 이를 바탕으로 다른 항성 주위를 도는 암석형 행성을 추론한다.

그리하여 나는 지질학자 1만 1,000명이 참석한 학회에 몇 안 되는 강연자로 초청받았다. 나는 모든 과학적 정보를 바탕으로 골디락스 영역에 암석형 행성이 존재한다고 내기를 걸었다. 이는 오로지 지식에 근거한 내기였다. (그리고 나는 갑작스럽게 내기에서 이겼다.)

이제 인류는 목표를 달성했다. 우리는 먼 우주에서 잠재적 지구를 최초로 발견했다. 포기하지 않았던 보루키, 케플러 우주 망원경을 설계하고 제작한 과학자와 공학자, 과학적 탐구를 지지한 대중, 그리고 별을 올려다보며 호기심을 가진 몽상가들. 우리 모두의 노력으로 지구와 비슷한 새로운 행성을 최초로 발견할 수 있었다.

그날 늦은 오후 비엔나에서 가장 오래된 카페에 앉아 완벽하게 데운 우유를 곁들인 커피의 풍부한 맛을 음미하며 발견된 두 행성이 어떤 모습일지 상상했다. 카페의 불안정한 인터넷으로 하버드대학교의 내 컴퓨터에 접속해 모형을 실행한 다음, 두 행성이 실제로 존재한다면 액체 상태의 물이 남아 있을 만큼 표면 온도가 온화한지 그리고 망원경으로 두 행성을 어떻게 탐사할 수 있을지 확인했다. 그 순간 내 머릿속에는 한 번도 해안에 부딪혀 부서지지 않은 파도와 망망대해로 뒤덮인 두 행성이 떠올랐다. 어쩌면 여기저기 작은 섬이 있을지 모른다. 그곳의 바닷바람도 지구에서처럼 소금 냄새를 풍길까? 그러한 바람을 피부로 느끼는 사람이나 다른 생명체가 그곳에 존재할까?

다음 날 이른 아침, 첫 번째 분석 결과가 도착했다. 나는 내용을 두세 번 확인한 다음에 보루키에게 흥미로운 소식을 이메일로 보냈다. 새로운 두 행성은 골디락스 영역의 행성으로 우주에서 또 다른 지구를 찾는 길을 비추는 등대가 될 것이라는 소식이었다. 그런데 과학 분야에서 항상 그래왔듯 새로운 발견은 면밀하게 조사되어야 했다. 우리가 발견했다고 생각한 행성이 실제로 존재하지 않거나, 측정 오류 또는 기계적 문제로 데이터가 변경되었을 수 있다.

과학자는 무언가를 발견하면, 발견한 대상이 실제로 존재하는 것이 아니라 자신이 보고 싶어 하는 것이 아닌지 확인하기 위해 모든 측면에서 검증한다. 모든 과학자는 이러한 관행을 알고 있다. 과학적 방법을 활용하면 이따금 고통스러운 단계를 거치기는 하지만, 실제로 존재하는 것과 존재하지 않는 것을 구분할 수 있다. 때로 수년간 연구된 이론이 반증되기도 한다. 반증된 이론 중에는 만약 입증되었다면 전 세계 신문의 1면을 장식했을 이론도 있다.

당시 보루키가 발견 사실을 세상에 알리지 않은 이유는 그러한 검증이 진행되고 있었기 때문이다. 우리는 발견한 행성이 진짜인지 확인해야 했다. 일관된 데이터가 도출되는지 알아보기 위해 검증을 거듭 반복했다. 놀라운 비밀을 전해 들은 뒤부터 나는 이메일 도착 알림이 파멸의 신호가 될 수 있다고 생각했다. 이메일 내용이 궁금했지만 정말 읽고 싶지 않았다. 행성의 징후가 장비 오류에서 유래한다면, 내가 행성을 잃어버리는 것이 아니라 행성이 애초에 존재하지 않은 것이다. 하지만 나는 지구와 비슷한 행성 2개와 단단한 연결고리를 이미 형성하고 있었다. 두려운 이메일이 알림을 울리며 도착하고 또 도착한 끝에, 두 행성은 안락함을 유지하는 골디락스 영역에서 살아남았다.

우주에서 가장 깊은 바다

케플러-62는 태양보다 다소 작고 차가운 항성이다. 이는 지구에서 약 1,200광년 떨어진 거문고자리에서 발견된다. 케플러-62 e는 케플러-62의 네 번째 행성으로 122일마다 항성을 1바퀴 돈다. 케플러-62 e는 지구보다 약 60퍼센트 더 크다. 케플러-62 주위를 도는 행성 5개 중에서 가장 바깥쪽에 있는 케플러-62 f는 267일마다 항성을 1바퀴 돈다. 케플러-62 f는 지구보다 약 40퍼센트 더 크다. 케플러-62 e와 케플러-62 f 같은 행성은 '슈퍼 지구super-Earth'라고 불린다.

두 행성은 지구보다 모체 항성에 가까워 1바퀴 공전하는데 더욱 적은 시간이 걸리므로 생일도 그만큼 자주 돌아올 것이다. 그런데 케플러-62 e와 케플러-62 f의 표면 온도는 지구와 상당히 비슷하리라 추정된다. 두 행성에서 호흡할 수 있을지는 명확히 알 수 없지만, 표면 온도는 따뜻하고 포근할 것이다. 두 행성은 생명체가 거주하기 적합한 암석형 행성을 처음 발견하고 흥분한 지구 과학자를 아랑곳하지 않으며, 지구로부터 1,200광년 떨어진 곳에서 모체 항성 주위를 돌고 있다.

슈퍼 지구란 무엇일까? 태양계에는 슈퍼 지구가 없다. 지구가 태양계에서 가장 큰 암석형 행성이기 때문이다. 슈퍼 지구는 지구보다 질량이 크고 중력이 강해 더 많은 물을 유지하므로 표면 전체가 깊은 바다로 뒤덮일 수 있다. 따라서 슈퍼 지구는 우주 최고의 서핑 명소가 될 것이다.

과학 영화는 바다로 덮인 행성의 모습을 제시해왔다. 예를 들어 케빈 레이놀즈Kevin Reynolds 감독이 연출한 영화 '워터월드'(1995)는 모든 빙하가 녹아 육지가 물에 잠긴 미래 지구를 보여준다. 이 영화는 바닷속 세계를 아름답게 묘사하지만, 현실에서 심해에 구축되는 세계는 몹시 기이할 것이다. 수심이 깊으면 특정 지점에서 압력이 급격히 상승하며 바닷물이 고체로 변한다. 이러한 바다는 바닥이 얼음일 것이다. 우리가 추운 겨울에 보듯 얼음이 바다에 떠 있는 것이 아니라, 바닷물의 강한 압력을 받아 따뜻하고 밀도 높은 얼음이 바다 밑바닥에 생성되는 것이다.

외계 행성의 생명체를 상상하는 것은 현재로서 순수한 추측에 불과하다. 그런데 행성 표면이 액체 상태의 물에 덮여 있든 아니면 엔셀라두스나 유로파처럼 두꺼운 얼음층에 가려져 있든 상관없이, 외계 행성의 바다에 생명체가 존재하지 못할 이유는 없다. 어쩌면 오늘날 지구 생명의 기원을 설명하는 대중적인 이론의 내용과 마찬가지로, 바위 표면이 아닌 빙붕에 조성된 얕은 웅덩이에서 생명체가 시작되었을지 모른다.

나는 하버드대학교의 연구실에서 서류가 잔뜩 쌓인 탁자 앞에 앉아 불가리아 천문학자 디미타르 사셀로프Dimitar Sasselov와 쉴 새 없이 대화를 나누던 기억이 생생하다. 사셀로프는 하버드대학교 생명의 기원 연구 책임자이자 창의적인 동료로, 슈퍼 지구의 바다가 어떤 모습인지 밝히기 위해서 나와 함께 열정적으로 노력하고 있다. 긍정적 호기심에서 도출된 뛰어난 아이디어를 바탕으로, 외계 행성 바다의 이미지가 상상에서 서서히 구체화되기 시작했다.

끝이 없어 보이는 바다 밑으로 깊숙이 들어갈수록 주위가 점차 어두워지고, 바닷물은 해수면을 비추는 붉은 별빛을 삼킨다. 여러분은 미지의 세계로 점점 더 깊이 빠져든다. 여러분 손에 물이 아닌 얼음, 즉 바다 밑바닥이 닿을 때까지 여러분 주위에 압력이 쌓인다. 불운하게도 손이 바다 밑바닥에 닿기 전 여러분의 몸이 압력에 짓눌려 몸속의 물이 고압의 얼음으로 변하므로, 외계 행성의 바다에서 너무 깊이 잠수하는 것은 권장되지 않는다.

한편으로 깊은 바다는 생명체를 해로운 자외선에서 보호한다는 측면에서 안전한 은신처 역할을 한다. 생명체는 바다를 떠나지 않을 수도 있다. 지구 생명체는 육지로 진출하지 않았다면 어떤 식으로 진화했을까? 나는 광활한 바다가 존재하는 행성을 상상할 때면 테드 창Ted Chiang의 소설《당신 인생의 이야기》(1998)에 등장하는 문어 형태의 생명체 헵타포드가 떠오른다. 생각할 거리가 많은 이 소설에서는 외계 문명이 지구를 방문하자 과학자팀이 그들과 소통하기 위해 외계 문명의 언어를 배우려 시도한다.

《당신 인생의 이야기》는 외계인이 작은 몸집과 녹색 피부를 지닌다는 고정관념에서 벗어나 훌륭한 대안을 제시할 뿐만 아니라, 흔히 단순화되고 간과되는 외계 문명과의 의사소통 문제를 강조한다. 같은 언어를 사용하는 사람들 사이에서도 오해는 널리 퍼진다. 언어에 대해 크게 걱정할 필요가 없는 은하계는 현실과 동떨어진 허구다. 조지 루카스George Lucas 감독이 영화 '스타워즈'에서 묘사한 세계처럼 말이다(조지 루카스는 '스타워즈' 에피소드 4까지 감독을 맡았다-옮긴이).

2개의 항성이 뜨는 행성

내가 가장 좋아하는 한 행성은 천문학적으로 말하자면 지구 바로 옆에 있다. 우리는 이 행성의 모체 항성을 이미 언급했는데, 책의 도입부에서 성간 여행을 논의할 때 이야기했던 프록시마켄타우리다. 프록시마켄타우리는 지구에서 4광년 떨어진 켄타우루스자리Centaurus에 있으며, 그 장대한 거리를 이동하는 우주선이 발명되면 가장 쉽게 도달할 수 있는 목적지다. 프록시마켄타우리는 태양과 비슷한 나이의 적색 항성으로, 2개의 노란색 항성인 켄타우루스자리 알파 AAlpha Centauri A와 켄타우루스자리 알파 BAlpha Centauri B 그리고 적색 항성인 켄타우루스자리 알파 CAlpha Centauri C(프록시마켄타우리)로 구성된 삼중성계에 속한다.

태양과 가장 가까운 항성인 프록시마켄타우리는 생명체가 거주 가능할 수도 있는 행성을 지닌다. 그 행성은 바로 태양계 근처의 적색 항성 주위를 돌면서 골디락스 영역에 자리한 프록시마켄타우리 b다. 이 행성은 2016년 스페인 천문학자 기옘 앙글라다 에스쿠데Guillem Anglada-Escudé가 발견했고, 이는 최근 들어 가장 흥미로운 발견으로 손꼽힌다.

프록시마켄타우리는 알맞은 정도로 진동한다. 프록시마켄타우리 b는 강한 방사선 플레어로 자신을 폭격하는 활동적인 적색 항성 주위를 완전히 1바퀴 도는 데 11일밖에 걸리지 않는다. 항성 주위를 도는 데 걸리는 시간이 짧다는 특성은 행성이 동주기 자전을 할 가능성이 높음을 암시한다. 동주기 자전을 하는 행성은 한쪽 면에서만 항성이 보인다. 그러므로 새벽이나 황혼을 경험하려면 항성 빛이 비치는 행성의 영역에서 빠져나와야 하고, 영원한 어둠에 가려진 행성 일부분에 도달하려면 그보다 훨씬 더 멀리 이동해야 한다. 지구의 이웃 행성인 프록시마켄타우리 b는 이 책의 첫 장에 설명된 세계와 비슷할 수도 있다.

프록시마켄타우리에는 행성 2개가 속한다고 추정된다. 하지만 두 행성 모두 생명체에게는 거주지로서 흥미로운 후보가 아니다. 과학 영화에서 주목하는 대상은 켄타우루스자리 알파 삼중성계의 적색 항성이 아니라 노란색 항성인 켄타우루스자리 알파 A다.

켄타우루스자리 알파 A와 켄타우루스자리 알파 B는 80년 주기로 서로를 공전하며, 지구에서 맨눈으로 관측하면 항성 하나로 보인다. 이는 지구 밤하늘에서 세 번째로 밝다. 프록시마켄타우리는 약 50만 년 주기로 켄타우루스자리 알파 A와 B 주위를 돈다.

켄타우루스자리 알파 A와 B 모두 알려진 행성은 없지만, 수십 년간 과학 소설 작가들의 상상력에 영감을 불어넣었다.

만약 두 항성 중에서 하나가 행성을 지닌다면, 그 행성은 하늘에 항성 2개가 보일 것이다(그리고 아주 멀리 있는 세 번째 항성이 희미하게 보일 것이다).

과학 애호가 제임스 카메론James Cameron이 각본과 감독을 맡은 3차원 영화 '아바타'(2009)에는 가상의 위성 판도라가 등장하는데, 이는 식물이 무성하고 생명체가 거주할 수 있지만 인간에게 해로운 대기를 지닌다. 판도라는 크기가 지구보다 약간 작으며, 켄타우루스자리 알파 A 주위를 도는 가상의 거대 기체 행성 폴리페무스를 공전한다.

생명체가 거주 가능한 위성이라는 개념은 태양계의 몇몇 위성에서 생명체를 찾고자 하는 인류의 희망에서 나왔다. 만약 생명체가 거주 가능한 위성이 판도라처럼 거대해서 지구와 비슷한 양의 햇빛을 받는다면, 그 위성은 지구와 비슷한 환경이 조성되었을 것이다. 서식지라는 관점에서 행성과 위성이 보이는 한 가지 차이점은 행성 주위에 조성된 환경에 위성이 노출된다는 것이다.

유로파는 태양계에서 수중 생물권이 존재하리라 기대되는 천체이자 목성에 속하는 얼음 위성이다. 이 위성은 목성 자기장에 갇힌 전자와 이온으로 이뤄진 방사선 벨트를 통과하므로 강력한 방사선에 끊임없이 노출된다. 토성 주위를 도는 엔셀라두스와 타이탄은 토성의 자기장이 약하다는 점에서 유로파만큼 방사선을 염려하지 않아도 된다. 하지만 토성이 지닌 아름다운 고리는 토성의 중력이 몇몇 초기 위성을 파괴했음을 암시한다.

그럼에도 위성까지 고려하면, 생명체가 잠재적으로 번성할 수 있는 장소의 수는 큰 폭으로 증가한다. 생명체가 거주 가능한 위성이 존재하는지, 그중에서 생명체가 거주했거나 현재 거주하는 위성이 존재하는지는 아직 밝혀지지 않았지만 그러한 가능성은 호기심을 불러일으킨다.

위성 찾기는 천문학자들에게 추가로 주어지는 도전이다. 위성 때문에 발생하는 행성 신호의 미세 변화를 발견하는 일은 기존 행성 신호를 발견하는 일보다 훨씬 어렵다. 하지만 천문학자는 외계 위성 탐사를 포기하지 않는다. 천문학자가 아직 성공하지 못했다고 해서 발견할 수 있는 위성이 없는 것은 아니다.

지구 하나, 지구 둘, 지구 셋, 지구 넷?

내가 원하는 어떤 유형의 행성계든 가질 수 있다면, 나는 지구가 2개 이상 속한 행성계를 가지고 싶다. 태양 주위를 도는 행성 중에서 생명체가 거주 가능한 행성이 여러 개는 고사하고 하나만 더 있다면, 지금쯤 인류의 우주여행 능력이 얼마나 더 발전했을지 궁금하다. 지구와 같은 행성이 하나 이상 존재하는 행성계를 도구 삼아 인류는 지구의 작동 방식을 깊이 이해할 수 있다. 이러한 행성계는 완벽한 실험실이 될 것이다.

2017년 벨기에 천문학자 미카엘 길론Michaël Gillon과 트라피스트(행성과 미행성체의 천체면 통과 현상 관측 소형 망원경TRAnsiting Planets and PlanetesImals Small Telescope, TRAPPIST) 연구팀은 지구에서 약 40광년 떨어진 곳에서 매혹적인 행성계를 발견했다. 이 행성계는 약 70억 년 된 작은 적색 항성 주위를 돈다. 이 항성은 칠레의 라 시야 천문대La Silla Observatory에 설치된 지름 60센티미터 트라피스트-사우스TRAPPIST-South 망원경으로 밝기 변화를 정기 관찰한 적색 항성 약 60개 가운데 하나다. 이 항성의 이름은 트라피스트-1TRAPPIST-1로 지구 크기의 행성 7개를 보유하며, 그중 3개는 모체 항성의 골디락스 영역에서 궤도를 돈다. 지구 크기의 행성 7개는 제각기 다른 거리에서 적색 항성을 공전하므로, 행성의 골디락스 환경을 탐구하는 완벽한 시험대 역할을 한다. 다음은 우리가 예상하는 행성 7개의 환경이다.

행성 트라피스트-1 b(공전주기: 지구 1.5일): 지나치게 뜨겁다.

행성 트라피스트-1 c(공전주기: 지구 2.4일): 지나치게 뜨겁다.

행성 트라피스트-1 d(공전주기: 지구 4일): 꽤 뜨겁다.

행성 트라피스트-1 e(공전주기: 지구 6.1일): 딱 알맞다.

행성 트라피스트-1 f(공전주기: 지구 9.2일): 딱 알맞다.

행성 트라피스트-1 g(공전주기: 지구 12.3일): 대체로 알맞지만 다소 춥다.

행성 트라피스트-1 h(공전주기: 지구 18.8일): 지나치게 추울 것이다.

이 행성들의 1년은 지구 기준으로 1.5일부터 약 19일에 불과하다. 이들은 적색 항성에 매우 가깝게 공전하므로, 동주기 자전을 하면서 한쪽 면은 늘 적황색 항성을 향하고 다른 한쪽 면은 영원한 어둠에 잠긴다. 트라피스트-1 e는 지구 크기의 행성 7개 중 한가운데에 위치하며, 이보다 트라피스트-1에 더 가까이 있는 행성 3개와 더 멀리 떨어진 행성 3개가 있다. 트라피스트-1 e의 표면에서 모체 항성을 관측하면 우리 태양보다 약 4배 큰 적황색 원반처럼 보일 것이다. 내행성 3개는 며칠 주기로 트라피스트-1 e와 모체 항성 사이를 통과하며 항성 빛을 일부 차단한다.

이 행성계는 빽빽하게 밀집되어 있다. 그러므로 트라피스트-1 e에서 밤하늘을 관측하면, 트라피스트-1 d와 트라피스트-1 f는 지구의 달만큼 크게 보이고, 행성들이 모체 항성 기준으로 같은 쪽에 있을 때 트라피스트-1 c는 달과 거의 비슷한 크기로 보이며, 트라피스트-1 e와 가장 가까워졌을 때 트라피스트-1 b와 트라피스트-1 g는 달의 절반 크기로 보인다. 트라피스트-1 h는 달의 약 5분의 1 크기로 같은 행성계 내에서 가장 작게 보인다.

달 크기의 행성으로 가득한 밤하늘을 상상해보자. 항성에 가까운 행성들은 달처럼 위상이 변화할 것이다. 트라피스트-1 e의 관점에서 볼 때, 내행성들은 항성을 공전하는 동안에 위상 변화를 보이며 매혹적인 볼거리를 제공할 것이다. 그리고 트라피스트-1 주위를 도는 행성에서는 우리 태양이 밤하늘을 장식하는 아름다운 노란 별로 보일 것이다.

우리는 이 행성들이 어떤 모습인지 알지 못하지만, 이는 JWST가 밝힐 것이다. JWST는 트라피스트-1 행성계를 관측한다(지금 내가 이 글을 작성하는 동안에도). 관측 결과는 '데이터 파이프라인'이라는 컴퓨터 코드 문자열을 통해 전송되고 실행되어 행성의 비밀을 밝힌다.

나는 지금 내 머리 위에서 JWST가 과학자의 지시에 따라 트라피스트-1 행성계의 대기를 들여다보며 그 구성 성분을 탐구하고 있다는 사실이 믿기지 않는다. 이 웅장한 망원경을 움직이는 동력은 인간의 아이디어다.

그런데 이 행성들의 대기가 어떤 성분으로 이뤄져 있는지 밝히기 위한 데이터를 충분히 확보하는 데는 시간이 걸릴 것이다. 골디락스 영역에 있는 트라피스트-1 행성들이 좁은 궤도를 돌기는 하지만, 천문학자는 그 행성들이 모체 항성과 지구 사이를 지날 때마다 관측할 수 없기 때문이다.

경우에 따라 태양이 행성 관측을 방해하므로 천문학자는 JWST에 탑재된 민감한 탐지기를 강렬한 햇빛에서 보호해야 한다. 그리고 JWST는 생명체의 흔적을 찾기 위해 새로운 천체를 탐사하는 것 외에 나조차 상상하지 못할 만큼 많은 임무를 수행한다. 이를테면 과학자가 은하의 형성 과정이나 블랙홀의 작동 방식 등을 이해하는 과정에 도움을 준다. 외계 행성 연구자는 JWST의 관측 시간 중 일부만 할당받아 새로운 천체를 탐사한다. 그러나 우리는 새로운 천체의 대기를 이미 조사하기 시작했다.

가능성의 가장자리에 놓인 행성

나는 유년시절 수학과 과학이 어렵고 지루하다는 이야기를 반복해서 들었다. 내가 다닌 학교의 학생들, TV 방송, 어른들의 대화에서 그러한 말을 들었다. 하지만 이는 그릇된 고정관념이다. 그러한 이야기에는 우리가 사는 세계와 수학 및 과학의 연결 고리가 이따금 빠져 있다. 아인슈타인의 상대성이론이 없으면 GPS로 길을 찾을 수 없다. GPS 위성은 지표면 상공에서 원을 그리며 빠른 속력으로 움직이므로, 위성에서 시간이 흐르는 속도는 상대성이론으로 설명된다. 수학과 과학이 없으면 휴대전화나 컴퓨터도 쓸 수 없다. 자동차, 비행기, 전기, 에너지, 의료 장비와 같이 우리가 매일 사용하는 수학 및 과학 기반 도구의 목록은 진정 놀랍다.

또한 과학은 국제적 협력이 이뤄지는 분야다. 과학자는 전 세계 사람들과 여행하며 아이디어를 배우고 토론하는 기회를 얻는다. 이때 과학자가 만나는 사람들에는 일반적으로 록스타가 포함되지 않는다. 그래서 아르메니아의 무더위 속에서 6,000석 규모의 공연장에 앉아 록그룹 퀸의 멤버인 브라이언 메이Brian May가 음향 상태를 점검하는 모습을 지켜보며, 내가 어떻게 여기까지 왔는지 곰곰이 생각했다.

내 주위의 좌석 5,960개는 비어 있었다. 이 좌석들은 당일 밤 채워질 예정이었지만, 음향 점검 시간에는 음악가와 몇몇 과학자를 제외하고 아무도 입장할 수 없었다. 스타무스 국제 페스티벌Starmus International Festival은 아르메니아계 스페인 천문학자 가릭 이스라엘리언Garik Israelian과 천문학 박사 학위를 보유한 영국 음악가 브라이언 메이가 기획한 행사다. 음악가, 노벨상 수상자, 예술가, 작가 그리고 과학자들이 이곳에 모여 열정을 공유한다. 2022년 이 행사는 아르메니아 예레반에서 열렸다.

전날 밤 나는 중앙 광장에 있는 호텔 옥상에서 록그룹 선즈 오브 아폴로Sons of Apollo와 함께 음료와 피자를 먹었다. 우리는 우주 생명체와 우주 그리고 우주의 팽창을 과학자가 어떻게 탐구하는지 이야기했고, 이후 대화 주제는 우주의 신비에서 우리 모두를 연결하는 음악의 신비로 자연스럽게 전환되었다. 록 스타도 우주에 매료된다는 사실을 안다면 얼마나 많은 아이가 수학과 과학 수업에 집중할지 궁금하다.

당시 나는 별을 주제로 글을 쓰다가, 잠시 별을 봐야겠다고 생각하며 옥상으로 탈출했다. 벨기에 천문학자 레티티아 델레즈Laetitia Delrez가 칠레, 스페인, 멕시코의 망원경을 활용하는 스페쿨루스(초저온 항성 주위를 도는 생명체 거주 가능 행성 조사Search for habitable Planets EClipsing ULtracOOl Stars, SPECULOOS) 탐사에서 연구팀이 흥미로운 행성 스페쿨루스-2 cSPECULOOS-2 c를 발견했다며 연락했기 때문이다. 이 연구팀은 방금 앞에서 언급한 트라피스트-1 행성을 발견한 팀과 동일하다. 이들은 탐사 프로젝트 이름을 독특하고 재미있게 짓는다. 스페쿨루스는 벨기에의 전통 쿠키 이름이고, 트라피스트는 벨기에의 맥주 이름이다.

스페쿨루스-2 c(LP 890-9 c라고도 불린다)는 지구에서 약 100광년 떨어진 작은 적색 항성을 공전하며, 모체 항성의 골디락스 영역 가장자리에 있다. 이 행성은 약 70억 년 전 형성되었고, 지구보다 약간 크며, 항성 주위를 1바퀴 도는 데 일주일 조금 넘게 걸린다. 나는 관련 자료를 살펴보고 이 행성은 생명체가 번성하는 뜨거운 지구이거나 황량한 금성이라고 추정했다. 어쩌면 둘 다일 수도 있다.

스페쿨루스-2 c가 특별한 이유는 온도가 알맞은 행성과 지나치게 뜨거운 행성을 잇는 중간 고리이기 때문이다. 이러한 행성을 조사하면 암석형 행성이 점점 더 많은 항성 빛에 노출되었을 때 어떤 현상이 발생하는지 암시하는 단서를 얻게 된다. 모든 항성은 시간이 흐를수록 점차 밝아진다. 지금부터 약 5억 년 뒤 머나먼 미래에 지표면이 너무 뜨거워져 바다가 증발하기 시작하면 지구는 금성처럼 뜨거운 행성이 되는 길에 놓일 것이다.

이에 대비해 인류는 5억 년 동안 많은 시도를 할 수 있다. 지구를 보호하기 위한 한 가지 아이디어는 과학 소설에나 등장할 법한 것으로, 햇빛 일부를 차단하는 대형 우산을 지구에 배치하는 방법이다. 다른 한편으로 인류는 대규모 우주정거장에 도시와 공원을 건설하고 한 행성에 머무르지 않으면서 태양계와 그 너머를 여행할 수도 있다.

스페쿨루스-2 c는 바다가 증발하기 시작하는 영역의 가장자리에 있다. 이 행성이 생명체가 번성하는 뜨거운 지구라면, 지구는 거주 불가능한 환경이 되기까지 시간이 어느 정도 남았다. 그런데 이 행성이 황량한 금성이라면, 우리가 추정한 수억 년보다 시간이 다소 부족할지 모른다. 별빛 아래 옥상에서 사람들과 대화를 나눈 뒤, 나는 이 놀라운 행성을 조사하기 위한 모형 연구를 했다.

오후의 햇빛이 비치는 예레반 공연장에서 브라이언 메이와 론 탈Ron Thal의 연주를 들었다. 두 사람이 들려준 화려한 기타 소리는 지구와 금성 사이에서 거주 가능과 불가능을 오가는 새로운 행성 이미지와 얽혀 내 머릿속에 남았다.

미래를 보여주는 오래된 행성

'스타워즈'나 '스타트렉' 같은 과학 영화에서는 우주 지도에 어린 천체와 오래된 천체가 등장한다. 실제로 오래된 행성은 지구보다 얼마나 더 오래되었을까? 이들은 지구보다 훨씬 오래되었다고 밝혀졌다. 지구는 우주 나이에서 3분의 1이 조금 넘는 기간만 존재했으므로 이는 놀라운 일이 아니다. 항성이 죽을 때마다 행성, 특히 암석형 행성이 형성되는 과정에는 무거운 물질이 더 많이 사용된다. 따라서 천문학자는 일찍 생성된 항성일수록 주위에 암석형 행성이 적게 있으리라 예상한다.

그런데 거문고자리 근처에 위치한 아주 오래된 항성계인 케플러-444Kepler-444는 놀라운 모습을 보인다. 이 항성계는 케플러-444 AKepler-444 A, 케플러-444 ABKepler-444 AB, 케플러-444 CKepler-444 C 항성 3개가 서로를 공전한다. 그런데 2015년 케플러 우주 망원경이 케플러-444 A에 가까이 접근해 탐사하다가 지구보다 크기가 작고 뜨거운 행성 5개를 발견했다.

이들은 열흘 안에 항성 주위를 1바퀴 돌며, 이들의 표면 온도를 말할 때는 무더위라는 단어만으로 부족하다. 이들 행성은 너무 뜨거워 바다를 유지할 수 없다. 그리고 크기가 지구보다 작다. 앞서 살펴봤듯 지구 크기의 2배보다 작으면 암석형 행성이다. 즉 오래된 암석형 행성 5개가 오래된 주황색 항성계를 공전한다. 케플러-444 항성계의 나이는 태양의 2배가 넘는 약 110억 년이다. 지구 형성 당시 케플러-444 행성들은 이미 현재의 지구보다 나이가 많았다.

인류가 발견한 오래된 행성계로 케플러-444 행성계가 유일한 사례는 아니다. 우주에는 오래된 행성계가 무수히 존재한다. 일부 오래된 행성계에 생명체가 거주할 수 있다면,

우리는 미래를 살짝 엿보면서 인류가 무엇을 실행하고 무엇을 피해야 하는지 파악할 수 있다. 케플러-444 항성계는 지구에서 117광년 떨어져 있다. 이는 항성계의 빛이 지구에 도달하기까지 117년 걸렸으며, 약 100년 전 지구가 방출하기 시작한 첫 전파 신호는 앞으로 수년 안에 그 뜨겁고 오래된 행성에 도착할 것임을 의미한다. 수십억 년에 걸쳐 지구보다 더욱 진화했을지 모르는 행성에 어떤 생명체가 살고 있을지 궁금하다. 우리에게는 그러한 생명체와 비교할 만한 대상이 없으며, 지구 생명체가 유일한 기준점이다.

오래된 행성에서 생명체의 흔적을 발견할 가능성은 낙관론자인지, 비관론자인지에 따라 달라진다. 나는 컴퓨터로 미래 지구의 진화 모형을 실행하는 동안 컴퓨터 화면 속 코드 문자열을 보며 과학 소설에 등장하는 매혹적인 행성의 풍경을 상상한다. 인류에게 완벽한 환경인 지구의 균형 상태가 유지되지 않으면 과거에 그랬듯 미래에도 지구 대기의 화학적 구성은 변화할 것이다. 우리는 우주선지구호의 관리인이므로, 지구 환경을 유지하며 인류 문명을 미래로 연장하는 일은 우리에게 달렸다. 또 다른 지구를 탐사하면 그러한 일을 해내는 데 필요한 단서를 얻을 수 있다.

가까운 외계 행성을 탐사하라

허블 우주 망원경이나 JWST처럼 널리 알려진 우주 임무도 있지만, 실제로 계획 단계를 넘지 못한 우주 임무가 수없이 많다. 최고의 벤처기업을 창업한다고 상상해보자. 우리가 아는 모든 것에 혁명을 일으킬 훌륭한 아이디어를 고안하고, 아이디어를 구현할 뛰어난 팀을 조직한 다음, 많은 사람에게 아이디어의 탁월성을 알리면서 확신을 줘야 한다.

허블 우주 망원경 다음으로 JWST가 발사되기까지 30여 년이 흘렀다. 소규모 벤처기업은 창업이 비교적 쉽듯 작은 우주 망원경은 다소 쉽게 발사된다. 이때 다소 쉽다는 말은 30년보다는 자주 발사된다는 의미이며, 많은 아이디어가 제한된 수의 우주 임무로 선정되기 위해 치열히 경쟁한다.

게다가 아무리 좋은 아이디어라도 알맞은 시점에 도출되어 긴급한 수요를 충족할 수 있어야 한다. 보루키의 거듭된 제안 끝에 케플러 임무가 최종 선정되었고, 그 이후 케플러 우주 망원경이 우주를 보는 인류의 관점과 우주에서 인간의 위치를 혁신적으로 변화시켰다는 사실을 기억하자. 케플러 우주 망원경은 외계 행성 2,500여 개를 발견했다.

케플러 우주 망원경은 놀라운 발견을 성취했지만 한 가지 눈에 띄는 문제가 있었다. 항성 하나당 행성이 몇 개 있는지 알아내려면 항성 수십만 개를 동시에 관찰해야 한다는 문제였다. 많은 항성이 관측 영역에 포함되려면, 그 항성들은 지구에서 멀리 떨어져 있어야 한다. 케플러 우주 망원경의 관측 영역은 인간이 하늘을 향해 팔을 쭉 뻗었을 때 손바닥에 가려질 만큼의 넓이였다. 케플러 우주 망원경은 평균 1,000광년 떨어진 곳에서 놀라운 행성 수천 개를 발견했으며, 이 행성들은 지나치게 멀리 있어 자세하게 관찰할 수 없었다.

나는 하버드대학교에서 연구하는 동안 매사추세츠공과대학교를 비롯한 전국 곳곳의 동료들과 자유롭게 토론하면서 우주 생명체 탐사에서 직면하는 가장 큰 문제, 즉 지구 가까이 있으며 생명체가 거주 가능한 외계 행성을 발견하는 방법을 모색했다. 우리에게 필요한 도구는 하늘에서 가까운 항성을 찾아 외계 행성을 탐색할 망원경이었다.

돈과 시간이 넘치는 사람이라면 이러한 망원경 개발이 쉬울 것이다. 하지만 과학자들이 NASA나 다른 우주 기관에 제출하는 임무 제안서에는 예산이 빠듯하게 반영되어 있다. 이는 기관의 전체 예산과 기존 임무 현황에 따른다.

당시 우리는 가까운 행성에서 생명체의 흔적을 찾을 첫 번째 기회가 JWST라는 것을 알고 있었다. 따라서 가까운 항성 주위에서 생명체가 거주 가능한 외계 행성을 찾기 위해서는 하늘 전체를 탐색할 수 있으며 비교적 저렴한 우주 망원경을 제안해야 했다. 우리가 설계한 우주 망원경은 JWST가 제대로 관측할 수 있는 대상으로 목록을 만들어야 했다. 모든 우주 망원경 설계에서 다음으로 해야 하는 일은 야망과 비용 사이에서 섬세하게 균형을 잡는 것이다.

나는 과학자와 공학자로 구성된 끈질긴 연구팀에 합류했는데, 이들 중 다수가 케플러 임무에 참여했다. 우리는 새로운 '행성 사냥꾼'을 제작할 최고의 계획을 NASA에 제안했다. 그리고 이 계획에 '천체면 통과 외계 행성 탐색 위성Transiting Exoplanet Survey Satellite(이하 TESS)'이라는 이름을 붙였다.

이러한 계획이 담긴 임무 제안서는 특정 형식을 갖춰야 하고, 다른 과학자들이 이를 읽고 평가한다는 점에서 의미가 크다. 새로운 아이디어를 구현하는 일은 흥미롭지만 교육, 연구, 임무 제안서 및 연구 보조금 신청서 작성, 멘토링, 봉사 활동 등 다른 활동이 수반된다.

수백 개의 아이디어가 제한된 수의 우주 임무로 선정되기 위해 경쟁하기 때문에, 임무 제안서는 완벽하고 이해하기 쉽고 설득력이 있어야 하며 지정된 분량을 넘지 않아야 한다! 이것은 생각보다 훨씬 까다로운 조건이다. 나는 기억도 나지 않을 만큼 제안서의 모든 쪽을 몇 번씩 쓰고 다시 쓰면서 주장을 펼치고, 주장의 허점을 메우고, 검토자가 던질 법한 모든 질문에 답을 마련했다. 이는 임무 제안서에서 과학적 항목에만 해당한다.

다음으로 예산안 항목이 있는데, 당시 나는 운 좋게도 예산안 항목에는 참여하지 않았다. 우주 임무의 주요 책임자는 과학적 근거와 작업 최소 단위와 배정 인력이 완벽하게 일치하는지, 예산이 허용 한도에 들어오는지 확인해야 한다. 우리가 작성한 임무 제안서는 수백 개의 다른 제안서와 비교되고 평가되며, 특정 항목이 부족하다고 판단되면 우주 임무로 선정될 기회가 사라진다.

JWST 발사 예정일까지 남은 2년 동안 하늘 전체를 탐색해 생명체 거주 가능 행성을 찾는 일에는 항성 1개당 1개월 정도를 할애할 수 있었다. 이 임무의 목표는 1년간 북쪽 하늘 전체를, 이듬해에 남쪽 하늘 전체를 대강 훑어보는 것이다. 이상적으로는 항성 1개당 훨씬 많은 시간을 할애한다면 공전주기가 비교적 긴 행성도 찾을 수 있다.

예컨대 태양의 골디락스 영역에 존재하는 행성은 공전에 지구 1년이 소요된다. 그런데 운 좋게도 적색 항성의 골디락스 영역에 존재하는 행성은 공전에 약 1개월이 소요된다. 게다가 우주 망원경에서는 하늘이 돔처럼 보이고, 돔에서 가장 높은 지점은 매번 카메라 시야에 겹쳐 촬영되기 때문에, 해당 지점에 자리하는 항성은 모든 사진에 포착되며 1개월보다 오랜 기간 관측될 수 있다.

항성 1개당 기대되는 행성이 몇 개인지 모르면 하늘을 대강 훑어보는 방식은 위험하다. 항성을 자세히 살피지 않으면 항성의 밝기 변화를 알아차릴 수 없으므로 많은 행성을 발견하지 못하고 놓칠 것이기 때문이다. 관측 시간이 1개월에 불과하면 나머지 11개월 동안 발생하는 밝기 감소를 놓칠 수도 있다.

그런데 NASA의 케플러 우주 망원경은 거의 모든 항성이 행성을 지닌다는 것을 알렸다. 하늘에 무수히 많은 행성이 있는 까닭에 항성을 수년 동안 끊임없이 바라보는 대신 짧은 시간만 관찰하는 방법이 선택될 수 있었고, 우리 연구팀은 작지만 강력한 우주 망원경을 제안할 수 있었다.

TESS는 작지만 유능한 우주 망원경이다. TESS에는 지름이 약 10센티미터에 불과한 카메라가 탑재되어 있지만, 하늘 전체에서 가까운 항성의 미세한 밝기 변화를 감지하고 우리 우주의 뒷마당에서 새로운 행성을 탐사한다.

나는 TESS 우주 망원경을 발사하는 날 처음으로 로켓 발사를 참관했다. 발사 장소에는 가족과 함께 갔다. 우리는 올랜도Orlando에 도착하자마자 케이프커내버럴(플로리다반도 동쪽 연안에 있는 곳으로 NASA 우주 로켓 기지 등이 있다-옮긴이)로 이동하고 바닷가 호텔에 체크인을 했다. 당시 4살이었던 딸과 모래성을 쌓던 중, 우리는 저 멀리서 작은 우주 망원경이 중요한 날을 기다리는 발사 현장을 발견했다. 케네디 우주 센터는 전 세계 천문학자로 북적였고, 시차에 적응했거나 아직 적응 중인 동료 그리고 서로를 쫓아다니는 아이들로 아름답게 뒤섞여 있었다. 이 순간은 수년간 임무를 계획하고 진행하고 염원한 결과였다.

센터는 TESS 임무를 실현한 대규모 연구팀 팀원들로 가득했다. 햇살과 높은 기대감으로 충만한 멋진 공간에서 많은 사람을 처음 만났다. 나는 다른 과학자들은 알고 있었지만, 우주 망원경을 제작한 공학자들은 대부분 몰랐다. 우주 망원경을 발사하기 위해서는 국제적인 공동체가 필요하다. 주위 공기가 우주 망원경의 성공적인 발사를 둘러싼 기대감과 희망 그리고 감춰진 불안으로 가득 차 있었다.

연료 공급 문제로 로켓 발사가 이틀 지연되어 우리 가족은 귀가 항공편을 놓쳤다. 하지만 딸은 아직 학교에 다니지 않았고, 해당 주에 내 수업은 친절하게도 다른 동료가 관리해줬다. 그 덕분에 우리 가족은 플로리다에 머물면서 작은 우주 망원경을 배웅할 수 있었다. 나의 학생들은 매일 발사와 관련된 소식을 전해 듣고 기념품 스티커를 얻게 되어 다 같이 즐거워했다.

2018년 4월 18일 TESS 우주 망원경은 팰컨9 Falcon 9에 실려 날아가 하늘을 대강 훑어보며 가까운 외계 행성을 찾는 중이다. 우리 가족은 웅장한 새턴V Saturn V 로켓이 전시된 아폴로/새턴V Apollo/Saturn V 센터 옆 관람석에서 팰컨9 발사를 지켜보며 과거의 우주 임무와 TESS 임무 사이에 연결 고리를 만들었다. 나는 초조한 마음으로 딸과 함께 숫자를 셌다. 10초가 지나 로켓은 폭발을 일으키고 하늘로 날아가 순식간에 작은 점 하나가 되어 목적지를 향해 점점 더 빠른 속력으로 이동했다. 나는 수백 명의 사람이 최적의 탐사 대상 목록을 작성해 지구 가까이에서 생명체를 찾는 임무를 시작하고, 시간과 공간을 연결하는 희망찬 순간을 함께하며 서로 포옹하고 환하게 웃던 모습을 생생히 기억한다. 더할 나위 없이 완벽한 발사 날이었다.

이후 우리 가족은 근처 작은 일본식 숯불 화로 식당에서 친한 친구들과 발사를 축하했다. 요리사는 나의 4살짜리 딸을 위해 양파 화산에 불을 붙였다. 아이는 훗날 플로리다 여행에 관해 질문을 받는다면 양파 화산을 이야기할 것이다. 어쩌면 엄마가 개발한 우주 망원경을 실은 로켓이 발사되는 장면을 봤다고 대답할지도 모른다. 어쩌면 말이다.

TESS 우주 망원경은 하늘에서 지구 가까이에 있는 외계행성을 여전히 찾고 있다. 여기에는 아무도 예상하지 못한 행성 그리고 미래의 탐험가가 흥미롭게 여행할 수 있는 지구와 닮은 행성이 포함된다.

항성 시체 주위의 행성

2020년 TESS 우주 망원경은 이론적으로 존재할 수 없는 행성을 발견했다. 죽은 항성의 껍질인 백색왜성을 도는 거대 기체 행성, WD 1586 b를 발견한 것이다. 이 행성이 항성의 죽음에서 살아남았다는 것은 놀라운 발견이었고, 이는 우리에게 의문을 불러왔다. 행성에 사는 생명체는 항성의 죽음에서 살아남을 수 있을까?

태양과 비슷한 항성이 수명을 다하면 중심핵의 핵융합이 중단된다는 사실을 기억하자. 죽은 항성의 중심핵은 가벼운 원소를 더욱 무거운 원소로 융합할 수 있을 만큼 뜨겁고 밀도가 높은 상태로 되돌아갈 수 없다.

항성의 에너지 생산은 순탄하지 않다. 핵융합 엔진이 각 단계를 지날 때면 더듬대다 다시 시작되기 때문이다. 추운 날 아침 낡은 자동차를 떠올려보자. 시동이 걸리지 않아 몇 번을 다시 시도한다. 그럼 보통은 결국 시동이 걸리지만 언젠가 어떤 노력도 효과가 없는 날이 온다. 자동차가 작동하지 않는다. 얼어붙은 차 안에 있는 여러분에게 몹시 불편한 상황이다. 태양과 비슷한 항성, 그리고 항성에 속한 행성에 있어 그러한 상황은 재앙이다.

항성 중심핵이 핵융합을 중단하면, 핵융합 에너지 때문에 중심핵으로 붕괴하지 못했던 다량의 물질이 방해받지 않고 중심핵으로 붕괴한다. 원자는 중심핵에 양성자와 중성자가 있고, 그 주위에서 전자가 끊임없이 움직인다. 항성 바깥층 물질이 중심핵에 충돌하면 물질 내 전자들이 밀려나며 전자 간 거리가 가까워진다. 그런데 전자는 동시에 같은 위치에 존재할 수 없다. 그러므로 중심핵에 충돌하는 물질 일부는 바깥으로 튕겨 나와 기존 항성 질량에서 약 절반을 포함하는 거대한 행성상 성운을 형성한다.

이처럼 태양과 비슷한 항성은 죽음을 맞이하며 뜨거운 중심핵을 노출된 상태로 남긴다. 이때 남은 잔해가 백색왜성으로, 크기가 지구보다 약간 더 크다. 백색왜성은 밝은 항성이 수명을 다하고 남긴 흔적이며 항성의 생애에 얽힌 이야기를 조용히 속삭인다. 백색왜성을 찻숟가락으로 한 번 뜬 무게는 약 15톤이다. 성체 대왕고래 무게가 약 100톤이다. 따라서 백색왜성을 찻숟가락으로 대략 일곱 번 뜨면 그 무게가 대왕고래와 맞먹는다.

항성의 질량에서 대략 절반이 소실되면, 항성이 행성을 끌어당기는 힘과 행성이 항성을 밀어내는 힘 사이의 섬세한 균형이 깨진다. 그러면 행성은 항성과 충돌하거나 우주로 튕겨 나간다. 항성이 죽음을 맞이하고 중심핵만 남아 백색왜성 단계가 되면, 그 항성 주위를 도는 행성도 마지막 단계로 접어든다. 2020년 9월까지는 그렇게 여겨졌다.

나는 행성에 사는 생명체가 항성의 죽음 이후에도 살아남을 수 있을지 궁금했다. TESS 우주 망원경이 WD 1586 b를 발견하기 전에, 우리 연구팀은 죽은 항성의 노출된 중심핵을 모형으로 만들어 주위에 어떤 환경이 형성되는지 조사하고 이를 토대로 태양계의 먼 미래를 예측했다. 그 결과 항성의 시체 주변에서도 골디락스 영역이 수십억 년간 지속될 수 있다고 밝혀졌다. 즉 생명체는 다시 시작될 수 있다. 어쩌면 생명체는 행성 표면 아래의 어딘가에 숨어서 항성의 죽음이라는 고난을 견딘 끝에 살아남을 수 있을지도 모른다.

태양과 비슷한 항성들은 대부분 백색왜성이 될 것이다. 먼 미래의 우주, 수많은 항성 잔해가 천천히 식으며 밤하늘에서 희미해지는 장면을 상상해보자. 한때 천문학자들은 항성의 소멸에서 행성이 살아남을 수 없기에 미래의 우주는 끔찍할 만큼 고요하리라 예상했다. 하지만 그렇지 않을 수도 있다. 우주는 새로 시작된 생명체나 강인한 생존자로 북적일지도 모른다. 이는 어떤 행성이 살아남는지 그리고 살아남은 행성에서 어떤 생명체가 생존하는지에 달렸다.

TESS 우주 망원경이 발견한 기체형 행성은 어떻게 그 위치에 도달했을까? 지금까지 도출된 가장 그럴듯한 설명은 행성이 이동했다는 것이다. WD 1586 b는 처음에 지금보다 훨씬 먼 거리에서 항성 주위를 돌다가, 항성의 죽음에서 살아남은 뒤 궤도 안쪽으로 끌어당겨졌을 가능성이 높다. 어쨌든 이 행성은 현재 백색왜성 주위를 잘 돌고 있다. 행성이 어떻게든 그 위치에 도달했으니, 우리는 도달 과정을 밝혀야 한다. 그러면 행성의 생존 기술에 관한 이야기에 새로운 장을 추가할 수 있을 것이다.

미래에는 생명체로 가득해 시끌벅적한 우주가 다시 시작되고, 우주는 살아남은 행성으로 붐빌지도 모른다. 이러한 행성에 생명체가 생존할 수 있을지는 아직 모른다. 하지만 2020년 9월, 우리는 항성의 죽음에서 행성이 살아남을 수 있음을 깨달았다. 그리고 이로써 행성의 생명체는 고난에 맞서 생존할 기회를 얻었다.

태양 질량보다 약 8배 넘게 무거운 항성의 죽음은 극도로 격렬하다. 핵융합이 중단되고 한때 안정적이었던 균형이 무너지면, 중심핵은 상상도 못 할 정도로 강한 힘을 받으며 안쪽으로 붕괴한다. 이때 항성의 노출된 중심핵에 충돌하는 엄청난 양의 물질이 너무도 무거운 까닭에 중심핵은 압축되어 중성자별이 된다. 중심핵 안쪽으로 떨어지는 물질은 전자를 원자의 중심부로 밀어 넣으며, 영겁의 세월 동안 전자와 양성자를 성공적으로 분리했던 힘을 무력화한다. 그러면 전자와 양성자는 단단히 밀집된 중성자로 압축된다. 중성자는 중심핵 안쪽으로 떨어지는 물질을 바깥쪽으로 밀어내며 항성의 밀도 높은 시체를 안정화한다. 이렇게 생성된 중성자별은 우주에 장엄한 폭발을 일으킨다.

바닥에 둔 고무공을 망치로 내려친다고 상상해보자. 처음에는 망치가 고무공을 압축하지만, 나중에는 공의 밀도와 압력 때문에 망치의 움직임이 멈춘다. 고무공이 반동을 일으키면 망치는 격렬하게 위로 밀려난다. 망치는 항성에서 중심핵 쪽으로 떨어지는 바깥층, 고무공은 중심핵에 해당하며, 이들 사이에서 놀랄 만큼 강력한 충돌이 발생한다. 이 충돌로 중성자별에서 바깥쪽으로 팽창하는 충격파가 일어나면, 철보다 무거운 원소가 생성될 수 있는 압력과 온도가 생성된다. 팽창하는 기체와 먼지의 껍질은 게 성운[Crab Nebula]과 같은 초신성 잔해로 관측된다. 이는 거의 1,000년 전 중국 천문학자가 황소자리의 새로운 별로 처음 설명한 바 있다.

중성자별 물질을 찻숟가락으로 한 번 뜨면 무게가 대략 40억 톤이다. 중성자별은 밀도가 매우 높은 까닭에 찻숟가락으로 한 번 뜬 무게가 성체 대왕고래 4,000만 마리와 맞먹는다. 태양보다 질량이 약 30배 무거운 항성은 중성자조차 중력과의 싸움에서 이길 수 없다. 이들의 중력은 항성 중심핵을 단단히 쥐어짜고 빽빽하게 밀집한 중성자들을 더욱 가까이 뭉쳐서 블랙홀을 형성한다. 블랙홀은 초대질량 항성

(태양의 50배 이상의 질량을 가진 항성-옮긴이)이 폭발하고 남은 중심핵의 잔해다. 블랙홀은 생소한 천체이자 우주의 특이점으로, 중성자별을 훨씬 능가하는 어마어마한 중력을 지닌다. 블랙홀의 중력은 너무도 강해서 빛을 끌어당겨 블랙홀 중심 주위를 계속 돌게 할 수 있다.

중성자별로 다시 돌아가자. 일부 중성자별을 관측하면 빠르게 자전하는 자극磁極이 시야를 가로지를 때마다 주기적으로 방출되는 에너지가 감지된다. 등대에서 뿜어져 나오는 빛줄기를 떠올리면 된다. 이러한 특성을 보이는 일부 중성자별을 펄서라고 한다. 골든 레코드 덮개에는 펄서를 기준으로 지구의 위치를 표시한 지도가 있다. 펄서는 제각기 고유한 주기로 에너지를 방출하는 까닭에 식별하기 쉽고, 우주 지도에서 기준점으로 삼기에 이상적이다. 펄서 중에서도 특히 밀리초 주기로 에너지를 방출하는 펄서는 우주 최고의 시계로 손꼽힌다.

1992년 폴란드 천문학자 알렉산데르 볼시찬Aleksander Wolszczan은 푸에르토리코 아레시보 천문대Arecibo Observatory에서 연구하던 중 2,300광년 떨어진 처녀자리에 자리한 밀리초 펄서의 신호에서 이상한 점을 발견했다. 그 색다른 신호를 나타내는 펄서는 PSR B1257+12였다. 이 펄서와 다른 일반적인 펄서의 신호를 비교하면 차이는 아주 미세했다. PSR

B1257+12의 이상한 신호는 천체 3개, 구체적으로 질량이 지구보다 4배 무거운 천체 2개와 지구의 2퍼센트에 해당하는 천체 1개가 해당 펄서를 끌어당기는 현상에서 유래했다.

발견된 천체가 외계 행성인지 아니면 행성의 노출된 중심핵인지, 혹은 천체가 펄서에 지나치게 가까이 접근했다가 포획되었는지 등 이 기묘한 계의 발생에 관해서는 많은 의문이 남아 있다. 중성자별을 생성하는 폭발이 무척 강렬하다는 점에서 천체 3개가 어떻게 펄서 주위를 돌게 되었는지는 여전히 불분명하다. 이 발견 이후 펄서 주위를 도는 천체는 수십 년 동안 고작 몇 개 더 새롭게 탐지되었다. 펄서 주위를 도는 천체는 극히 드물다고 추정되므로 어떻게 현재 위치에 도달했는지, 그 정체를 밝혀내는 일은 쉽지 않아 보인다.

이보다 더욱 기묘한 펄서인 PSR B1620-26은 지구에서 1만 2,400광년 떨어진 전갈자리 구상성단인 메시에4 Messier 4 에서 발견되었다. PSR B1620-26은 펄서이지만 중력의 춤을 혼자서 추지 않는다. 이 펄서에게는 동반자 백색왜성이 있다. 이 펄서계는 목성보다 질량이 약 2배 무거운 행성을 포함하며, 이 행성은 두 항성 시체 주위를 돈다.

이 행성의 이름은 PSR B1620-26 (AB) b이고, 이름에서 (AB)는 해당 행성이 두 항성 중심핵 주위를 돈다는 것을 나타내며, 이 행성의 공전 주기는 수만 년이다. PSR B1620-26

(AB) b가 두 항성 시체를 1바퀴 공전하기 전에 인류는 수십만 세대가 태어나고 죽었을 것이다.

천문학자들은 펄서 주위를 도는 행성에 생명체가 존재할 것이라고 기대하지 않는다. 이러한 행성이 맞서 살아남은 대규모 폭발과 펄서가 뿜는 강력한 방사선을 고려한 결과다. 행성 PSR B1620-26 (AB) b에는 또 다른 특징이 있는데, 만약 이 행성이 펄서와 함께 형성되었다면 나이가 약 130억 년으로 굉장히 오래되었다는 점이다. 그런데 항성 시체 주위를 도는 행성보다 더 기이한 행성이 있다.

외로운 방랑자

방랑하는 행성에게는 항성이 없다. 이들은 길을 비춰주는 항성 없이 광막한 어둠 속에서 고독한 방랑자처럼 우주를 영원히 홀로 헤맨다. 이러한 행성들은 이제 막 형성된 천체들이 충돌을 일으키던 초기에 자신이 속했던 항성계에서 튕겨 나왔을 것이다. 화성만 한 천체와 지구가 일으킨 초기 충돌은 우리에게 달을 선물했고, 그 당시 지구는 운 좋게도 태양계에서 쫓겨나지 않았다. 알렉스 레이먼드Alex Raymond의 만화 시리즈 '플래시 고든Flash Gordon'에는 몽고라는 가상의 방랑자 행성이 배경으로 등장한다(항성이 없는 가상의 행성에서 생명체가 번성하는 다양한 기후대가 유지되는 이유는 불분명하다). '플래시 고든'의 최신 버전에서는 행성이 다른 항성을 공전한다.

최초의 방랑자 행성 후보는 2017년 광학 중력 렌즈 실험Optical Gravitational Lensing Experiment(이하 OGLE) 공동 연구팀이 진행한 마이크로렌즈 관측을 통해 발표되었다. 지금까지 방랑자 행성은 약 10개 발견되었다. 이는 방랑자 행성 같은 천체가 다수 존재함을 암시한다. OGLE 공동 연구팀이 2020년 발표한 OGLE-2016-BLG-1928L b 등 일부 방랑자 행성은 질량이 지구와 비슷할 가능성이 높다.

모든 행성이 제자리에 머물며 조용한 유년시절을 보내는 것은 아니다. 많은 행성은 다른 천체의 중력이나 초기 원반의 밀고 당기는 힘을 받아 강제로 이동하게 된다. 이러한 행성의 이동으로 다른 항성 주위에서 관측되는 외계 행성이 형성된다. 이동 속력에 따라 일부 행성은 항성계 안쪽으로, 다른 일부 행성은 항성계 바깥쪽으로, 또 다른 일부 행성은 항성계 가장자리로 향하며, 그 외 일부 행성은 충돌을 일으킨다. 이러한 충돌은 경주용 자동차 2대가 서로 부딪힐 때처럼 격렬하다. 충돌이 너무 맹렬한 탓에 항성계 밖으로 튕겨 나간 행성들은 결국 대부분 텅 비어 있는 추운 공간을 영원히 떠돌 것이다.

방랑자 행성은 끝없이 식으며 홀로 우주를 떠돈다. 이들은 차갑게 얼어붙어 잠재력이 전혀 남지 않은 죽은 껍질일까? 아니면 행성이 형성되는 과정에 남은 열로 생명체가 태어나 일시적인 기회의 창이 열릴 수 있는 장소일까? 우주의 어둠 속에서 방랑하는 이 행성들은 탐사에 필요한 빛을 발산하지 않는 까닭에 수수께끼로 남을 것이다.

두 번째 태양을 상상하는 일

여러분이 영화관에 앉아 있다고 상상해보자. 조명이 꺼지고 화면이 여러분을 먼 은하계 행성으로 안내한다. 가상의 행성에서 방대한 모래언덕은 사막처럼 보인다. 사막의 풍경은 타투 I, 타투 II라고 불리는 2개의 태양 빛 아래에 펼쳐진다. 이곳은 '스타워즈'에 등장하는 행성 타투인으로, 1977년부터 수많은 관객을 매료시켰다. 타투인은 제다이 루크 스카이워커의 고향이기도 하다. 행성이 2개 이상의 항성을 공전한다는 아이디어는 '닥터 후'에도 등장한다. 신비로운 시간 여행을 하는 닥터의 고향 갈리프레이도 2개의 항성을 공전한다.

매혹적이고 기묘한 행성은 인간의 상상력에서 탄생했지만, 영화관 화면에 타투인의 놀라운 풍경이 투영된 지 30년 만에 과학자들은 현실에서 타투인과 비슷한 행성을 발견했다.

2011년 NASA의 케플러 우주 망원경은 지구에서 약 250광년 떨어진 곳에서 케플러-16 b Kepler-16 b라는 행성을 발견했다. 이 실제 행성은 항성 2개 주위를 돈다. 2개의 항성은 태양보다 다소 작은 주황색 항성과 소형 적색 항성으로, 상상 속 타투인과 비슷한 장관을 연출한다. 하지만 케플러-16 b는 토성과 비슷한 실제 행성으로, 발을 딛고 서 있을 단단한 땅이 없는 거대한 기체 행성이다. 케플러-16 b에 암석형 위성이 있는지는 아직 밝혀지지 않았다. 만약 암석형 위성이 존재한다면, 그 위성은 '스타워즈'의 행성 타투인과 '아바타'의 위성 판도라가 뒤섞인 천체로서, 과학 소설이 지금껏 상상한 모습보다 훨씬 더 멋진 하늘을 드러낼 것이다. (이 아이디어를 새로운 과학 소설에 활용해주기를 바란다.)

하늘에 떠오른 고독한 노란색 태양을 바라보며 두 번째 태양을 상상하는 일이 이상하게 느껴질 수도 있다. 하지만 모든 항성 가운데 절반 정도는 쌍으로 존재하므로, 모든 외계 행성의 절반은 항성 2개 주위를 돌아야 한다. 그런데 항성 2개, 다른 말로 쌍성 주위를 도는 행성을 발견한 것은 놀라운 일이었다. 과학자들은 두 항성의 중력이 행성 형성 물질을 대부분 흩어지게 할 것이라 믿었기 때문이다.

그러나 이러한 행성은 분명 존재하며, 모체 항성 가운데

한 항성 또는 두 항성 모두를 공전한다. 두 항성이 행성을 끌어당기는 힘은 두 항성으로부터 행성이 받는 빛과 마찬가지로 시간이 흐를수록 변화한다. 판타지 드라마 시리즈 '왕좌의 게임' 팬들의 추측에 따르면, 가상 대륙 웨스테로스의 계절 변화는 항성 2개가 특정 배열을 이뤄 무질서하게 서로를 당기는 현상으로 설명된다(그러나 항성이 2개 존재한다고 해도 웨스테로스의 환경은 설명하기가 몹시 까다롭다).

현실에서 외계 행성이 두 항성을 공전하는 경우, 행성의 온대 지역은 혼란스러운 계절에 시달리지 않는다. 두 항성이 행성을 끌어당길 때, 행성은 안정적 궤도를 발견해야만 수십억 년에 걸쳐 살아남을 수 있다. 이를테면 행성은 두 항성 모두를 중심에 두고 공전해야 한다. 또는 행성이 두 항성 가운데 한 항성 주위를 돌 때, 다른 항성은 그들로부터 멀리 떨어져 있어야 한다. 두 사례 모두 행성에 도달하는 항성 빛은 시간 흐름에 따라 약간만 변화하므로, 하늘에 있는 두 항성은 대부분 행성에 매혹적인 풍경을 연출하고 해로운 부작용은 초래하지 않는다.

나는 두 항성이 서로를 속박한 상태로 출 수 있는 가장 극단적인 춤을 상상하며, 이들의 골디락스 영역에서 강과 바다가 반짝일 수 있는 범위를 계산해봤다. 나는 두 항성 아래에서 따뜻한 하루를 즐기는 루크 스카이워커의 두 번째 그림자가 어디로 갔는지 늘 의문이었다.

케플러-16 b는 우주의 역동적인 스냅사진을 통해 인류가 우주를 살짝 엿볼 수만 있다는 사실을 증명했다. 현재 우리는 케플러-16 b를 찾으려 해도 발견할 수 없다. 2011년 케플러-16 b가 처음 발견되었을 때, 이 행성은 첫 번째 항성과 두 번째 항성에서 뜨거운 표면 일부분을 차단했다. 그런데 2018년 케플러-16 b는 우리 시야에서 벗어났다. 인류는 케플러-16 b의 그림자를 더는 관측할 수 없다! 하지만 우리는 케플러-16 b가 그곳에 있음을 안다. 우주에서 항성이 추는 역동적인 춤은 지구 주위의 멋지고 새로운 행성을 끊임없이 숨기고 드러낸다. 인류가 발견한 모든 외계 행성은 우주에 놀랄 만큼 다채로운 행성이 있음을 암시한다.

행성의 하늘에 항성이 2개 넘게 뜰 수도 있다. 케플러-64 b Kepler-64 b는 해왕성과 비슷한 거대 기체 행성이다. 지구에서 약 5,000광년 떨어져 있는 이 행성은 2개의 항성을 공전하며, 이들 항성은 또 멀리 떨어진 다른 두 항성 주위를 돈다. 따라서 케플러-64 b의 밤하늘에는 항성 4개가 밝게 빛날 것이다.

케플러-64 b는 2012년 플래닛 헌터스 Planet Hunters에 자원한 아마추어 천문학자 2명에 의해 발견되었다. 플래닛 헌터스는 전 세계 자원봉사자들이 NASA의 케플러 우주 망원경이 관측한 천문 데이터를 검토하는 시민 과학 프로그램이다. 새로운 행성을 발견하기 위해 전문 천문학자가 될 필요는 없다. 시민 과학 프로그램에 참여하면 실제 임무 또는 미래 우주선 엔터프라이즈호를 위한 지도 제작을 도울 수 있다. 여러분만의 새로운 행성을 발견할 수도 있다.

먼 미래에 인류의 후손은 두 항성 주위를 도는 행성으로 여행을 떠나, 두 항성이 비추는 빛 아래에 서서 자신이 드리운 두 그림자가 춤추는 모습을 지켜볼 것이다.

과학적 영감을 주는 행성들

내가 아는 천문학자들은 대부분 과학 소설을 좋아하며, 때때로 소설 속에 등장하는 세부 아이디어를 현실에서 구현하는 방법에 궁금증을 품기도 한다. 2009년에 나는 매사추세츠 케임브리지의 영화관에서 친구들과 '아바타'를 관람했다. 우리는 가상의 위성 판도라에서 하늘에 떠 있는 산을 올가미로 묶으면 가상의 물질 언옵테늄을 효율적으로 채취할 수 있을지, 그러려면 어떠한 방법을 써야 하는지를 주제로 활발히 토론하다가 비과학자 영화 애호가들의 시선을 느끼고 토론을 중단한 적이 있다.

실제 외계 행성의 몇몇 모체 항성은 과학 소설(그리고 우리 마음속)에서 특별한 위치를 차지한다. 앤디 위어는 흥미진진한 소설 《프로젝트 헤일메리》(2021)에서 과거 우주생물학자였다가 고등학교 교사로 일하는 인물이자, 마지못한 영웅으로 등장하는 주인공이 지구를 구하기 위해 다른 행성계로 여행을 떠나는 모험담을 담았다. 이 이야기에는 알려진 외계 행성이 속한 흥미로운 모체 항성이 나온다. 고래자리 타우Tau Ceti와 에리다누스강자리 40 40 Eridani이다.

고래자리 타우는 태양보다 나이는 약 2배 많고 크기는 약간 작은 단일 항성이다. 그리고 지구로부터 불과 12광년 떨어진 우리 우주 뒷마당에 자리한다. 이 항성은 밤하늘에서 맨눈으로 관측할 수 있으며, 고래자리Cetus(세터스는 바다 괴물을 의미하는 단어다) 천구 적도 위치에 있다. 고래자리 타우에서는 태양이 목동자리Boötes에서 보인다. 미래 우주 비행사는 고래자리 타우에서 하늘을 올려다보며 익숙한 별자리로 목동자리를 찾으려고 할 것이다.

고래자리 타우는 태양과 가장 가깝고 성질도 비슷해 여러 과학 소설에서 비중 있게 다뤄졌다. 이를테면 아이작 아시모프의 《강철 동굴The Caves of Steel》(1954), 래리 니븐Larry Niven의 《지구에서 온 선물A Gift from Earth》(1968), 킴 스탠리 로빈슨Kim Stanley Robinson의 《오로라Aurora》(2015) 그리고 앤디 위어의 《프로젝트 헤일메리》에서 언급된다.

고래자리 타우 주위에서는 행성 4개가 발견되었으며, 그 중 1개 이상이 모체 항성의 골디락스 영역에서 공전한다. 우리가 고래자리 타우의 행성에 관해 더 많은 정보를 기다리는 사이, 이 행성들은 인류가 태양계 너머로 여행할 미래를 암시하는 대담한 아이디어에 이미 영감을 주고 있다.

에리다누스강자리 40은 지구에서 약 16광년 떨어져 있는 삼중성계로 주황색 항성(에리다누스강자리 40 A), 작은 백색 왜성(에리다누스강자리 40 B), 적색 항성(에리다누스강자리 40 C)으로 이뤄져 있다. '스타트렉'에서 스팍 사령관의 고향인 행성 벌컨이 에리다누스강자리 40 A 주위를 돈다. 에리다누스강자리 40 A 주위를 도는 행성의 관측자는 밤하늘에서 에리다누스강자리 40 B와 C가 금성보다 좀 더 밝게 보일 것이다. 또한 태양이 헤라클레스자리Hercules에서 보일 것이다.

《프로젝트 헤일메리》에 나오는 가상의 행성 에리드는 온도가 높고 공전 속력이 빠른 거대한 암석형 행성으로, 그곳에는 거미처럼 생긴 외계인이 살고 있다. 에리드에서 인간 주인공은 거미 외계인과 무척 흥미로운 첫 만남을 가진다. 가상 행성 에리드에는 에리다누스강자리 40 A 주변의 후보 행성이 보내는 신호가 느슨하게 반영되어 있다.

2018년 에리다누스강자리 40 A 주위를 도는 외계 행성을 암시하는 잠재적 신호가 처음 발견되었으나, 2023년 발표된 최신 연구 결과는 그 신호가 외계 행성이 아닌 항성의 활동에서 유래했음을 밝혔다. 천문학자들은 에리다누스강자리 40 항성계를 공전하는 실제 행성을 아직 발견하지 못했다. 하지만 이것이 벌컨이나 에리드가 실제로 존재할 수 없음을 의미하지는 않는다.

에리다누스강자리 엡실론Epsilon Eridani은 지구에서 대략 10광년 떨어져 있어 에리다누스강자리 40보다 가까운 주황색 항성으로, 미래를 그리는 공상 과학 장르에 자주 등장한다. 이를테면 드라마 '전함 바빌론', 아이작 아시모프의 소설 《파운데이션의 끝》(1982), 알라스테어 레이놀즈Alastair Reynolds의 소설 《폭로된 우주Revelation Space》(2000) 등에 나온다.

에리다누스강자리 엡실론은 에리다누스강자리Eridanus에 있으며 맨눈으로 관측된다. 에리다누스강자리 엡실론의 관측자는 태양이 뱀자리Serpens에서 맨눈으로 보인다.

에리다누스강자리 엡실론에 속한 거대 외계 행성 에리다누스강자리 엡실론 bEpsilon Eridani b는 질량이 목성의 절반에 해당하고, 모체 항성을 공전하는 데 지구 7년이 걸리며, 나이가 5억 년에서 10억 년 사이로 굉장히 어리다. 에리다누스강자리 엡실론 b가 생성된 시기에 지구 생명체는 아직 진화 초기 단계였다. 에리다누스강자리 엡실론의 공식 명칭은 란Ran이며, 에리다누스강자리 엡실론 b에는 에기르Oegir라는 이름이 붙었다. 북유럽신화에 등장하는 바다의 신 부부로부터 유래한 이름으로 란이 아내, 에기르가 남편이다. 두 이름은 외계 행성 이름 짓기 공모전에서 선정되었다.

에리다누스강자리 엡실론 b 주위를 돌지만 아직 발견되지 않은 암석형 위성이 있다면, 또는 에리다누스강자리 엡실론의 골디락스 영역에 아직 알려지지 않은 암석형 행성이 있다면, 이 항성계는 과학 소설 속 세계와 마찬가지로 미래의 우주여행자를 매혹하는 가까운 목적지가 될 것이다. 지금까지 발견된 외계 행성은 우리의 상상보다 더욱 신비롭고 흥미진진했다.

외계 생명체를 발견할 확률

인류는 지표면과 우주에서 망원경을 들여다보며, 우주에는 상상할 수 없을 만큼 다양한 행성이 존재한다는 사실을 깨달았다. 인류 조상은 처음으로 별을 바라봤을 때 밝고 무수히 많은 빛에 시선을 사로잡혔다. 오늘날 우리는 그러한 밝은 빛에 동반자가 있음을, 즉 가능성으로 가득한 우주에서 항성 주위를 도는 행성이 있음을 안다. 5,000개가 넘는 새로운 행성은 다음과 같이 매혹적인 그림을 그린다.

1. 뜨거운 목성Hot Jupiter은 놀랍도록 뜨거운 기체형 외계 행성으로, 항성에서 너무 가까워 바깥층이 일부분 끓어오른다. 다른 외계 행성보다 발견하기 쉽다.
2. 일부 행성은 지구의 하루가 채 끝나기 전에 1년이 지난다.
3. 행성은 대부분 외롭지 않다. 항성은 대부분 하나 이상의 행성을 지닌다(그리고 항성의 약 절반은 항성 동반자를 지닌다). 항성 2개 주위를 도는 행성의 지평선에서는 장엄한 이중 일몰과 일출을 흔히 볼 수 있다.
4. 발견된 가장 뜨거운 암석형 행성, 즉 인근 항성의 빛과 열의 영향으로 폭발한 용암 행성에서는 증발한 암석이 비가 되어 마그마 바다로 다시 내리므로 암석 빗방울을 볼 수 있다.
5. 지금까지 발견된 새로운 행성 수천 개 중에서, 천문학자는 지구가 태양에서 얻는 빛과 열의 규모와 거의 똑같은 규모로 모체 항성에서 빛과 열을 얻는 암석형 외계 행성 30여 개를 확인했다.
6. 천문학자가 지금까지 발견한 잠재적 거주 가능 행성은 모두 하늘에서 적색 항성을 볼 수 있는데, 이는 크기가

비교적 작은 적색 항성 주위를 도는 외계 행성을 발견하기가 쉽기(발견 속도가 빠르기) 때문이다.

7. 발견된 오래된 행성 일부는 약 45억 년 전 지구가 형성된 당시에 이미 현재 지구보다 더 나이를 먹었다.
8. 그러한 오래된 행성 중에서 몇몇은 모체 항성의 격렬한 폭발에서 살아남았고, 지금은 항성의 시체를 공전하고 있다.
9. 방랑자 행성은 어떠한 항성에도 속박되어 있지 않다.
10. 항성 2개 중 적어도 1개는 행성이 그 주위를 돌고 있다.
11. 항성 5개 중 적어도 1개는 골디락스 영역에 암석형 행성이 하나 이상 존재한다.

위의 내용은 과학자의 세계관을 뒤흔들고 행성에 대한 인류의 관점을 재정립한 새롭고 흥미로운 발견 중 일부에 불과하다. 지금까지 발견된 외계 행성 수천 개 중에는 외계 지구가 될 만한 첫 번째 행성이 이미 포함되어 있는지도 모른다. 우리 은하에만 항성이 2,000억 개 넘게 존재한다는 점에서 외계에서 생명체를 발견할 확률은 언제나 우리에게 유리한 듯 보인다.

7장

우주 지식의 최전선에서

L.S

우주의 모든 지점은 가장자리가 불의 막으로 둘러싸인
자신만의 심오한 시간 구의 중심이다.
— 케이티 맥, 《우주는 계속되지 않는다》

그들의 아이디어는 사라지지 않는다

나는 나를 둘러싼 세상을 특별한 관점에서, 칼 세이건과 같은 시야에서 본다. 칼 세이건은 자신의 열정을 전 세계와 공유한 선구적인 천문학자로, 책을 집필하는 동안 코넬대학교 우주과학과 건물 3층 연구실 한편에서 푸른 언덕 위의 대학 캠퍼스와 멀리에서 반짝이는 카유가Cayuga 호수를 바라봤을 것이다.

나는 칼 세이건을 직접 만난 적은 없다. 건물 복도나 3층의 좁은 휴게실에서 그를 만나 우리가 발견하는 새로운 천체에 관해 이야기할 수 있으면 좋았을 것이다. 그럼에도 칼 세이건의 작품은 나에게 지대한 영향을 미쳤고, 그의 이름이 붙은 연구소에 소속된 모든 구성원과 그 밖에 다른 많은 사람이 나에게 호기심과 상상력을 불어넣었다.

칼 세이건이 이곳에 있었을 때보다 창밖의 나무는 좀 더 자랐고, 학생들의 치마와 머리카락은 다소 짧아졌다. 커다란 화이트보드에 적힌 방정식과 아이디어와 그림은 보이저 탐사선의 골든 레코드가 아닌 외계 행성에 관한 내용이다. 하지만 칼 세이건이 북적이는 대학 캠퍼스를 관찰하고 우주의 수수께끼를 곰곰이 생각할 때 지녔던 관점은 지금도 대체로 같다.

나는 그가 나보다 정리 정돈을 잘하는 편이었으리라고 생각한다. 나의 책장은 문서로 넘쳐나고 책상은 불안정하게 쌓인 논문 더미로 뒤덮여 있다. 그런데 칼 세이건의 호기심이 주위 곳곳에서 느껴진다. 나는 키 큰 창문가에 설 때면 오래된 참나무가 보이는 이 풍경을 그도 좋아했을지 궁금하다. 나는 칼 세이건이 나와 같은 연구실 문으로 들어와 이 창문가에 서서 그를 둘러싼 세상이 펼쳐지는 광경, 즉 시간으로 이어지는 연결 고리를 바라보는 모습을 즐겨 상상한다.

몇 년 전 나는 이타카로 이사 온 직후, 이곳 코넬대학교에 학제 간 연구를 진행하는 칼 세이건 연구소를 설립했다. 그리고 우주에서 생명체를 찾는다는 목표로 호기심 많은 인재를 모아 연구팀을 구성했다. 연구팀의 첫 회의는 나의 어수

선한 회의실에서 진행되었다. 나는 다양한 학과 사람들에게 맛있는 커피와 다크 초콜릿, 그리고 우주에서 생명체를 발견하는 방법이라는 흥미로운 주제로 토론한다는 매력적인 혜택을 제공하기로 약속하며 회의 참석을 유도했다.

첫 회의 이후 우리 연구팀은 천문학, 생물학, 화학, 공학, 음악, 과학 커뮤니케이션, 공연 예술 등 다양한 분야를 대표하는 15개 학과 소속 팀원으로 채워졌다. 팀원들의 아이디어와 견해는 그만큼 다양했지만, 우주 생명체를 찾는다는 목표를 이루기 위해 모두 한마음으로 뭉쳤다.

코넬대학교의 저명한 학자와 연구원 그리고 과학 연구에 호기심을 품은 학부생이 다양한 억양과 생동감 넘치는 표정으로 이야기할 때면 활발한 토론이 한층 다채로워진다. 빨간색 에스프레소 기계는 진한 커피 향으로, 사람들은 웃음과 온기로 회의실을 가득 채운다. 회의 시간에 나는 연구소 생활에서 가장 큰 즐거움을 느낀다.

과학은 시간과 장소를 아우르는 풍부한 지식 체계다. 수많은 별이 아닌 반짝이는 아이디어로 가득한 제2의 하늘처럼, 과학은 우리 머리 위에 보이지 않는 그물망으로 뻗어 있다. 나는 눈을 감을 때면 수백만 명이 도출한 아이디어가 인류 선조와 후손을 연결하는 장면을 상상한다. 크고 작은 발견들은 우주의 수수께끼를 풀고, 우주에서 인간이 차지하는 위치를 밝히는 과정에 도움이 된다.

과학에서는 올바른 질문을 던지는 것이 굉장히 중요하다. 과학자에게 문제를 규명하는 기회는 평생 한 번만 주어지기 때문이다. 우리 일생은 탐험가들이 수 세기에 걸쳐 연결하는 긴 사슬에서 하나의 연결 고리에 불과하다. 아이디어는 세상에 흔적을 남기고, 아이디어의 주인이 세상을 떠나고 한참 뒤에야 반향을 일으킨다. 아인슈타인이나 마리 퀴리Marie Curie 같은 과학자의 이름은 대중에게도 익숙하다.

그러나 과학자들만 기억하는 이름도 있고, 세월이 흐르며 잊히는 이름도 수없이 존재한다. 역사는 기록하는 사람의 편견에 물들며, 과학적 발견에 관한 서술조차 작성자 주관에 따라 달라진다. 역사의 여러 분야에서 그렇듯, 여성과 소수자는 과학자의 전형에 부합하지 않는다는 이유로 과학계에서 배제되었다. 시대는 차츰 개선되고 있고, 간과되었던 몇몇 연구자들은 인정받기 시작했다. 비록 많은 비전형적 과학자의 이름은 잊혔지만, 그들의 아이디어만큼은 사라지지 않았다. 이는 수천 년에 걸쳐 전해지며 우주의 수수께끼를 해결하는 데 보탬이 되고 있다.

일부 아이디어는 세월에 걸친 검증을 견딘다. 다른 아이디어는 그릇되거나 불완전하다고 밝혀진다. 하늘을 올려다보던 사람들은 처음에 지구가 우주의 중심이라고 생각했지만,

관측을 수없이 거듭한 끝에 우주에서 지구 위치를 아직 완벽히 파악하지 못했음을 깨달았다.

연구는 흔히 딱딱하고 경직된 활동으로 여겨지지만, 상상력과 창의력이 과학의 중추를 이룬다. 과학자는 미지의 영역을 탐구하며 아직 이해되지 않은 현상의 원리를 밝히려고 시도하는 모험가다. 공룡 뼈를 발견하고, 그것이 한때 지구를 배회한 거대한 생명체라는 사실을 밝힌다고 상상해보자. 우주가 상상할 수도 없을 만큼 뜨겁고 밀도 높은 빅뱅에서 탄생했음을 발견하거나, 특정 항성이 4.5일에 한 번씩 진동하는 현상을 관측하고 이 항성 주위에서 공전하는 새로운 행성을 최초로 발견한다고 상상해보자. 질문을 던지는 것이 곧 과학자가 되는 길이다. 그리고 질문에 대한 답의 일부는 밤하늘에 기록되어 있다.

인간과 호기심 많은 페퍼로니 조각

밤하늘을 바라보면 밝은 별들이 흩뿌려진 신비로운 검은색 태피스트리가 보인다. 그런데 우주의 신비를 조금씩 이해할수록 검은색 태피스트리가 지니는 의미와 심오함을 깨달으며 우주에 경외심을 품게 된다.

밤하늘은 우리에게 우주를 보여주며, 그보다 더 중요한 것은 우리 눈앞에 과거가 펼쳐진다는 사실이다. 밤하늘에서 보이는 모든 현상은 이미 일어난 사건이지만, 우리는 빛으로 암호화된 정보가 도달한 지금에서야 비로소 그 사건이 일어났음을 깨닫는다. 빛이 이동하는 데 시간이 필요하지 않다면, 우리는 과거를 볼 수도 우주의 기원을 밝혀낼 수도 없을 것이다.

검은색 태피스트리에서 관측되는 것은 지금 지구에서만 볼 수 있다. 우주 일부 지역에서 오늘 밤 우리가 관찰하는 현상을 보려면 수천 년을 기다려야 하고, 다른 일부 지역에서는 우리가 미래에 관찰할 현상을 이미 봤다. 나는 이 사실 덕분에 매일 밤을 특별하게 느낀다. 오직 우리 동료 지구인들만이 지금을 누리기 때문이다. 우주의 특별한 장소인 지구에서만 말이다.

우주에서 지구가 특별하다는 관점은 좀처럼 무너지지 않는다. 지구가 우주의 중심이라는 생각은 오랜 세월 이어졌다. 칼 세이건이 말했듯 “상식에 사로잡힌 관찰과 우리가 은연중 진실이기를 바랐던 마음이 공명과 수렴을 일으킨 불행한 우연” 때문이다. 우리는 밤하늘을 올려다보며 태양과 별이 우리 주위를 움직인다고 쉽게 결론지었다. 그런 안일한 관점에서 지구란 수많은 별 주위를 도는 무수한 행성 가운데 하나일 뿐이라는 세계관으로 전환되기까지는 시간과 인내가 필요했다.

결국에 인류는 지구가 우주의 중심이라는 생각을 포기했고, 지구가 태양 주위를 돈다는 사실을 마지못해 인정했다. 하지만 적어도 우리 태양은 여전히 우주의 중심이었다. 이후 과학자들이 관측을 반복한 결과, 태양이 우주에서 특별한 위치를 차지한다는 생각 또한 무너졌다. 인류는 아주 평범한 항성 주위를 도는 꽤 평범한 행성에 거주한다는 세계관에 남겨졌다. 이것은 그리 안락하지 않은 세계관이다. 특별하다는 것은 좋은 일이기 때문이다.

하지만 인류는 우주의 중심에서 자기 위치를 잃어버리며 많은 교훈을 얻었다. 인간종은 수백 년간 하늘을 관측한 끝에 자신이 속한 거대한 우주를 깨닫고 우주 안에서의 자기 위치에 눈을 떴다. 인간종의 거주지는 우리 은하계 항성 약 2,000억 개 중 하나인 태양에서 세 번째 암석형 행성에 해당하는 지구다.

인류에게는 우리 은하계 항성 약 2,000억 개가 담긴 사진이 없다. 인류는 앞으로 오랫동안 그러한 사진을 손에 넣지 못할 것이다. 우리 은하 전체를 사진에 담기 위해서는 우주선이 지구에서 아주 멀리, 나선은하의 평면 위쪽으로 멀리 날아가야 한다. 그런데 어느 우주선도 지금까지 이웃 항성에

조차 도달하지 못했다. 지구는 피자의 전체적인 형태를 상상하는 피자 위 페퍼로니 조각과 비슷한 존재다.

인간과 호기심 많은 페퍼로니 조각 사이의 가장 큰 차이점을 꼽으면, 인간은 우리 은하가 어떻게 생겼는지 알아냈다는 것이다. 천문학자는 우리 은하에 속하는 항성의 위치와 움직임을 관측한 뒤, 우주에 속하는 다른 은하 수천 개의 사진과 대조해 우리 은하와 비슷해 보이는 다른 한 은하를 발견했다. 이 은하는 우리 은하의 실제 사진을 얻을 때까지, 우리 은하의 대역을 맡을 것이다. 나의 학생들은 페퍼로니 피자 비유가 이해에 도움이 된다고 말한다. 학생들은 캠퍼스에서 무료 점심 식사로 흔히 피자를 제공받으며, 피자를 볼 때면 우리 은하를 연상한다.

우리 은하 사진을 찍을 수 있는 우주선이 있고, 그 우주선이 셔터를 누르는 정확한 순간에 여러분이 밖으로 나가 손을 흔든다고 상상해보자. 셋, 둘, 하나… 지금이다! 그런데 여러분의 모습이 담긴 빛이 우주선에 아직 도달하지 않았으므로 그 스냅사진에는 여러분이 손을 흔드는 장면이 찍히지 않을 것이다. 지구에서 멀리 떨어진 우주선의 지금은 지구에 사는 우리의 지금과 같지 않으며, 과거와 현재와 미래에는 다른 의미가 부여된다. 모든 것은 상황에 따라 달라진다.

과거를 볼 수 있다는 특권

우리는 밤하늘에서 과거를 본다. 간과하기 쉬운 것은 외계인 천문학자도 우리와 마찬가지라는 사실이다. 만약 지구와 외계 문명이 100광년 떨어져 있다면, 지금 외계인 천문학자는 100년 전의 지구를 볼 것이다. 외계 문명이 5,000광년 떨어져 있다면, 지금 외계인 천문학자는 지구에서 최초의 문명이 꽃피는 장면을 목격할 것이다. 외계 문명이 1억 광년 떨어져 있다면, 외계 천문학자는 여전히 공룡이 지구를 배회하는 모습을 볼 것이다. 따라서 다른 행성 생명체가 지구 문명, 즉 기술을 개발해 우주 비행을 할 수 있는 문명의 존재를 아는지 궁금하다면, 그것은 다른 행성이 지구와 얼마나 멀리 떨어져 있는지에 달렸다.

은하수는 지름이 약 10만 광년이다. 이것은 한쪽 끝에 있는 항성 빛이 반대쪽 끝에 있는 항성에 도달하기까지 약 10만 년이 걸린다는 것을 의미한다. 호모사피엔스는 7만 년에서 10만 년 전 사이 아프리카 대륙에서 유럽과 아시아 일부 지역으로 이주하기 시작했다. 따라서 우리 은하 반대편에서 지구를 관찰하는 가상의 천문학자는 아프리카에서 이주하기 시작한 인간종을 보고 있을 것이다. 당시 지구에는 태양계를 탐사하는 우주선이나 궤도선이 아직 없었다. 인류 또한 호기심 많은 외계인 천문학자의 거주지를 약 10만 년 전 모습 그대로 관찰하게 될 것이다.

골든 레코드를 운반하는 보이저 1호는 1977년 발사되었기에, 보이저 1호 발사가 기록된 빛은 우주에서 그렇게 멀리 이동하지 못했다. 우리에게 보이저 1호 발사는 과거의 사건이다. 100광년 떨어진 행성의 관측자에게 보이저 1호 발사를 보여주는 빛은 아직 도달하지 않았으며, 따라서 그들에게 보이저 1호 발사는 미래의 사건이다. 45광년 떨어진 관측자는 내가 이 글을 쓰는 무렵이면 보이저 1호의 발사 장면을 볼 수 있을 것이다. 그렇다면 보이저 1호 발사는 과거에 있었던 사건일까, 지금 일어나는 사건일까, 아니면 앞으로 일어날 사건일까?

우리 우주를 시공간의 격자 구조, 즉 공간이 3개의 축을 차지하고 시간이 네 번째 축을 차지하는 구조로 상상해보자. 여러분이 아침에 침대에 누워 있다가 저녁에 다시 침대에 눕는다면 공간적으로는 같은 위치이지만 시간적으로는 다른 위치에 있게 된다. 그러므로 아침에 침대에 누운 여러분과 저녁에 침대에 누운 여러분은 시공간적으로 다른 위치에 있다. 그런데 우주 자체가 시공간 구조에 내재하므로, 현재와 과거와 미래는 모두 특정 사건과 관련된 우주 격자에서 하나의 위치에 불과하다. 시공간 격자 구조에서는 여러분의 위치에 따라 과거, 현재, 미래가 고유하게 결정된다.

우주론 원리에 따르면, 우주는 규모가 충분히 커지면 모든 지점이 동일하게 보인다. 우주론 원리는 우리 은하의 과거를 밝히는 열쇠다. 우리가 시공간의 특정 위치에서 우리의 과거를 보는 것은 불가능하지만, 우리 주변의 과거를 보는 것은 가능하기 때문이다. 우리는 시간 축을 따라 항상 앞으로 나아간다. 그런데 빛은 이동하는 데 시간이 소요되므로 우리는 어딘가 다른 위치에서 우주의 과거를 엿볼 수 있다. 즉, 우리는 우리 은하와 멀리 떨어진 다른 은하의 과거 모습을 관측해 우리 은하의 과거 모습을 파악할 수 있다. 우주의 역사는 아름답게 짜인 태피스트리처럼 우리 주위에 펼쳐져 있으며, 우주의 지평선을 향해 갈수록 더 오래된 우주가 관찰된다.

전구는 멀리 떨어져 있을수록 희미해 보인다. 별도 마찬가지다. 가로등이 없는 어두운 장소에서도 밤하늘의 별은 약 4,500개만 보인다. 그 외의 다른 별은 너무 희미해서 발견할 수 없다. 하지만 별이 약 10만 개 보이는 쌍안경을 사용하면 문제는 개선된다. 지름 8센티미터 망원경을 사용하면 별을 약 250만 개 관측할 수 있고, 지름 40센티미터 망원경을 사용하면 별을 약 2억 개 관측할 수 있다. 쌍안경과 망원경은 우리 눈과 같이 빛을 모으므로 크기가 클수록 더욱 많은 빛을 포착할 수 있다.

그래서 천문학자는 갈수록 더욱 거대한 망원경을 제작하려 한다. 멀리 떨어진 항성에서 더 많은 빛을 포착할수록 우주가 훨씬 어렸던 과거로 거슬러 올라가 우주를 관측할 수 있기 때문이다. JWST가 촬영한 최초의 심우주 이미지를 통해 은하 수천 개가 내뿜는 빛이 130억 년이 넘는 시간을 이동해 우리에게 닿은 것처럼 말이다. 성능이 강력해진 망원경으로 촬영된 주위 은하 이미지는 우주가 시간에 따라 변화하는 모습을 관찰할 수 있게 한다.

그런데 상상 가능한 가장 큰 망원경을 사용하더라도 우주의 모든 것을 관측할 수는 없는 한계에 도달한다. 우리는 우주의 일부만 볼 수 있다. 이것은 빛이 이동할 수 있는 거리에 한계가 있기 때문이며, 이 한계는 우주의 존재 기간으로 정해진다. 우주가 존재하기 전에 빛은 이동하지 않았다. 그렇다면 우리 우주는 존재한 지 몇 년이나 되었을까?

우리가 지구 나이를 어떻게 밝혔는지 기억을 더듬어보자. 그런데 우주가 탄생한 당시에 형성된 유성은 존재하지 않는다. 하지만 우주 관측을 통해 우주 나이에 얽힌 비밀이 풀렸고, 지구는 우주 나이에서 첫 3분의 2에 해당하는 기간은 존재하지 않았다고 밝혀졌다. 우리가 인류는 물론 지구도 태양도 존재하지 않았던 시점으로 되돌아갈 수 있다는 사실을 잠시 음미해보자.

1929년 에드윈 허블은 은하의 적색편이를 근거 삼아 우주가 시간이 지날수록 팽창한다는 사실을 깨달았다. 그의 이름을 따 명명된 허블 우주 망원경은 우주의 팽창을 더욱 명확하게 밝혔다. 허블이 우주의 팽창을 발견하기보다 앞선 1927년, 벨기에 천문학자이자 성직자인 조르주 르메트르Georges Lemaître는 우주의 팽창을 이론적으로 예측했다. 그 성과는 2018년 국제천문연맹 회원 투표로 허블의 법칙Hubble's law이 허블-르메트르 법칙Hubble-Lemaître law으로 개명되며 인정받았다.

다른 은하가 지구로부터 얼마나 빠르게 멀어지는지 측정하면 우주가 얼마나 빠르게 팽창하는지 알 수 있다. 그리고 우주의 팽창 속도를 알면 팽창을 거슬러 올라갈 수도 있다. 우주가 시작된 이후부터 지금껏 같은 속도로 팽창해왔다면, 우주는 처음 시작되었을 때 밀도가 극도로 높았을 것이다. 천문학자들은 우주의 탄생인 빅뱅이 약 138억 년 전 일어났으므로 빛의 이동 시간이 138억 년을 넘지 않는다는 것을 밝혔다.

그런데 이것보다 더욱 중요한 핵심이 있었다. 우주의 초기 모습은 오늘날 우리가 보는 모습과 매우 달랐으며, 그 덕분에 인류는 우주의 나이와 우주에 포함된 모든 구조와 현상을 더욱 정교하게 계산할 수 있었다는 점이다. 빅뱅은 놀랄 만큼 뜨겁고 조밀한 우주의 시작이지만, 단순하거나 적어도 우리에게 익숙한 유형의 폭발은 아니었다. 그러한 점에서 빅뱅이라는 이름은 큰 오해를 불러일으킨다.

시공간은 폭발했지만, 한 지점이 아닌 모든 지점에서 동시에 폭발했다. 이것은 듣기보다 훨씬 기묘하다. 빅뱅은 일반적 폭발처럼 주변 공간으로 폭발한 현상이 아니었다. 폭발이 일어날 주변 공간이 아직 없었기 때문이다. 빅뱅은 곧 공간과 시간의 탄생이었다. 빅뱅 이후 우주가 대단히 빠른 속도로 순식간에 팽창하며 모든 것이 다른 모든 것으로부터 멀어졌다.

빅뱅과 초기 우주는 천문학자조차 상상하기 어려운 개념이다. 초기에는 우주의 모든 지점이 다른 모든 지점과 맞닿아 있었다. 오늘날 우리가 발견한 가장 먼 은하들은 서로 멀리 떨어져 있지만, 한때 가까이 맞닿아 있었다. 빅뱅은 물질과 에너지가 너무 극단적인 상태이므로 물리학은 아직 그 상태를 묘사조차 할 수 없다. 우주론 연구자가 빅뱅을 연구하지만 해결되지 않은 기이한 문제가 여전히 많다.

빅뱅을 이해하는 데 도움이 되는 비유를 들어보자면, 빵 반죽 속의 건포도를 관찰한다고 상상하자. 빵 반죽이 부풀 때 반죽 속의 모든 건포도는 서로 멀어진다. 그런데 거대한 빵의 팽창이라는 이름은 빅뱅이라는 이름만큼 매력적이지 않다. 지구에서 초기 우주가 관측되는 지점보다 더욱 먼 거리를 바라보면 우리 시야에서 항성과 은하가 사라진다. 우주에 항성과 은하가 생성되지 않은 시기이기 때문이다. 우주의 암흑기는 약 135억 년 전 첫 번째 항성의 빛이 어둠을 관통하며 끝났다. (우주의 암흑기를 지구의 암흑기와 혼동하면 안 된다. 지구의 암흑기, 즉 중세에는 하늘이 오늘날과 상당히 비슷해 보였기 때문이다.)

빛의 속력 제한이라는 개념이 답답하게 느껴지겠지만, 덕분에 인류는 우주의 과거 대부분을 관찰하는 특권을 누리며 우주 전체의 진화 과정을 간략하게 스케치할 수 있다.

아기 우주가 촬영된 사진

우주의 과거와 지구에서의 거리가 서로 대응한다면, 지구에서 충분히 먼 거리를 관측하면 우리에게 도달하기 위해 수십억 년 동안 이동한 전자기복사에서 초기 우주의 뜨겁고 조밀한 시대를 볼 수 있어야 한다. 이것이 바로 천문학자가 발견한 전자기복사로, 여기에는 아기 우주의 사진이 담겼다. 그런데 이 사진은 긴 여행으로 왜곡되었다.

우주 전체가 내재하는 시공간 구조를 기억하는가? 시공간이 마치 늘어나는 직물과 같다고 상상해보자. 이 직물은 직물을 따라 이동하는 빛의 파동을 길게 늘인다. 따라서 어리고 극도로 뜨거운 우주의 빛을 찾기 위해서는 빛의 이동 시간과 빛의 이동에 따른 파장의 길어짐을 고려해야 한다. 우리는 길게 늘어난 파장의 빛을 찾아야 한다.

과학자들은 마이크로파 안테나를 어느 방향으로 돌려도 제거되지 않는 잡음을 발견했고, 이 잡음이 길게 늘어난 파장의 빛임을 알아차렸다(어찌 보면 우연한 발견이다). 초기 우주의 열은 지금 하늘의 모든 방향에서 우리에게 도달하고 있다. 어린 우주의 열 신호를 암호화한 고대 빛은 수십억 년 동안 우주를 여행한 끝에 파장이 더욱 긴 마이크로파가 되었다(그러나 음식을 데울 만큼 강력하지는 않다). 우리가 가시광선 대신 마이크로파에 민감한 눈을 지녔다면 빅뱅이 남긴 잔여 복사, 즉 우주 마이크로파 배경Cosmic Microwave Background(이하 CMB)이 하늘 여기저기에서 밤낮으로 빛나는 모습을 볼 수 있었을 것이다.

CMB는 초기 우주가 극도로 뜨거웠으며, 우주 온도가 모든 지점에서 거의 같았음을 암시한다. 각 지점의 온도 차는 미미했지만, 그러한 작은 차이가 우리 우주를 형성했다. 온도가 높은 지점은 낮은 지점보다 밀도가 낮은데 어린 우주에서 10만분의 1에 해당하는 밀도 차이가 모든 것을 만들어냈기 때문이다. 비유하자면 10만분의 1은 11.5세 아이의 인생에서 약 1시간에 해당한다. 하지만 작은 밀도 차이는 중력의 영향을 받아 시간이 지날수록 증폭된다. 중력은 밀도가 낮은 지역의 물질을 주변보다 밀도가 약간 높은 지역으로 끌어당긴다. 이처럼 물질을 끌어당기는 영역은 주변보다 질량이 커지는 까닭에 중력 또한 강해진다.

아기 우주 사진에서 드러나는 이러한 미세한 차이가 오늘날 우리 수위에서 관측되는 우주 구조를 형성했다. 밀도가 비교적 높은 지역은 은하가 형성되는 지역이 되었다. 천문학자들은 복잡한 컴퓨터 프로그램을 활용해 우주의 미세한 밀도 차이에서 은하가 형성되어 현재 위치에 이르기까지 우주의 진화를 추적한다.

CMB는 대략 138억 년 전에 빅뱅이 일어나고 38만 년이 지난 뒤의 우주를 우리에게 보여준다. CMB가 나타내는 이 시기는 뜨겁고 밀도 높은 플라스마에 갇혔던 빛이 마침내 우주를 여행하기 시작한 순간이다. CMB가 생성되기 전 우주는 뜨겁고 밀도 높은 플라스마로 이뤄져 있었다. 시간을 거슬러 올라갈수록 우주는 더더욱 기묘해진다.

CMB가 마치 밝은 전등 뒤쪽 벽에 붙은 사진과 같다고 상상해보자. 전등이 너무 밝으면 그 뒤에 있는 것, 즉 과거부터 있던 대상을 알아차리지 못하게 된다. 과거 엄청나게 뜨거운 우주는 입자들로 이뤄진 극도로 조밀하고 뜨거운 수프로 오늘날의 우주와 완전히 달랐다.

초기 우주에는 항성이 아직 없었다. 온도가 지나치게 뜨거워 물질이 뭉쳐 항성이 될 수 없었기 때문이다. 원자조차 존재할 수 없었다. 온도가 너무도 높아 전자, 양성자, 중성자 등 원자에 필요한 구성 요소가 존재할 수 없었다.

하지만 이후 우주는 팽창하고 냉각되었다. 빅뱅이 일어나고 약 10분의 1밀리초 후에 최초의 양성자와 중성자가 형성된 다음 전자가 만들어지고, 우주는 팽창과 냉각을 지속했다. 빅뱅이 일어나고 약 2분 후 온도는 대략 섭씨 10억 도에 '불과'했다. 이는 우리 태양의 중심핵보다 훨씬 뜨겁지만 최초의 원자핵이 형성(양성자와 중성자가 서로 결합)될 만큼 차가운 상태였다. 뜨겁고 조밀한 원시의 수프에서 원자핵이 형성되기까지 모든 과정은 약 3분간 진행되었다. 그 뒤 수십만 년 동안 우주는 원자핵과 전자로 구성된 뜨거운 수프였으며, 원자핵과 전자 사이로 광자가 튕겨 다녔다.

여전히 우주는 팽창하며 냉각되고 있었다. 빅뱅이 일어나고 약 38만 년 후 우주가 충분히 차가워지자 전자가 원자핵에 속박되며 최초의 원자가 형성되었다. 플라스마에 갇혀 양전하를 띠는 원자핵과 음전하를 띠는 전자 사이로 튕겨 다니던 빛은 처음으로 바깥으로 빠져나갈 수 있었다.

우주는 빅뱅 이후 놀랍도록 뜨겁고 조밀한 플라스마에서 빛이 자유롭게 이동하는 우주로 바뀌었다. 당시 우주 온도는 오늘날 밤하늘에서 관측되는 CMB에 드러난다. 빅뱅이 일어나고 약 1억 년 뒤 고대 원소로 이뤄진 최초의 항성이 빛을 내자 태양과 지구 그리고 호기심 많은 인간이 출현했다.

인류는 우주의 끝이나 가장자리를 발견하지 못했다. 우리가 관찰할 수 있는 우주 영역에는 한계가 있다. 인류가 대형 망원경을 통해 아주 멀리 떨어진 희미한 천체를 우주 어디서든 관측할 수 있다면 마침내 초기 우주의 뜨거운 플라스마 사진을 얻을 것이다.

고대 지도 제작자는 세계의 가장자리라고 알려진 곳에 도달하면 중세 관습에 따라 지도상 위험이 도사리는 미지의 영역에 용, 바다 괴물, 다른 신화적 생물의 삽화를 그리고 "여기 용이 있다Hic sunt dracones"라는 문구를 적었다. 우주 지도상에는 "여기 뜨거운 플라스마가 있다"라는 문구가 더 적절하다.

시간의 지평선은 우리 주위에 관측 가능한 우주 영역을 구체로 형성하며 우주 탐사를 제한한다. 여기서 우리가 관측할 수 있는 한계는 빅뱅 이후 빛이 이동한 거리로 결정되며, 빛의 이동 거리는 우주가 나이를 먹을수록 증가한다.

이처럼 관측의 한계는 존재하지만 우리는 주위의 방대한 시공간 영역을 탐사할 수 있다. JWST 심우주 이미지 속 반짝이는 최초의 항성과 은하부터, 우주 해안에 자리하는 무수한 항성과 흥미로운 행성까지 관측 가능하다. 오늘날 인류는 매혹적인 우주 탐사 시대에 산다.

우주에서 모든 지점은 어린 우주의 뜨거운 플라스마로 둘러싸인 관측 가능한 구체 우주의 중심에 있다. 여러분은 어느 위치에 있든지, 예컨대 지구에 있든 멀리 떨어진 은하에 있든 상관없이 관측 가능한 우주 중심에 있다. 그리고 먼 과거나 미래의 어딘가에 있는 외계인을 비롯한 모든 생명체도 관측 가능한 우주 중심에 있다. 그러므로 우리는 (관측 가능한) 우주 중심이라는 인간의 특별한 위치를 되찾았다고 주장할 수 있다.

지금 누군가 우리를 관찰하고 있을까?

우주 어딘가 생명체가 존재한다면, 그리고 이 생명체가 우리처럼 호기심이 넘친다면, 이들은 우리를 관찰하고 있을까? 인류는 우주에서 생명체를 발견하는 문턱에 서 있다. 지금까지 5,000개가 넘는 외계 행성을 발견했고, 행성 신호에 대한 초기 검증이 끝나면 곧 외계 행성 목록에 수천 개를 더 추가할 것이다. JWST 발사를 계기로 인류는 지구와 비슷한 외계 행성에서 빛을 모을 수 있을 만큼 거대한 망원경을 보유하게 되었다. 외계 문명이 존재하며 인류 수준의 기술을 확보했다면 그들은 인류를 발견할 수 있을까?

천문학자들은 태양계에서 불과 300광년 떨어져 있는 이웃 항성을 관측해 목록으로 작성하면서 대부분 항성과 항성 시체에 해당하는 천체 30만 개를 발견한다. 이들은 대개 차가운 적색 항성으로 모두 우리 은하를 중심으로 매혹적인 중력의 춤을 추며 움직인다.

천문학자들은 또한 외계 행성을 찾을 때 항성 빛의 일부를 차단하는 행성, 즉 통과 행성에 초점을 맞춘다. 그런데 이처럼 항성 빛이 차단되기 위해서는 행성과 모체 항성 그리고 지구 관측자의 정렬이 정확히 맞아야 한다. 그래서 행성 통과를 관측하기에 적합한 골디락스 영역도 존재한다.

나는 외계 지구를 찾던 중 궁금증이 생겼다. 어떤 항성이 지구를 발견하기에 적합한 위치에 있을까? 우주에서 앞줄 좌석을 차지한 덕분에 지구가 태양 빛의 일부를 차단하는 현상을 목격할 수 있는 항성은 어디일까? 외계인으로서 인류는 어느 위치에 있을까?

나는 영감을 주는 미국 천문학자이자 미국 자연사박물관 큐레이터인 재키 파허티Jackie Faherty와 함께 어느 항성이 지구를 발견할 수 있는지 조사해봤다. 우리는 각 항성의 위치는 물론 움직임까지 포함해 태양 주위의 항성 목록을 정밀하게 작성하도록 설계된 가이아 우주 망원경의 데이터를 얻었다. 이를 활용해 우리 은하 인근을 시공간 좌표에 지도화할 수 있었다. 가이아 우주 망원경 데이터베이스를 꼼꼼히 살펴본 결과, 우리는 지구가 태양 빛 일부를 일시적으로 시야에서 차단하는 까닭에 태양이 다소 희미하게 관측될 만한 위치에 있는 항성들을 찾았다.

지구는 크기가 작으므로 이웃 항성 100개 중 1개 미만꼴로 태양 빛이 희미해지는 현상을 관측할 수 있다. 이러한 항성들은 태양 주위를 도는 지구 궤도 평면인 황도에 가까이 자리한다. 올해는 항성계 약 1,500개가 지구의 영향으로 태양 빛이 다소 희미해지는 현상을 볼 것이다. 시곗바늘을 앞뒤로 움직여 약 5,000년 전 과거부터 5,000년 후 미래까지 시간대를 넓히면 그러한 항성계의 수는 거의 2,000개로 늘어난다.

태양 밝기의 변화를 관측할 수 있는 항성들 가운데 약 100개는 지구와 굉장히 가까워 이미 지구에서 방출된 전파가 해당 항성 표면을 휩쓸고 지나갔다. 이러한 항성에 거주하는 호기심 풍부한 외계인 천문학자는 인류를 발견할 뿐만 아니라 인류가 만든 각양각색 음악도 들었을 것이다.

우리는 그러한 항성계 중 3개가 골디락스 영역에 외계 행성이 있음을 발견했다. 이를테면 처녀자리에 있는 적색왜성을 공전하는 행성이자 지구에서 11광년 떨어져 있는 로스 128 b[Ross 128 b]에 인류 수준의 과학기술을 보유한 문명이 존재한다면 이미 우리를 보고 들었을지 모른다. 하지만 이 문명은 지구를 더는 관측할 수 없다. 이들이 지구를 관측하기에 완벽한 시점은 약 3,000년 전 시작되어 약 900년 전 끝났기 때문이다. 900년 전 외계인 관측자들은 지구에 지적 생명체가 있다고 판단했을까?

지구에서 약 12.5광년 떨어진 티가든의 별[Teegarden's Star]에 속한 행성의 관측자는 2050년에 태양이 아주 희미하게 보이기 시작할 것이며 어쩌면 우리의 목소리를 이미 들었는지도 모른다. 트라피스트-1 행성계는 지구로부터 불과 40광년 떨어진 곳에서 약 1,600년 뒤부터 태양 빛이 희미해지는 현상을 목격할 것이다.

이러한 사례를 통해 알 수 있듯 관측에 유리한 시점은 영원히 보장되지 않고, 역동적인 우주에서 행성이 중력의 춤을 추는 동안 생겼다가 사라진다. 그렇다면 우주 앞줄 좌석에서 지구가 태양 빛을 차단하는 상황을 볼 수 있는 시간은 일반적으로 얼마나 오래 지속될까? 이에 답하기 위해 우리는 가이아 우주 망원경의 데이터를 분석하고 과거와 미래를 오가며 항성의 움직임을 추정했다. 분석 결과에 따르면, 관측에 유리한 시점은 적어도 1,000년간 지속된다고 밝혀졌다. 따라서 수천 년 전이나 수천 년 이후에는 인류가 발견하는 통과 행성이 지금과 다를 것이다. 그리고 지구를 발견하는 외계 행성도 지금과 다를 것이다.

나는 하늘을 올려다볼 때면 지구가 태양 빛을 미세하게 차단하는 상황이 관측되는 이웃 항성계 2,000개를 떠올린다. 지구를 이미 발견한 지적 생명체가 있다면 나는 그들이 우리를 응원하고 있다고 상상하고 싶다. 그들은 어쩌면 다양한 에피소드가 수록된 우주 리얼리티 방송에 출연하고 있을지도 모른다. "이런, 저기를 봐요. 지구인들이 오존층에 구멍을 내고 있어요!" 그럼 후속 에피소드는 다음과 같을 것이다. "앗, 지구인들이 오존 구멍을 메웠어요. 힘내라 지구!" 여기에 이어지는 에피소드는 다음과 같다. "세상에, 이제 지구인들이 지구 기후를 바꾸고 있어요." 나는 다음으로 이러한 에피소드가 등장하기를 바란다. "설마, 지구인들이 변화한 기후를 되돌리고 있어요. 힘내라 지구!" 조만간 등장할 것이다. 만약 누군가가 인류를 이미 발견했다면, 인류를 어떻게 생각하고 있는지 궁금하다.

우주선지구호

먼 미래에 여러분이 생명체의 명백한 흔적이 발견된 새로운 행성, 즉 최초의 외계 지구로 여행을 떠난다고 상상해보자. 그러한 여행을 떠나려면 과학 소설에서만 상상하던 우주선이 필요하겠지만, 언젠가는 그러한 우주선도 개발될 것이다. 이 우주선은 생존에 필요한 모든 자원을 운반하며, 앞으로의 긴 항해를 위해 자원을 완벽히 재활용할 수 있어야 한다. 완전무결한 우주선은 우주라는 적대적 환경에서 여러분을 보호할 것이다.

여러분은 우주선 발사를 준비하는 동안 비행 전 체크리스트를 검토해 험난한 미개척지를 통과하는 여정에서 살아남을 가능성을 최대한 높인다. 우주선 하위 시스템(식량, 물, 공기, 추진체, 항법 장치)을 조사하고 모든 부품이 최적으로 작동하는지 확인한다. 물탱크는 우주선 선체에 통합해 방사선에서 선체를 보호한다. 우주선 내부는 산소 농도를 약 21퍼센트로 맞추며 생물권을 완벽히 유지한다. 산소 농도가 이보다 좀 낮아도 살 수 있지만, 21퍼센트로 맞추면 빠르게 걸어도 숨 쉬기 수월하다.

여러분은 물의 오염 여부를 검사한다. 여러분과 동료 여행객을 생존하게 하는 생물권의 섬세한 균형을 깨뜨리지 않으려면 우주선의 모든 요소가 완벽하게 작동해야 한다. 대규모 수직형 수경 재배실과 여러 구획에 조성된 벽면형 정원은 식량을 생산하면서 이산화탄소를 흡수한다. 토양과 물에 존재하는 생물군은 여러분이 호흡하기에 적합한 조성의 화학물질을 생성한다.

다음으로 생존에 필요한 신선한 식량을 확보할 수 있도록 작물을 확인한다. 수경 재배 탱크는 안정적으로 작동하고, 토양 혼합물은 작물을 풍족하게 수확하고 새로운 씨앗을 심기에 알맞다. 이전에 수확한 작물 일부를 저장해뒀지만, 신선한 식량은 건강 유지에 필요한 비타민을 함유하므로 식단에서 중요하다. 검사를 마치는 동안에 우주선 함교에 울려 퍼지는 발소리를 들으며 젖은 흙냄새를 맡는다.

이륙 후 여러분은 창밖 너머 지구를 바라보며 이 행성의 경이로움에 관해 다시 한번 생각해본다. 지구는 눈부시게 효과적인 생명유지시스템이자 복잡하지만 조화로운 연결망으로, 인간을 비롯한 많은 생물종을 살아 있게 한다. 마치 어마어마한 생물권에 둘러싸인 거대한 우주선 같다. 여러분은 이 같은 사실을 왜 지구를 떠나고서야 깨달았는지 의아해한다.

여러분은 이제야 여러분이 떠나는 고향이 우주를 헤치며 긴 시간을 여행하는 우주선지구호라는 사실을 알아차린다. 지구의 운명은 태양계의 운명과 떼려야 뗄 수 없다. 인류는 지구 너머로 여행하기 시작할 때도 우주선지구호를 더욱 세심하게 보살펴야 한다. 나는 우리가 지식이 풍부한 관리인으로서, 우리가 아는 유일한 고향을 보호하는 방법을 배우는 모습을 상상하고 싶다.

나는 인류가 우주에서 로봇으로 자원을 추출하는 방법을 발견한 덕분에, 인류가 호흡하는 공기와 마시는 물이 독성 기체에 오염되지 않은 환경에서 살아가는 미래를 즐겨 상상한다. 지구만큼 우리가 살기에 완벽히 적합한 행성은 없다. 미생물부터 인간에 이르는 생명체는 창백한 푸른 점과 함께 진화했다.

인류는 우주 탐사에서 얻은 지식을 바탕으로 소행성과 환경오염으로부터 지구를 구할 수 있다. 칼 세이건은 지구를 "태양 빛 속에서 부유하는 먼지 한 톨"이라고 인상적으로 묘사했다. 지구는 믿을 수 없이 복잡한 행성이지만, 아름답고 연약한 행성이기도 하다. 하지만 우주 탐사를 통해 유용한 정보를 축적해간다면, 우리는 지구의 한정된 자원을 모두 소진하는 일을 막을 수 있다.

이러한 먼지 한 톨 위에서 인류는 미래의 성간 탐험가를 위한 최초의 여행지 목록을 이미 작성하는 중이다. 멋진 용암 행성부터 2개의 그림자를 쫓을 수 있는 행성까지, 흥미진진한 목적지들을 지도에 표시한다. 우주로 모험을 떠날 우주선은 아직 없지만 빛으로 암호화된 메시지를 판독해 우주를 탐사하는 방법은 발견했다.

또한 인류는 태양계 행성들을 조사해 생명체가 거주 가능한 행성이 변화무쌍하며 때로 취약하다는 개념을 깊이 이해했다. 창백한 푸른 점의 다채로운 생명체는 혹독한 조건에서 생존하려 분투하는 동시에 환경에 적응하며 변화해왔다. 그 역사를 탐구하고 통찰을 얻으면 우리는 우주 해안에서 외계 지구일 가능성이 있는 최초의 행성을 어렴풋이 감지할 수 있다.

인류는 새로운 행성에 아직 발을 들일 수 없지만, 우주 탐사는 인류가 우주를 바라보는 관점을 송두리째 바꿨다. 맑은 밤 관측되는 다른 항성 수천 개에는 우리가 그곳에서 누군가를 발견할지 모른다는 숨 막히는 희망이 담겨 있다.

인류와 우주를 연결하는 창, 아름다운 하늘을 올려다보자. 가장 마음에 드는 별을 발견하고 호기심을 마음껏 펼치자.

이 넓은 우주에 우리만 존재하지 않는다면 어떨까?

우주적 세계관을 확장하는 외계 탐사의 최전선

1543년에 출판된 니콜라우스 코페르니쿠스Nicolaus Copernicus의 저서 《천구의 회전에 관하여》는 인간의 세계관을 지구 중심에서 태양 중심으로 전환하는 사고의 혁명을 가져왔다. 이후 많은 천문학적 발견은 이를 확장해가는 일련의 과정이었다. 현재 인간의 세계관은 외계 행성 연구를 통해 또다시 큰 변혁의 시대, 제2의 코페르니쿠스 혁명 중에 있다.

1992년 첫 외계 행성이 발견되고 27년이 지난 2019년, 노벨물리학상이 외계 행성 연구자들에게 수여되었다. 2025년 1월 현재 약 5,800개의 외계 행성이 발견되었으며, 통계학적 연구에 따르면 우리 은하의 항성 대부분이 최소 하나 이상의 행성을 보유하고 있을 것으로 추정된다. 태양계는 더 이상 우주의 유일한 행성계가 아니며, 지구와 유사한 행성은 우주 역사 속에서 아마도 무수히 존재했고, 존재하고, 또 존재할 것이다.

외계 행성 연구 분야에서 가장 주목받는 학자 중 한 사람인 리사 칼테네거는 《에일리언 어스》를 통해 흥미로운 과학적 추론을 들려준다. 외계 행성에 현존할지도 모르는 생명체가 지구로부터 출발한 빛을 분석해, 그 행성과의 거리만큼 과거에 존재하는 지구의 환경과 그 환경에서 발현한 생명체를 연구 중일 수도 있다는 것이다.

이 같은 추론은 미국 천문학자 제프리 베넷Jeffrey Bennet이 그의 저서 《Beyond UFOs》(2008)에서 "우리는 모두 외계인이다"(한국어판에서는 이 문장을 제목으로 삼았다)라고 주장한 것과 일맥상통한다. 과학적 방법을 통한 우리 존재에 대한 철학적 고찰은 지구를 특별한 행성에서 평범한 행성으로, 우리를 우주의 유일한 지적 생명체에서 무수한 시공간의 찰나를 구성하는 보편적 존재로 치환한다.

이 광대한 우주에서 우리는 혼자인가? 우주의 시작과 팽창, 은하와 생성과 진화, 별의 생과 사를 통한 물질의 순환을 이해한 우리는 우주의 유일한 지적 생명체인가? 현재까지 인류가 확인한 생명체는 오직 지구에만 존재한다. 하지만 확인하지 않았다고 해서 존재하지 않는 것은 아니다.

다행스럽게도 생명을 품은 하나의 행성 표본을 가진 덕분에, 138억 년 우주의 시공간에서 지구가 생명체를 발현시킨 유일한 행성인지 확인하기 위한 외계 행성 탐사를 시작할 수 있었다. 이 어려운 탐사를 최전선에서 이끌고 있는 여성 천문학자가 현대 외계 행성 연구의 태동을, 그리고 과학자들이 일생을 헌신해 구축한 학제 간 협업의 과정을 이 책을 통해 흥미진진하게 들려준다.

생명체 거주 가능 영역에 위치한 암석형 행성의 광범위한 탐사는 케플러 우주 망원경(코페르니쿠스 혁명을 완성한 독일 천문학자 요하네스 케플러Johannes Kepler를 기념하며 이런 이름이 붙었다)에 의해 시작되었고, 또 다른 탐사 우주 망원경인 TESS에 의해 확장되고 있다. 하지만 현재까지 발견된 외계 행성 대부분은 모체 항성으로부터의 위치나 크기, 질량 측면에서 지구와 사뭇 다른 특성을 가지고 있다. 그렇다면 지구는 보편성에서 탈출해 다시 특별한 위치를 탈환하는가?

칼테네거는 지구보다 질량이 조금 더 큰 슈퍼 지구에 존재할 수 있는 심해의 생명체에 관해 언급한다. 이러한 생명 현상은 약 24억 년 전 남세균이 지구 대기의 일부를 산소로 치환했듯, 외계 행성 대기의 조성을 변화시킬 것이고 바이오마커biomarker(특징적인 구조나 성질로 생물 기원을 추정할 수 있는 자연의 유기 분자)를 만들 것이다.

현존하는 최고의 적외선 망원경 JWST를 이용한 외계 행성 대기 연구는 이에 대한 우리의 이해를 급격하게 확장하고 있다. 또한 2035년에는 거주 가능 세계 천문대Habitable Worlds

Observatory, HWO 우주 망원경을 발사해 지구형 행성 대기를 직접 관측하며 생명의 증거를 찾을 예정이다.

태양계 내에서 생명체 거주 가능 영역에 위치한 3개의 암석형 행성을 비교하면, 생명이 번창하는 지금의 지구는 특별하다. 4차원 시공간의 한 점, 46억 살의 태양으로부터 1억 5,000만 킬로미터 떨어져 위치한 현재 상태에서는 말이다. 이것은 지구의 과거를 거슬러 가는 복합적인 연구를 통해 얻은 지구의 생성과 변화에 대한 통찰이다.

금성과 화성도 과거 한 시점에는 생명체가 존재할 수 있었으며, 형성 단계 매우 초기의 지구는 생명체가 살아갈 수 없는 물리적·화학적 환경이었다. 따라서 생명체 거주 가능 영역은 시공간 좌표의 각 지점마다 달라지는 물리량이다. 우리는 기막힌 우연에 의해 지금, 여기에 지적 생명체로 존재해 태양계 밖 지구를 탐사하고 있는 것이다.

탐사 중에 마주치는 외계 행성 중 어떤 것은 초기의 지구, 또 어떤 것은 미래의 지구일 수 있다. 그러므로 외계 행성 연구자들은 실험과 계산을 통해 모형을 구축하고 관측될 빛을 예측해야만 한다. 가령 용암의 바다로 뒤덮인 생성 초기 단계에 있는 지구는 어떤 빛을 방출하는지, 그 빛이 45억 광년 떨어진 외계인의 망원경에 어떤 모습으로 관측되는지 계산해보는 것은 우리의 외계 행성 탐사에 중요한 기준점을 제시한다.

이러한 예측 과정은 빛을 관측하는 천문학자뿐만 아니라, 행성의 구성 물질에 대한 지식을 제공하는 화학자, 생명체가 그 물질과 어떻게 상호작용하며 생명현상을 유지할지 예측하는 생물학자, 생명체가 변화시킬 대기의 상태와 운동을 이해하는 대기 연구자, 생명의 근원이 되는 바다의 환경을 연구하는 해양학자, 그리고 대륙판의 이동과 변형을 이해하는 지구물리학자 간의 협업의 연속이다.

이러한 협업을 계획하고 구체화하고, 각 분야의 사람들에게 협업을 지속할 동기를 제공하는 일은 결코 쉽지 않은 과정이다. 칼테네거는 성공적인 다학제 협업을 위해서는 쉬운 질문도 과감하게 할 수 있는 호기심과 용기가 필요하다고 강조한다. 모른다는 것을 인정하는 것이 새로운 탐구의 시작이며, 과학적 성과에 이르는 중요한 출발점인 것이다.

칼테네거에 따르면, 지식의 최전선에 있는 연구자는 질문에 대한 해답을 집요하게 갈구하는 까닭에 많은 실망스러운 실패 속에서도 오늘 연구실의 문을 열고 들어가, 답하지 못한 어제의 질문을 다시 대면하고, 일보 후퇴로부터 얻은 교훈으로 일보 전진하는 지난함 속에서 문득 두 발 나아가게 된다. 연구자로서 공감해마지않는 통찰이다. 여성 학자에게 호의적이지 않았던 과거 연구 환경에서 칼테네거를 전진하게 한 원동력은 바로 '이 우주에서 우리는 혼자일까?'라는 질문에 답하고자 하는 집요한 인내심이 아닐까?

그렇기에 이 책은 단순히 외계 행성과 외계 생명체에 관심이 있는 독자들뿐만 아니라, 연구의 최전선 현장에서 새로운 지식 확장에 기여하고 있는 연구자들, 그리고 존재의 철학적 의미를 탐구하는 모든 이에게 공명을 선사할 것이다.

이정은(서울대학교 물리천문학부 교수)

골든 레코드 플레이 리스트

1. Greeting from Kurt Waldheim, Secretary-General of the United Nations 00:43
2. Greetings in 55 Languages 03:46
3. United Nations Greetings/Whale Songs 04:04
4. Sounds of Earth 12:18
5. Munich Bach Orchestra/Karl Richter - Brandenburg Concerto No. 2 in F Major, BWV 1047: I. Allegro (Johann Sebastian Bach) 04:43
6. Pura Paku Alaman Palace Orchestra/K.R.T. Wasitodipuro - Ketawang: Puspåwårnå (Kinds of Flowers) 04:46
7. Mahi musicians of Benin - Cengunmé 02:10
8. Mbuti of the Ituri Rainforest - Alima Song 01:00
9. Tom Djawa, Mudpo, and Waliparu - Barnumbirr (Morning Star) and Moikoi Song 01:29
10. Antonio Maciel and Los Aguilillas with Mariachi México de Pepe Villa/Rafael Carrión - El Cascabel (Lorenzo Barcelata) 03:19
11. Chuck Berry - Johnny B. Goode 02:40
12. Pranis Pandang and Kumbui of the Nyaura Clan - Mariuamangi 01:24
13. Goro Yamaguchi - Sokaku-Reibo (Depicting the Cranes in Their Nest) 05:04
14. Arthur Grumiaux - Partita for Violin Solo No. 3 in E Major, BWV 1006: III. Gavotte en Rondeau (Johann Sebastian Bach) 02:57
15. Bavarian State Opera Orchestra and Chorus/Wolfgang Sawallisch - The Magic Flute (Die Zauberflöte), K. 620, Act II: Hell's Vengeance Boils in My Heart (Wolfgang Amadeus Mozart) 02:59
16. Georgian State Merited Ensemble of Folk Song and Dance/Anzor

Kavsadze - Chakrulo 02:20
17. Musicians from Ancash - Roncadoras and Drums 00:54
18. Louis Armstrong and His Hot Seven - Melancholy Blues (Marty Bloom/Walter Melrose) 03:06
19. Kamil Jalilov - Muğam 02:34
20. Columbia Symphony Orchestra/Igor Stravinsky - The Rite of Spring (Le Sacre du Printemps), Part II—The Sacrifice: VI. Sacrificial Dance (The Chosen One) (Igor Stravinsky) 04:38
21. Glenn Gould - The Well-Tempered Clavier, Book II: Prelude & Fugue No. 1 in C Major, BWV 870 (Johann Sebastian Bach) 04:51
22. Philharmonia Orchestra/Otto Klemperer - Symphony No. 5 in C Minor, Opus 67: I. Allegro Con Brio (Ludwig van Beethoven) 08:49
23. Valya Balkanska - Izlel e Delyu Haydutin 05:03
24. Ambrose Roan Horse, Chester Roan, and Tom Roan - Navajo Night Chant, Yeibichai Dance 01:00
25. Early Music Consort of London/David Munrow - The Fairie Round (Anthony Holborne) 01:19
26. Maniasinimae and Taumaetarau Chieftain Tribe of Oloha and Palasu'u Village Community - Naranaratana Kookokoo (The Cry of the Megapode Bird) 01:15
27. Young girl of Huancavelica - Wedding Song 00:41
28. Guan Pinghu - Liu Shui (Flowing Streams) 07:36
29. Kesarbai Kerkar - Bhairavi: Jaat Kahan Ho 03:34
30. Blind Willie Johnson - Dark Was the Night, Cold Was the Ground 03:21
31. Budapest String Quartet - String Quartet No. 13 in B-flat Major, Opus 130: V. Cavatina (Ludwig van Beethoven) 06:41

보이저 인터스텔라 레코드Voyager Interstellar Record 팀에 제공된 자료의 초기 오류로 인해 일부 음원명과 출연자가 기존 목록에서 업데이트되었다. 오즈마 레코드Ozma Record의 데이비드 페스코비츠David Pescovitz와 팀 데일리Tim Daly는 2017년 지구인도 음원을 즐길 수 있도록 골든 레코드를 플라스틱으로 제작해 처음 출시했다. 이들은 심층 연구를 진행해 원본 정보에서 오류와 누락을 확인하고 수정했으며, 2018년 그래미상을 수상했다. 조너선 스콧Jonathan Scott은 탐정이 되어 몇몇 놀라운 음원의 명칭과 음악가를 추적한 과정을 발표한 유쾌한 저서 《비닐 프론티어The Vinyl Frontier》(2020)에 담았다.

《지구의 속삭임》은 골든 레코드 제작 과정이 기록된 책으로, 골든 레코드 제작에 참여한 관리자 6명이 저술했다. 저자 6명은 다음과 같다. 칼 세이건(총책임자), 프랭크 드레이크(기술 감독), 앤 드루얀(창작 감독), 티모시 페리스Timothy Ferris(프로듀서), 존 롬버그Jon Lomberg(디자인 감독), 린다 살츠먼 세이건Linda Salzman Sagan(작가). 이들은 우리 행성 이야기가 담긴 타임캡슐이자, 창백한 푸른 점이 우주에 선물로 보내는 음반에 어떤 음악, 이미지, 소리를 수록할지 결정한다는 어려운 과제를 다룬다.

골든 레코드는 지금 어디에 있을까?

우주를 가로지르는 보이저 1호와 2호의 모험과 골든 레코드의 경로는 NASA에서 운영하는 웹사이트(https://voyager.jpl.nasa.gov/mission/status/) 또는 X(구 트위터) 계정(@NASAVoyager)에서 확인할 수 있다.

외계 행성의 이름을 짓고 싶은가?

1995년 시작된 외계 행성 이름 짓기 공모전에 참여한다면 여러분도 국제천문연맹에 외계 행성의 이름을 제안할 수 있다. 자세한 내용은 웹사이트(https://www.nameexoworlds.iau.org)에서 확인하자.

숫자들은 왜 반올림되어 있을까?

여러분은 이 책에서 만나는 숫자들이 정확한 값이 아니고 반올림된 값인 이유가 궁금할 것이다. 칩 히스Chip Heath와 칼라 스타Klara Starr가 저서 《넘버스 스틱!》(2021)에서 주장했듯이 숫자를 반올림하고 우리가 아는 대상과 비교하는 일은 데이터를 '기억에 남는 이야기'로 변환하는 데 유용하다. 나는 우주의 매혹적 아름다움을 여러분과 공유하는 동안 중요도 낮은 숫자 몇 자리는 생략하되 우주의 웅장한 규모는 그대로 유지하려 노력했다.

새로운 천체를 발견하는 일을 돕고 싶은가?

시민 과학 프로젝트는 과학자와 과학에 관심이 있는 대중 간의 협업이며, 전 세계 모든 사람에게 공개되어 있다. 자세한 내용은 웹사이트(https://science.nasa.gov/citizenscience)에서 확인하자. 시민 과학자라고 불리는 자원봉사자들은 이러한 협업으로 수천 가지 주요 과학적 발견을 도왔고, 케플러-64 b(PH1 b)의 사례처럼 새로운 행성을 발견하기도 했다.

여러분의 이름을 화성에 보내는 방법

NASA는 여러분에게 특별한 기회를 제공한다. 여러분은 태양계 곳곳의 목적지에 자신의 이름을 보낼 수 있다(친구의 이름으로 탑승권을 받아두면 근사한 생일 선물이 된다). 다음 화성행 항공편을 웹사이트(https://mars.nasa.gov/participate/send-your-name/mars2020/)에서 확인하자. 미래에는 외계인 고고학자가 태양계를 탐험하면서 여러분의 이름을 판독하려 시도할까?

빈티지 우주여행 포스터를 얻는 방법

NASA가 무료로 배포하는 빈티지 우주여행 포스터 시리즈 제목은 '미래의 비전Visions of the Future'이다. 태양계와 태양계 너머의 여행지가 표현된 창의적이고 다채로운 이미지는 인류가 성간 여행을 떠나는 미래를 향한 열망과 낙관주의를 드러낸다. 자세한 내용은 웹사이트(https://www.jpl.nasa.gov/galleries/visions-of-the-future)에서 확인하자.

칼 세이건 연구소의 최신 정보

칼 세이건 연구소는 우주에서 생명체를 찾는다는 목표로 2015년에 설립한 기관이다. 코넬대학교에서 칼 세이건이 성취한 선구적인 연구 성과를 바탕으로, 15개 학과 소속 과학자로 구성된 학제 간 연구팀은 태양과 다른 항성 주위에서 궤도를 도는 행성 및 위성을 탐색하기 위한 과학적 도구를 개발하고 있다. 자세한 내용이 궁금하거나 연구소에 연락하고 싶다면 아래의 웹사이트와 SNS를 참고하자.

웹사이트: https://carlsaganinstitute.cornell.edu/

인스타그램: https://www.instagram.com/carlsagani/

X: https://x.com/CSInst

유튜브: https://www.youtube.com/c/CarlSaganInstitute

찾아보기

에일리언 어스

2025년 2월 20일 초판 1쇄 발행

지은이 리사 칼테네거　**옮긴이** 김주희　**감수** 이정은
펴낸이 이원주

책임편집 최연서　**디자인** 윤민지, 정은예
기획개발실 강소라, 김유경, 강동욱, 박인애, 류지혜, 이채은, 조아라, 고정용
마케팅실 양근모, 권금숙, 양봉호, 이도경　**온라인홍보팀** 신하은, 현나래, 최혜빈
디자인실 진미나　**디지털콘텐츠팀** 최은정　**해외기획팀** 우정민, 배혜림, 정혜인
경영지원실 강신우, 김현우, 이윤재　**제작팀** 이진영
펴낸곳 (주)쌤앤파커스　**출판신고** 2006년 9월 25일 제406-2006-000210호
주소 서울시 마포구 월드컵북로 396 누리꿈스퀘어 비즈니스타워 18층
전화 02-6712-9800　**팩스** 02-6712-9810　**이메일** info@smpk.kr

ISBN 979-11-94246-29-9 (03440)